Aufgaben und Lösungen zur Höheren Mathematik: Vektorrechnung und Analytische Geometrie

Klaus Höllig · Jörg Hörner

Aufgaben und Lösungen zur Höheren Mathematik: Vektorrechnung und Analytische Geometrie

5. Auflage

Klaus Höllig
Fachbereich Mathematik
Universität Stuttgart
Stuttgart, Deutschland

Jörg Hörner
Fachbereich Mathematik
Universität Stuttgart
Stuttgart, Deutschland

ISBN 978-3-662-73121-5 ISBN 978-3-662-73122-2 (eBook)
https://doi.org/10.1007/978-3-662-73122-2

Die Deutsche Nationalbibliothek verzeichnet diese Publikation in der Deutschen Nationalbibliografie; detaillierte bibliografische Daten sind im Internet über https://portal.dnb.de abrufbar.

Planung/Lektorat: Andreas Rüdinger
Springer Spektrum ist ein Imprint der eingetragenen Gesellschaft Springer-Verlag GmbH, DE und ist ein Teil von Springer Nature.
Die Anschrift der Gesellschaft ist: Heidelberger Platz 3, 14197 Berlin, Germany

Wenn Sie dieses Produkt entsorgen, geben Sie das Papier bitte zum Recycling.

Vorwort

Studierende der Ingenieur- und Naturwissenschaften haben bereits zu Beginn ihres Studiums ein sehr umfangreiches Mathematikprogramm zu absolvieren. Die *Höhere Mathematik*, die für die einzelnen Fachgebiete in den ersten drei Semestern gelesen wird, umfasst im Allgemeinen die Gebiete

- Vektorrechnung und Lineare Algebra,
- Analysis von Funktionen einer und mehrerer Veränderlicher,
- Differentialgleichungen,
- Vektoranalysis,
- Komplexe Analysis.

Dieser Unterrichtsstoff aus unterschiedlichen Bereichen der Mathematik stellt hohe Anforderungen an die Studierenden. Aufgrund der knapp bemessenen Zeit für die Mathematik-Vorlesungen haben wir deshalb begleitend zu unseren Lehrveranstaltungen im Rahmen von *Mathematik-Online* umfangreiche zusätzliche Übungs- und Lehrmaterialien bereitgestellt. Dieses Internet-Projekt wurde von der Universität Stuttgart und dem Land Baden-Württemberg sehr großzügig unterstützt und schon bald bundesweit genutzt.

Auf Initiative von Dr. Andreas Rüdinger (Editorial Director, Springer Spektrum) haben wir 2017 unsere Internet-Angebote durch das Lehrbuch *Aufgaben und Lösungen zur Höheren Mathematik* ergänzt. Es enthält eine Sammlung von Aufgaben, die üblicherweise in Übungen oder Klausuren gestellt werden. Studierenden wird durch die exemplarischen Musterlösungen die Bearbeitung von Übungsaufgaben wesentlich erleichtert. Des Weiteren sind die gelösten Aufgaben zur Vorbereitung auf Prüfungen und zur Wiederholung geeignet. Eine Reihe von Aufgaben haben Dr. Andreas Keller[1] und Dr. Esfandiar Nava Yazdani, die bei der Betreuung der Vorlesungen zur Höheren Mathematik mitgewirkt haben, beigetragen. Wir erinnern uns gerne an die sehr angenehme Zusammenarbeit.

Zwei Jahre später, 2019, erschien die zweite Auflage von *Aufgaben und Lösungen zur Höheren Mathematik*, nun gegliedert in drei Bände und durch Aufgaben ergänzt, die mit Hilfe von MATLAB® [2] und Maple™ [3] gelöst werden sollen. Diese Aufgaben wurden bewusst sehr elementar konzipiert, um Studierende auch ohne Programmierkenntnisse mit numerischer und symbolischer Software vertraut zu machen und Dozenten die Einbeziehung mathematischer Software in ihre Vorlesungen

[1] seit 2017 Professor an der Hochschule für angewandte Wissenschaften in Würzburg
[2] MATLAB® is a registered trademark of The MathWorks, Inc.
[3] Maple™ is a trademark of Waterloo Maple, Inc.

ohne nennenswerten Mehraufwand zu ermöglichen. In der dritten Auflage, erschienen im Jahr 2021, haben wir die Lehrbücher durch Formelsammlungen ergänzt. Darin werden die für die Lösungen der Aufgaben benötigten Lehrsätze und Techniken stichwortartig beschrieben. Schließlich kamen in der vierten Auflage (2023) Tests hinzu, die auch als *Electronic Supplementary Material* (ESM) zur Verfügung stehen, um die Ergebnisse interaktiv zu überprüfen.

Mit über 700 Aufgaben und mehr als 400 Varianten hat die Aufgabensammlung in Verbindung mit den ergänzenden Materialien inzwischen eine Größe erreicht, die ab der fünften Auflage eine Aufteilung nach den einzelnen Themen der Höheren Mathematik sinnvoll erscheinen ließ. Das Lehrbuch *Aufgaben und Lösungen zur Höheren Mathematik: Vektorrechnung und Analytische Geometrie* ist der zweite Band in einer Serie von 10 geplanten Bänden, die die vierte Auflage längerfristig ersetzen werden. Neu sind mehr als 150 Varianten zu den Standardaufgaben für das Rechnen mit Vektoren und zu fundamentalen Problemen der Geometrie, die Studierenden ein unmittelbares Training der in Musterlösungen vorgestellten Lösungstechniken ermöglichen.

Dr. Andreas Rüdinger, der das Buchprojekt initiiert hat, hat uns in allen Phasen der nunmehr acht Jahre andauernden Weiterentwicklung der Aufgabensammlung ausgezeichnet unterstützt. Die sehr konstruktive und effiziente Zusammenarbeit, stets mit umgehendem Feedback, wertvollen Hinweisen und Verbesserungsvorschlägen, hat uns sehr viel Freude bereitet – herzlichen Dank dafür.

Wir danken ebenfalls dem Team von Springer, insbesondere Anja Groth, für eine optimale organisatorische Betreuung. Elisabeth Höllig danken wir für ein „nichtmathematisches“ Lesen unserer Manuskripte.

Stuttgart, Januar 2026

Klaus Höllig und Jörg Hörner

Interessenkonflikt Der/die Autor*innen haben keine relevanten Interessenskonflikte im Zusammenhang mit dieser Publikation.

Hinweise für Dozenten

Mit den Lehrbüchern *Aufgaben und Lösungen zur Höheren Mathematik* möchten wir für möglichst alle typischen Klausur- und Übungsaufgaben Beispiele mit detaillierten Musterlösungen bereitstellen, ergänzt durch stichwortartige Beschreibungen der relevanten Theorie und Methoden. Diese Aufgabensammlung wird kontinuierlich erweitert und enthält aktuell über 700 Aufgaben und mehr als 400 Varianten. Aufgrund des großen Umfangs schien für die fünfte Auflage eine thematische Aufteilung sinnvoll. Dieser Band zum Thema *Vektorrechnung und Analytische Geometrie* ist der zweite von 10 geplanten Bänden, die die Bände 1-3 der vierten Auflage von *Aufgaben und Lösungen zur Höheren Mathematik* längerfristig ersetzen werden. Die Bände umfassen die folgenden Komponenten:

- **Aufgaben mit detaillierten Lösungsskizzen**
  Die Aufgaben sind für Studierende eine Hilfe bei der Bearbeitung von Übungsaufgaben und zur Vorbereitung auf Prüfungen. Die Lösungen sind stichwortartig beschrieben, in einer Form, wie sie bei Klausuren gefordert oder bei Handouts verwendet wird. Damit sind sie ebenfalls für Beamer-Präsentationen geeignet. Insbesondere bieten sich die anspruchsvollen Sternaufgaben als Beispiele in Vorlesungen an.
- **Aufgabenvarianten mit Ergebnissen zur Lösungskontrolle**
  Mit den Varianten können Studierende ihre Beherrschung der Lösungsmethode der Musteraufgabe überprüfen. Diese Varianten können ebenfalls als Übungsaufgaben gestellt werden, nachdem die Musteraufgabe als Beispiel in der Vorlesung oder in Vortragsübungen behandelt wurde. Dass am Ende des Buches die Ergebnisse angegeben sind, muss dabei nicht als Nachteil angesehen werden. Studierende werden es begrüßen, wenn sie die Richtigkeit ihrer Berechnungen verifizieren können, bevor sie ihre Lösung in einer Übungsgruppe präsentieren.
- **Formelsammlung**
  Die Formelsammlung dient Studierenden zum bequemen Nachschlagen von Definitionen, Sätzen und Methoden, die bei den Lösungen der Aufgaben verwendet werden. Die Beschreibungen haben den Stil von „Merkblättern", wie man sie sich gegebenenfalls für Klausuren zusammenstellen würde. Die Formulierungen enthalten gerade genügend Detail, um sich an die genauen mathematischen Sachverhalte zu erinnern.

In der Vergangenheit haben wir bereits sehr von diesen Lehrmaterialien, die über einen Zeitraum von mehr als zwanzig Jahren entwickelt wurden, profitiert. Wir hoffen, dass andere Dozenten einen ähnlichen Nutzen aus unseren Lehrbüchern zur *Höheren Mathematik* ziehen werden und dadurch viel redundanten Vorbereitungsaufwand vermeiden können.

Hinweise für Studierende

Wie lernt man am effektivsten? Wie bereitet man sich optimal auf Klausuren vor? Jeder wird eine etwas andere Strategie verfolgen. Ein Prinzip ist jedoch, etwas humorvoll formuliert, unstrittig:

$$\textbf{Prüfungsnote} \times \textbf{Vorbereitungszeit} \quad \rightarrow \quad \textbf{min}^{4} .$$

Die eigene Studienzeit noch in guter Erinnerung, möchten die Autoren folgende Empfehlungen geben, wie man *Aufgaben und Lösungen zur Höheren Mathematik: Vektorrechnung und Analytische Geometrie* am besten nutzen kann.

Zu einem Thema, das Gegenstand einer bevorstehenden Klausur oder eines Übungsblatts ist, sollte man sich zunächst den entsprechenden Abschnitt in der Formelsammlung ansehen. So kann man entscheiden, ob man eventuell einige Definitionen, Methoden und Lehrsätze wiederholen möchte. Bei der anschließenden Auswahl relevanter Aufgaben haben natürlich solche Aufgaben Priorität, die man als schwierig empfindet und nicht selbst auf Anhieb lösen kann. Nach Studium der Lösungen ist es dann sinnvoll, durch Bearbeiten einiger (**aller**, wenn die Zeit es erlaubt) Varianten zu testen, ob man die erlernten Techniken für den Aufgabentyp gut beherrscht.

Mit mehr als 100 Aufgaben und über 200 Varianten haben wir versucht, alle relevanten Prüfungsthemen der *Vektorrechnung und Analytischen Geometrie* abzudecken. Vermissen Sie dennoch einen Aufgabentyp → schreiben Sie uns!

`Klaus.Hoellig@gmail.com`,
Homepage: `https://pnp.mathematik.uni-stuttgart.de/imng/Hoellig/`,

`Joerg.Hoerner@mathematik.uni-stuttgart.de`
Homepage: `https://www.f08.uni-stuttgart.de/organisation/team/Hoerner/`

Auch beim intensiven Lernen muss die Freude an dem Studienfach und der sportliche Aspekt des Problemlösens nicht zu kurz kommen. Die (ziemlich schwierigen) Sternaufgaben sind dafür gedacht, etwas Faszination für die Mathematik zu wecken. Darüber hinaus ist es definitiv kein Fehler, härter als notwendig zu trainieren.

Die Autoren wünschen viel Erfolg im Studium und hoffen, dass die Bände von *Aufgaben und Lösungen zur Höheren Mathematik* dabei helfen, einen möglichst niedrigen Wert des oben erwähnten Produkts zu erzielen!

[4] Natürlich unter der Nebenbedingung „Prüfung bestanden!"; der „Artur Fischer Preis" wurde am Fachbereich Physik der Universität Stuttgart auf der Basis einer ähnlichen Zielfunktion vergeben (M.Sc. Note × Gesamtstudienzeit).

Inhaltsverzeichnis

Einleitung

Grundlage für die Lehrbücher *Aufgaben und Lösungen zur Höheren Mathematik* bildet der Stoff, der üblicherweise Bestandteil der Mathematik-Grundvorlesungen in den Natur-, Wirtschafts- und Ingenieurwissenschaften ist. Ein typischer dreisemestriger Vorlesungszyklus *Höhere Mathematik* für Fachrichtungen, die ein umfassendes Mathematikangebot benötigen, behandelt in der Regel die folgenden Themen.

- **Erstes Semester:**
  Vektorrechnung und Analytische Geometrie (Thema dieses Bandes), Differentialrechnung, Integralrechnung.
- **Zweites Semester:**
  Lineare Algebra, Differentialrechnung in mehreren Veränderlichen, Mehrdimensionale Integration.
- **Drittes Semester:**
  Vektoranalysis, Differentialgleichungen, Fourier-Analysis, Komplexe Analysis.

Die Lineare Algebra beinhaltet die Vektorrechnung in allgemeinerem Kontext und kann auch vor der Analysis einer Veränderlichen unterrichtet werden. Bei der oben gewählten Themenfolge wird eine kurze Einführung in das Rechnen mit Vektoren in der Ebene und im Raum vorgezogen, um möglichst früh wesentliche Hilfsmittel bereitzustellen. Die Themen des dritten Semesters sind weitgehend unabhängig voneinander; ihre Reihenfolge richtet sich nach den Prioritäten der involvierten Fachrichtungen.

Bücher zu den einzelnen Themen werden längerfristig die Bände 1-3 der vierten Auflage von *Aufgaben und Lösungen zur Höheren Mathematik* ersetzen. Das Buch *Aufgaben und Lösungen zur Höheren Mathematik: Vektorrechnung und Analytische Geometrie* ist der zweite Band in dieser Serie. Die Struktur aller Bände ist im Wesentlichen identisch und wird im Folgenden beschrieben.

Aufgaben

Der überwiegende Teil der Aufgaben besteht aus Standardaufgaben, d.h., Aufgaben, die durch unmittelbare Anwendung der in Vorlesungen behandelten Lehrsätze und Techniken gelöst werden können. Solche Aufgaben werden teilweise in fast identischer Form in vielen Varianten sowohl in Übungen als auch in Prüfungsklausuren gestellt und sind daher für Studierende besonders wichtig. Die folgende Aufgabe ist ein typisches Beispiel.

K. Höllig und J. Hörner, *Aufgaben und Lösungen zur Höheren Mathematik: Vektorrechnung und Analytische Geometrie*,
https://doi.org/10.1007/978-3-662-73122-2_1

5.5 Abstand eines Punktes von einer Geraden

Bestimmen Sie den Abstand d des Punktes $Q = (6,1,7)$ von der Geraden

$$g:\ (5,6,-3)^{\mathrm{t}} + t(0,1,2)^{\mathrm{t}}$$

und die Projektion X von Q auf g.

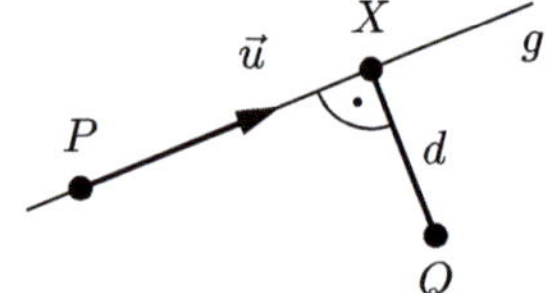

Verweise: Abstand Punkt-Gerade

Varianten

- $Q = (2,5,2), \quad g:\ (2,1,-8)^{\mathrm{t}} + t(1,0,-2)^{\mathrm{t}}$
- $Q = (4,0,3), \quad g:\ (-4,5,-5)^{\mathrm{t}} + t(1,-4,3)^{\mathrm{t}}$
- $Q = (-5,-3,2), \quad g:\ (8,0,4)^{\mathrm{t}} + t(6,-3,-4)^{\mathrm{t}}$

Formelsammlung

Die Verweise beziehen sich auf die Inhalte der Formelsammlung, die in der elektronischen Version des Buches direkt verlinkt sind. In der obigen Aufgabe führt der Link auf folgenden Inhalt.

Abstand Punkt-Gerade

$g:\ \vec{p} + t\vec{u}$, $\quad X$: Projektion eines Punktes Q auf g, d.h., $(\vec{x} - \vec{q}) \perp \vec{u}$

$$\underbrace{\operatorname{dist}(Q,g)}_{d} = |\overrightarrow{QX}| = \frac{|\overbrace{(\vec{q}-\vec{p})}^{\vec{v}} \times \vec{u}|}{|\vec{u}|}$$

$$= |\vec{v}|\ \sin\sphericalangle(\vec{v},\vec{u}) = \sqrt{|\vec{v}|^2 - (\vec{v}\cdot\vec{u}^\circ)^2}$$

$$\vec{x} = \vec{p} + \frac{\vec{v}\cdot\vec{u}}{|\vec{u}|^2}\vec{u}$$

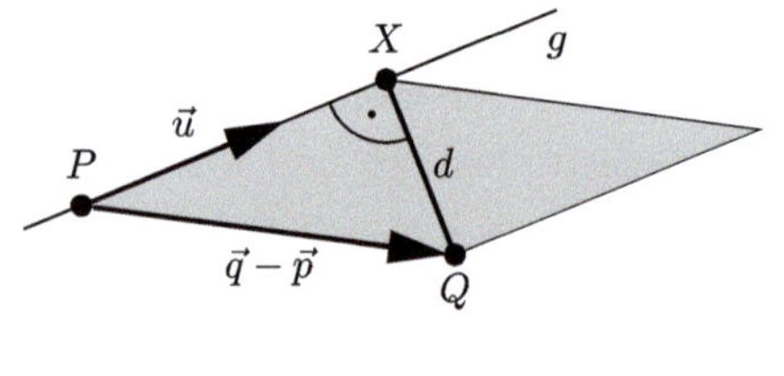

Fläche des grauen Parallelogramms: Norm des Vektorprodukts

In stichwortartigem Stil wird die Methode zur Lösung der Aufgabe beschrieben: Berechnung des Abstands mit dem Vektorprodukt, Bestimmung des nächstgelegenen Punktes durch Projektion auf die Gerade.

Lösungen

Die Lösungen zu den Aufgaben sind stichwortartig formuliert, in einer Form, wie sie etwa in Klausuren verlangt wird oder zur Generierung von Folien geeignet ist. Der stichwortartige Stil beschränkt sich auf das mathematisch Wesentliche und macht die Argumentation übersichtlich und leicht verständlich. Beispielsweise steht

„ Umformung von (1) $\rightsquigarrow$ ...“

für

„Durch Umformung der Gleichung (1) erhält man ...“.

Andere typische Formulierungen sind

„Vereinfachung $\rightsquigarrow$ ...“,

„Satz des Pythagoras $\implies$ ...“,

„Hesse-Normalform: ...“.

Die gewählte Darstellungsform der Lösungen ist ebenfalls geeignet, um Passagen aus dem Ebook für Beamer-Präsentationen zu nutzen.

Als Beispiel einer Lösung dient wiederum die Aufgabe **5.5**.

Lösungsskizze

Abstand

Berechnung der Fläche des rechtwinkligen Dreiecks $\Delta(P,Q,X)$ auf zwei Arten: als Hälfte eines Rechtecks mit Seiten $\overline{QX}$ und $\overline{PX}$ und als Hälfte eines Parallelogramms, aufgespannt von $\overrightarrow{PQ}$ und $\overrightarrow{PX}$:

$$\operatorname{area}\Delta(P,Q,X) = \frac{1}{2}\,d\cdot|\overrightarrow{PX}| = \frac{1}{2}\,|\overrightarrow{PQ}\times\overrightarrow{PX}|$$

$\implies \quad d = |\overrightarrow{PQ}\times\underbrace{(\overrightarrow{PX}/|\overrightarrow{PX}|)}_{\vec{u}^\circ}|$ mit $\vec{u}^\circ$ dem normierten Richtungsvektor der Geraden

Einsetzen der gegebenen Daten $\rightsquigarrow$

$$\overrightarrow{PQ} = \begin{pmatrix}6\\1\\7\end{pmatrix} - \begin{pmatrix}5\\6\\-3\end{pmatrix} = \begin{pmatrix}1\\-5\\10\end{pmatrix}, \quad \vec{u}^\circ = \underbrace{\frac{1}{\sqrt{0^2+1^2+2^2}}}_{1/\sqrt{5}}\begin{pmatrix}0\\1\\2\end{pmatrix}$$

und

$$d = \left|\begin{pmatrix}1\\-5\\10\end{pmatrix}\times\frac{1}{\sqrt{5}}\begin{pmatrix}0\\1\\2\end{pmatrix}\right| = \frac{1}{\sqrt{5}}\left|\begin{pmatrix}-20\\-2\\1\end{pmatrix}\right| = \frac{\sqrt{400+4+1}}{\sqrt{5}} = 9$$

Projektion

$\vec{x}-\vec{q}\perp\vec{u},\ \vec{x}=\vec{p}+t\vec{u} \quad\Longrightarrow$

$$0=(\vec{x}-\vec{q})\cdot\vec{u}=(\vec{p}+t\vec{u}-\vec{q})\cdot\vec{u},\quad \text{d.h.},\ t=\frac{(\vec{q}-\vec{p})\cdot\vec{u}}{\vec{u}\cdot\vec{u}}$$

und

$$\vec{x}=\vec{p}+\frac{(\vec{q}-\vec{p})\cdot\vec{u}}{\vec{u}\cdot\vec{u}}\,\vec{u}=\begin{pmatrix}5\\6\\-3\end{pmatrix}+\underbrace{\frac{(1,-5,10)^{\mathrm{t}}\cdot(0,1,2)^{\mathrm{t}}}{(0,1,2)^{\mathrm{t}}\cdot(0,1,2)^{\mathrm{t}}}}_{=15/5}\begin{pmatrix}0\\1\\2\end{pmatrix}=\begin{pmatrix}5\\9\\3\end{pmatrix}$$

Kontrolle des Abstands:

$$d=|\vec{x}-\vec{q}|=\left|(5,9,3)^{\mathrm{t}}-(6,1,7)^{\mathrm{t}}\right|=\left|(-1,8,-4)^{\mathrm{t}}\right|=9 \quad \checkmark$$

Varianten
Die Varianten ermöglichen Studierenden ihre Beherrschung der Lösungstechnik zu überprüfen bzw. etwas Routine bei der Bearbeitung des entsprechenden Aufgabentyps zu gewinnen. Dozenten können die Varianten als Übungsaufgaben stellen. Die Ergebnisse werden am Ende des Buches angegeben. Für das gewählte Beispiel sind die Lösungen

5.5
$d=6,X=(-2,1,0)$ ■ $d=7,X=(-2,-3,1)$ ■ $d=11,X=(2,3,8)$

Dass das Buch die Ergebnisse enthält, muss nicht als Nachteil für die Verwendung als Hausaufgabe angesehen werden. Studierende werden es begrüßen, wenn sie die Richtigkeit ihrer Berechnungen verifizieren können, bevor sie ihre Lösung in einer Übungsgruppe präsentieren.

Mathematische Software
Die Aufgabensammlung enthält ebenfalls Aufgaben, die mit MATLAB® oder Maple™ gelöst werden sollen. Ohne dass nennenswerte Programmierkenntnisse vorausgesetzt werden, können Studierende anhand sehr elementarer Problemstellungen mit numerischer und symbolischer Software vertraut werden. Ein Beispiel ist das Zeichnen fraktaler Kurven.

1.12 Fraktale Kurven mit MATLAB®

Fraktale Kurven lassen sich konstruieren, indem man ein Muster (blau) durch Transformation der Koordinaten (Verschiebung, Drehung und Skalierung),

$$O,\ (1,0)^{\mathrm{t}},\ (0,1)^{\mathrm{t}} \quad \longrightarrow \quad P_k,\ \vec{u},\ \vec{v}\,,$$

auf die Kanten eines Polygons (schwarz) abbildet und diesen Prozess iterativ wiederholt.

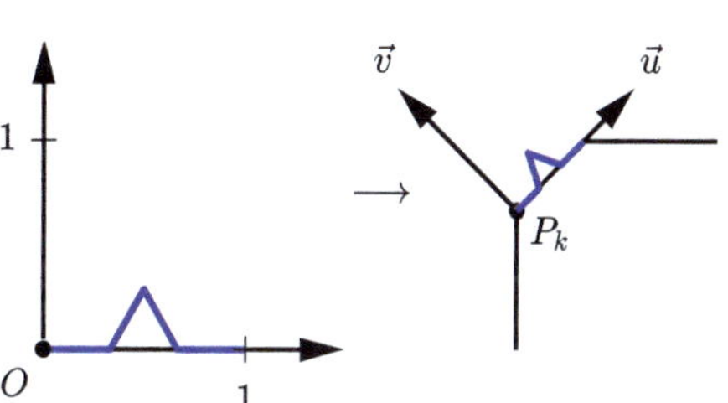

Verwenden Sie als Muster („Generator") das abgebildete Beispiel mit den Koordinaten $(0,0)$, $(1/3,0)$, $(1/3,\sqrt{3}/6)$, $(2/3,0)$, $(1,0)$ und als Startpolygon ein gleichseitiges Dreieck, und schreiben Sie ein Programm, das die resultierende Koch-Kurve[a] erzeugt. Zeichnen Sie das verfeinerte Polygon nach 4 Iterationen (Bild rechts).

Verweise: Vektor-Operationen mit MATLAB® , Koordinatentransformation

[a] Helge von Koch: *Une méthode géométrique élémentaire pour l'étude de certaines questions de la théorie des courbes planes*, Acta Mathematica 30, 145-174

Sternaufgaben

Die Aufgabensammlung enthält auch einige Aufgaben, deren Lösung eine Reihe von nicht naheliegenden Ideen erfordert. Solche Aufgaben sind mit einem Stern gekennzeichnet. Sie können in Vorlesungen als Beispiele verwendet werden und dienen in Übungen als Anreiz, um Faszination für Mathematik zu wecken. Auch Studierenden, die Mathematik nur als „Nebenfach" hören, soll das Erlernen mathematischer Techniken Freude bereiten und nicht nur als „lästiges Muss" empfunden werden. Ein Beispiel ist die folgende Aufgabe.

3.21 Nähte eines Fußballs ⋆

Nehmen Sie entgegen Sepp Herbergers[a] Axiom „Der Ball ist rund!“ an, dass der abgebildete Fußball[b] ein Polyeder ist, dessen Eckpunkte auf einer Sphäre mit einem Durchmesser von 22 cm liegen. Wie lang ist eine Kante, die (näherungsweise) einer Naht des Fußballs entspricht?

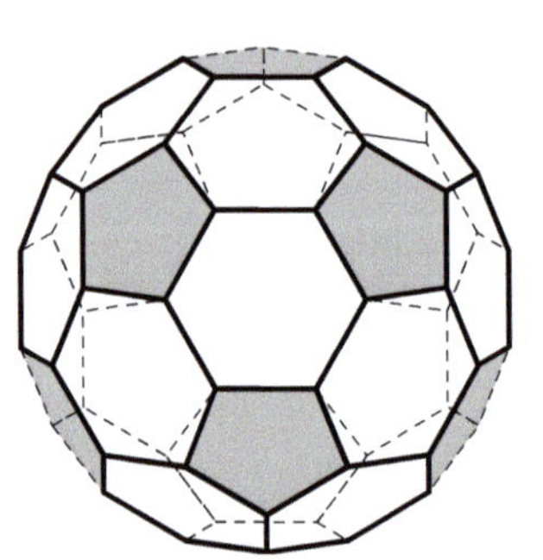

[a] Ein berühmter ehemaliger deutscher Trainer
[b] Bedauerlicherweise wurde dieses aus mathematischer Sicht interessante Design abgelöst.

Verweise: Skalarprodukt, Norm

Auch bei diesen Aufgaben sind Verweise zu Inhalten der Formelsammlung vorhanden, die für die Lösung hilfreich sein können.

Notation

Bei der in den Aufgaben und Lösungen verwendeten Notation wurde ein Kompromiss zwischen formaler Präzision und einfacher Verständlichkeit gewählt. Exemplarisch illustriert dies das folgende Beispiel:

$$E : \vec{x} \cdot \vec{n} = d.$$

Die gewählte Beschreibung ist leichter lesbar als die formalere Notation

$$E = \{(x_1, x_2, x_3) \in \mathbb{R}^3 : \vec{x} \cdot \vec{n} = d\}.$$

Dies ist insbesondere dann der Fall, wenn die Bedeutung aus dem Kontext klar ersichtlich ist, etwa in der Formulierung

„Bestimmen Sie den Abstand des Punktes P von der Ebene E …“

Literatur

Zur *Höheren Mathematik* existieren bereits zahlreiche Lehrbücher; die bekanntesten deutschsprachigen Titel sind in der Literaturliste am Ende des Buches angegeben. Einige dieser Lehrbücher enthalten ebenfalls Aufgaben, teilweise auch mit Lösungen. Naturgemäß bestehen gerade bei Standardaufgaben große Überschneidungen, bis hin zu identischen Formulierungen, wie beispielsweise „Bestimmen Sie den Schnittpunkt der Geraden …“. Neue Aspekte des Buches sind die Verlinkung von Aufgaben und Formelsammlungsinhalten, teilweise Verwendung von MATLAB® - und Maple™ -Programmsegmenten bei den Lösungen und auf die Aufgaben abgestimmte Varianten.

Vorschläge und Korrekturen

Schreiben Sie uns, wenn Sie einen Aufgabentyp vermissen. Für zum Standard-Übungs- bzw. -Prüfungsstoff passende Vorschläge, die insbesondere auch für Varianten geeignet sind, werden wir eine entsprechende Aufgabe mit Lösung konzipieren

und zur Verfügung stellen.
Obwohl alle Lösungen der Aufgaben und Ergebnisse für die Varianten sorgfältig geprüft wurden, können Fehler nicht ausgeschlossen werden[5]. Bitte schreiben Sie uns, wenn Sie Fehler finden.

Klaus.Hoellig@gmail.com

Joerg.Hoerner@mathematik.uni-stuttgart.de

[5]Eine (humorvolle ...) Bemerkung eines Assistenten, die der erste Autor immer in Erinnerung behalten wird: „Dieses Jahr ist die Klausur nicht schwer – euer Professor konnte die Ergebnisse prüfen, ohne einen Fehler zu machen."

1 Koordinaten

Themen der Aufgaben

- Punkte im Schrägbild eines Koordinatensystems
  → 1.1
- Schrägbild eines Würfels
  → 1.2
- Bestimmung von Entfernungen aus GPS-Koordinaten
  → 1.3
- Koordinatenbestimmung eines Punktes
  → 1.4
- Umwandlung zwischen kartesischen Koordinaten und Polarkoordinaten
  → 1.5
- Umwandlung in Zylinder- und Kugelkoordinaten
  → 1.6
- Koordinatendarstellungen im Raum
  → 1.7
- Baryzentrische Koordinaten
  → 1.8
- Gleichförmig bewegtes Bezugssystem
  → 1.9
- Orbits von Sonne, Planet und Mond mit MATLAB®
  → 1.10
- Verschiebung und Drehung des Koordinatensystems
  → 1.11
- Fraktale Kurven mit MATLAB®
  → 1.12
- Rundflug im Polargebiet
  → 1.13

K. Höllig und J. Hörner, *Aufgaben und Lösungen zur Höheren Mathematik: Vektorrechnung und Analytische Geometrie,*
https://doi.org/10.1007/978-3-662-73122-2_2

1.1 Punkte im Schrägbild eines Koordinatensystems

Markieren Sie die Punkte

$$A = (-4, -3, 2), \quad B = (3, 4, 2), \quad C = (2, -1, -1)$$

im abgebildeten Schrägbild eines Koordinatensystems mit der x-Achse in südwestlicher Richtung (Längen um einen Faktor $\sqrt{2}$ verkürzt), und zeichnen Sie das aus den drei Punkten gebildete Dreieck.

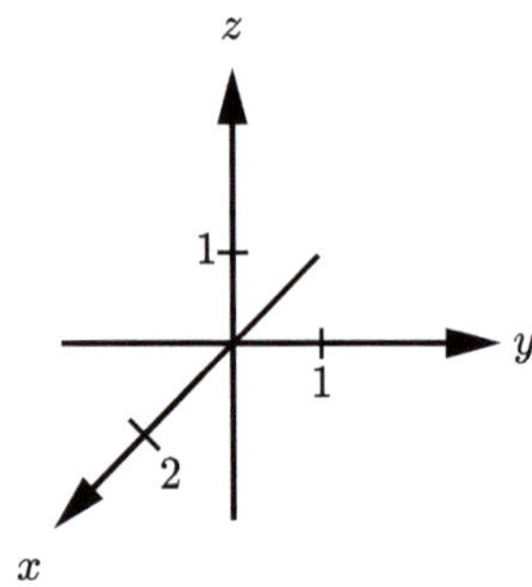

Verweise: Koordinatensysteme

Varianten

- Markieren Sie die Punkte $P = (1, 2, 3)$, $Q = (-2, 3, 1)$, $R = (-3, -1, 2)$.
- Bestimmen Sie die Schrägbildkoordinaten von A, B, C, wenn gleiche Längeneinheiten für alle Achsen verwendet werden.
- Markieren Sie A, B, C in dem abgebildeten alternativen Schrägbild des Koordinatensystems.

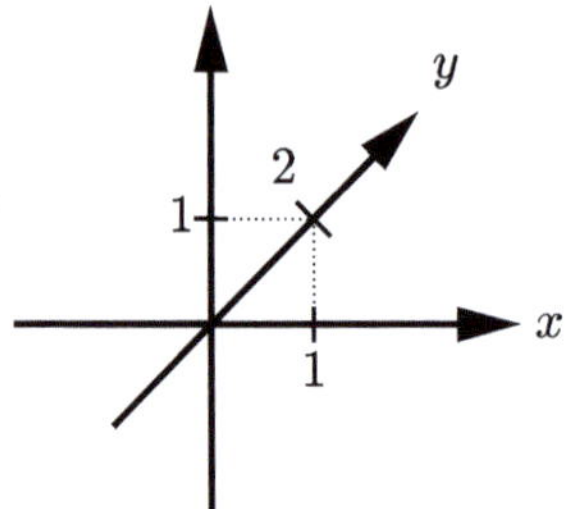

Lösungsskizze

Schrägbild des Koordinatensystems

Zum Einzeichnen der Punkte ist zusätzlich zu den Achsen ein Gitter sinnvoll, das Markierungen auf den Achsen ersetzt.

gewählte Gitterweite 1/2 in der Abbildung $\rightsquigarrow$

- Eine Längeneinheit auf der y- und der z-Achse entspricht **zwei** Gitterintervallen.
- Eine Längeneinheit auf der x-Achse entspricht der Diagonale eines Gitterquadrats (Reduktionsfaktor $\sqrt{2}$: $|(1/2, 1/2)^{\mathrm{t}}| = 1/\sqrt{2}$).

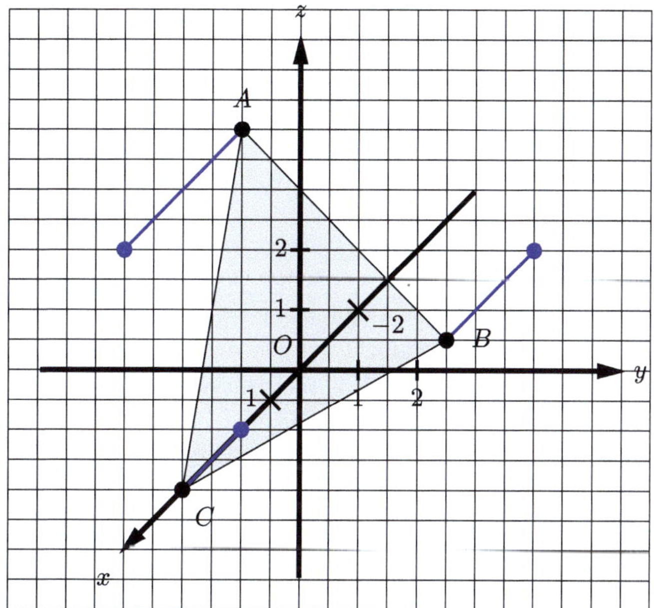

Bestimmung der Schrägbildkoordinaten

Das Schrägbild ersetzt die dreidimensionalen Achsenrichtungen durch zweidimensionale Vektoren:

$$\underbrace{\begin{pmatrix}1\\0\\0\end{pmatrix} \to \begin{pmatrix}-1/2\\-1/2\end{pmatrix}}_{x-\text{Achse}}, \quad \underbrace{\begin{pmatrix}0\\1\\0\end{pmatrix} \to \begin{pmatrix}1\\0\end{pmatrix}}_{y-\text{Achse}}, \quad \underbrace{\begin{pmatrix}0\\0\\1\end{pmatrix} \to \begin{pmatrix}0\\1\end{pmatrix}}_{z-\text{Achse}}.$$

Umrechnungsformel
kartesische Koordinaten $P = (p_1, p_2, p_3) \to$ Schrägbildkoordinaten $P' = (p'_1, p'_2)$, bezogen auf die y- und z-Achse

$$\begin{pmatrix}p'_1\\p'_2\end{pmatrix} = p_1 \begin{pmatrix}-1/2\\-1/2\end{pmatrix} + p_2 \begin{pmatrix}1\\0\end{pmatrix} + p_3 \begin{pmatrix}0\\1\end{pmatrix} = \begin{pmatrix}-p_1/2 + p_2\\-p_1/2 + p_3\end{pmatrix}$$

Geometrische Interpretation
ausgehend von $Q = (p_2, p_3)$ (blauer Punkt) Verschiebung (blaue Strecke) um p_1 Diagonallängen der Gitterquadrate in Südwest-Richtung ($p_1 > 0$) bzw. Nordost-Richtung ($p_1 < 0$) zum Punkt (p'_1, p'_2) (schwarz)

Abbildung der gegebenen Punkte:

- $A = (-4, -3, 2)$: Umrechnungsformel $\rightsquigarrow$

$$A' = (-(-4)/2 + (-3),\ -(-4)/2 + 2) = (-1,\ 4)$$

- $B = (3,4,2)$: geometrische Interpretation $\rightsquigarrow$
Verschiebung von $(4,2)$ um 3 Diagonallängen in südwestlicher Richtung, d.h.,

$$B \to \begin{pmatrix} b'_1 \\ b'_2 \end{pmatrix} = \begin{pmatrix} 4 \\ 2 \end{pmatrix} + 3 \begin{pmatrix} -1/2 \\ -1/2 \end{pmatrix} = \begin{pmatrix} 5/2 \\ 1/2 \end{pmatrix}$$

- $C = (2,-1,-1) \to C' = (-2,-2)$

⚠ Punkte auf den Achsen im Schrägbild, wie beispielsweise C', müssen im dreidimensionalen Koordinatensystem nicht auf den Achsen liegen. Zu jedem Punkt P kann ein beliebiges Vielfaches von $(2,1,1)$ (der Blickrichtung) addiert werden, ohne dass sich der Punkt P' im Schrägbild ändert.

1.2 Schrägbild eines Würfels

Zeichnen Sie ein Schrägbild eines Würfels mit einem Verzerrungswinkel von 45° und einem Verkürzungsfaktor 1/2 für die nach hinten verlaufende Achse.

Verweise: Koordinatensysteme, Satz des Pythagoras

Varianten

- quadratische Pyramide
- dreieckiges Prisma
- Tetraeder

alle Kanten mit Länge 1, Grundflächen in der xy-Ebene und $\overline{(0,0,0)(1,0,0)}$ als eine Kante

Lösungsskizze

Transformation auf Schrägbildkoordinaten

Verwendet man die xz-Ebene als Bildebene, so bleiben Punkte $P = (p_1, p_2, p_3)$ mit $p_2 = 0$ unverändert. Für $p_2 \neq 0$ wird der Punkt (p_1, p_3) (blau) bei der im Allgemeinen verwendeten Schrägbilddarstellung um $p_2/2$ (Verkürzungsfaktor $s = 1/2$) in nordöstlicher Richtung (Verzerrungswinkel $\varphi = 45°$) verschoben $\rightsquigarrow$ Schrägbild $P' = (p'_1, p'_3)$ (schwarz) von P.

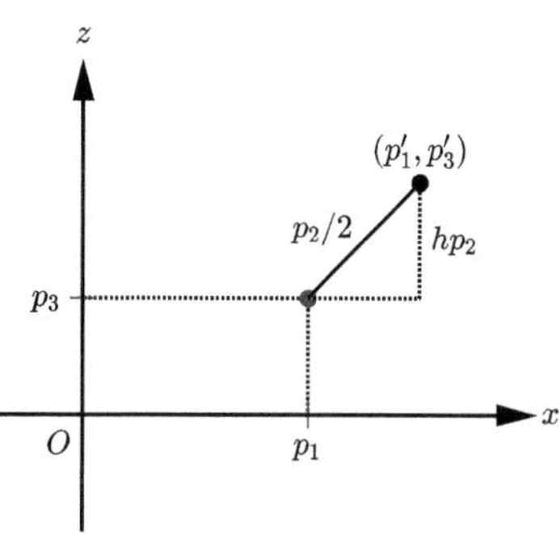

Satz des Pythagoras $\implies$

$(p_2/2)^2 = (hp_2)^2 + (hp_2)^2$, d.h., $h = 1/(2\sqrt{2})$

und

$$P' = (p_1 + hp_2, p_3 + hp_2) \qquad (1)$$

Möglich sind auch andere Verkürzungsfaktoren und Verzerrungswinkel, z.B. $\varphi = 30°$, $s = 2/3$ oder $\varphi = 60°$, $s = 1/3$.

Eigenschaften des Schrägbildes

(i) Geraden werden auf Geraden abgebildet.

(ii) Gleichlange parallele Strecken bleiben parallel und gleich lang.

Anwendung auf den Würfel $[0,1]^3$

Die Seitenfläche in der xz-Ebene bleibt invariant:

$$(0,0,0) \to (0,0),\ (1,0,0) \to (1,0),\ (0,0,1) \to (0,1),\ (1,0,1) \to (1,1)\,.$$

Aufgrund der Eigenschaften des Schrägbilds ist nur ein weiterer Eckpunkt des Würfels mit der Formel (1) zu transformieren, z.B. $P = (1,1,0)$:

$$P' \underset{p_2=1}{=} (1+h, h), \quad h = 1/(2\sqrt{2}) \approx 0.3536\,.$$

Die Positionen der restlichen Eckpunkte ergeben sich aus der Eigenschaft (ii) des Schrägbilds. Beispielsweise ist das Bild K_o' der Kante $K_o = \overline{(1,0,1)(1,1,1)}$ (oben rechts) parallel zum Bild $K_u' = \overline{(1,0)(1+h,h)}$ der Kante $K_u = \overline{(1,0,0)(1,1,0)}$ (unten rechts) und hat die gleiche Länge. Durch Verschieben von K_u' nach oben erhält man $K_o' = \overline{(1,1)(1+h,1+h)}$.

Die Abbildung zeigt das resultierende Schrägbild, wobei nicht sichtbare Kanten gepunktet gezeichnet sind.

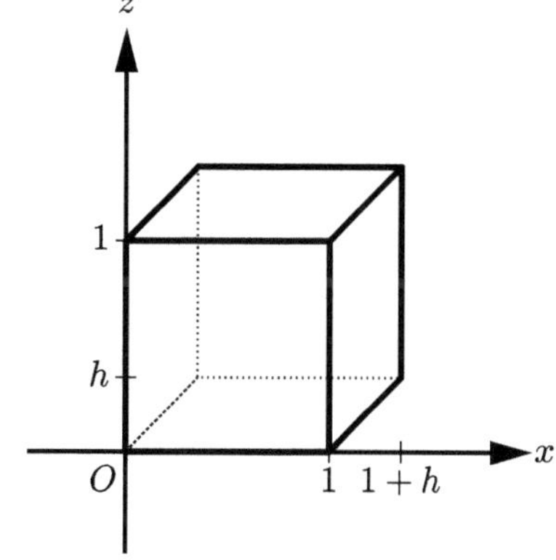

1.3 Bestimmung von Entfernungen aus GPS-Koordinaten

Die Abbildung zeigt die Position von *Stuttgart* mit den GPS Koordinaten

$$(\text{nördliche Breite, östliche Länge}) = (48.778449^\circ,\ 9.180013^\circ)$$

auf dem Globus mit den entsprechenden Längen- und Breitenkreisen (grün). Ebenfalls gezeigt ist der Äquator (rot) und der Nullmeridian, der durch die Pole (blaue Punkte) und durch das Greenwich-Observatorium in London verläuft.

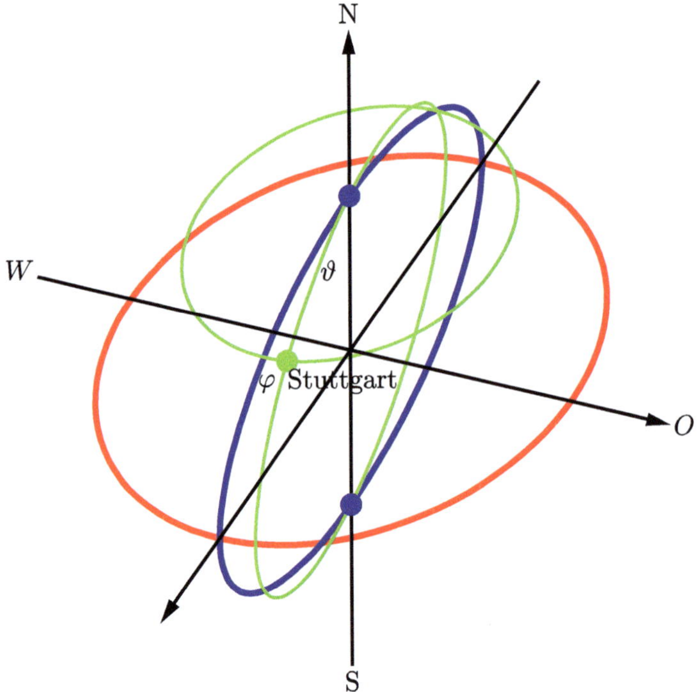

Berechnen Sie die Winkel ϑ und φ im Bogenmaß, um die Position von *Stuttgart* in Kugelkoordinaten (z-Achse nach Norden und y-Achse nach Osten zeigend; x-Achse in Richtung des Nullmeridians) zu beschreiben.

Bestimmen Sie ebenfalls die Entfernung d zu *Baia do Sancho*

$$(\text{südliche Breite, westliche Länge}) = (-3.85460^\circ,\ -32.44369^\circ)\,,$$

wo Sie sich nach einer anstrengenden (und erfolgreich absolvierten) Mathematik-Klausur entspannen können.

Verweise: Koordinatensysteme

Varianten

- New York (40.71576°, −74.02231°), Pink Sands Beach (25.50798°, −76.63208°)
- Paris (48.86199°, 2.34394°), Matira Beach (−16.54095°, −151.73787°)
- Tokio (35.72088° , 139.77435°), Whitehaven Beach (−20.28084°, 149.03855°)

Lösungsskizze

Kugelkoordinaten

Die folgende Tabelle zeigt die Beziehung zwischen den GPS-Koordinaten (Breite, Länge) zu den sphärischen Winkeln (ϑ, φ):

nördliche Breite: $0° \ldots 90°$	$\vartheta : \pi/2 \ldots 0$
südliche Breite: $-0° \ldots -90°$	$\vartheta : \pi/2 \ldots \pi$
östliche Länge: $0° \ldots 180°$	$\varphi : 0 \ldots \pi$
westliche Länge: $-0° \ldots -180°$	$\varphi : -0 \ldots -\pi$

Umwandlung von Grad in Bogenmaß (Faktor $\pi/180$) $\rightsquigarrow$ sphärische Koordinaten für *Stuttgart*:

$$\begin{aligned} \vartheta &= \pi/2 - (\pi/180) \cdot 48.778449 \approx 0.7195, \\ \varphi &= (\pi/180) \cdot 9.180013 \approx 0.1602 \end{aligned}$$

Winkel für *Baia do Sancho* auf der südlichen Halbkugel:

$$\begin{aligned} \vartheta &= \pi/2 + (\pi/180) \cdot 3.85460 \approx 1.6381, \\ \varphi &= -(\pi/180) \cdot 32.44369 \approx -0.5662 \end{aligned}$$

Entfernung

Länge eines zwei Punkte P und Q verbindenden Kreisbogens auf einer Sphäre mit Radius r:

$$d = r \sphericalangle(\vec{p}, \vec{q}) = r \arccos(\vec{p}^{\circ} \cdot \vec{q}^{\circ}), \quad \vec{v}^{\circ} = \vec{v}/|\vec{v}|$$

normierte Ortsvektoren (Länge 1), ausgedrückt durch ihre sphärischen Koordinaten mit den berechneten Winkeln ϑ und φ:

- *Stuttgart*

$$\vec{p}^{\circ} = (\sin\vartheta\cos\varphi, \sin\vartheta\sin\varphi, \cos\vartheta)^{\mathrm{t}} \approx (0.6505,\ 0.1051,\ 0.7522)^{\mathrm{t}}$$

- *Baia do Sancho*

$$\vec{q}^{\circ} \approx (0.8420,\ -0.5353,\ -0.0672)^{\mathrm{t}}$$

Berechnung des Winkels zwischen den beiden Vektoren mit Hilfe ihres Skalarprodukts, multipliziert mit dem Erdradius $\rightsquigarrow$ Entfernung

$$d = \arccos(\vec{p}^\circ \cdot \vec{q}^\circ) \cdot r \approx \arccos(0.4409) \cdot 6367\,\text{km} \approx 7093\,\text{km}$$

Bemerkung
Mit Hilfe des Kosinussatzes der sphärischen Trigonometrie lässt sich die Entfernung d auch unmittelbar aus den GPS-Koordinaten (ψ, λ) von Stuttgart und Baia do Sancho berechnen:

$$d = \arccos\left(\sin\psi_S \sin\psi_B + \cos\psi_S \cos\psi_B \cos(\lambda_S - \lambda_B)\right) \frac{\pi}{180^\circ} r\,,$$

wobei in dieser Formel Winkel im Gradmaß angegeben werden ($\psi_S = 48.778449^\circ$, etc.) und folglich $\operatorname{arcos}(\ldots) \in [0^\circ, 180^\circ]$ mit dem Faktor $\pi/180^\circ$ umgerechnet werden muss.

1.4 Koordinatenbestimmung eines Punktes

Bestimmen Sie die Koordinaten des Punktes $P = (x, y)$ mit $y > 0$, der von den Punkten $A = (5, 1)$ und $B = (-2, 2)$ einen Abstand von $d = 5$ Längeneinheiten hat.

Verweise: Koordinatensysteme, Satz des Pythagoras

Varianten

- $A = (-2, 1)$, $B = (1, 2)$, $d = 3$
- $A = (0, 2)$, $B = (1, 0)$, $d = 3$
- $A = (1, 0)$, $B = (9, 0)$, $d = 10$

Lösungsskizze

Abstand von $A = (5, 1)$:
Satz des Pythagoras, angewandt auf das blaue rechtwinklige Dreieck $\Longrightarrow$

$$d(P, A)^2 = (5 - x)^2 + (y - 1)^2$$

analog:

$$d(P, B)^2 = (x - (-2))^2 + (y - 2)^2$$

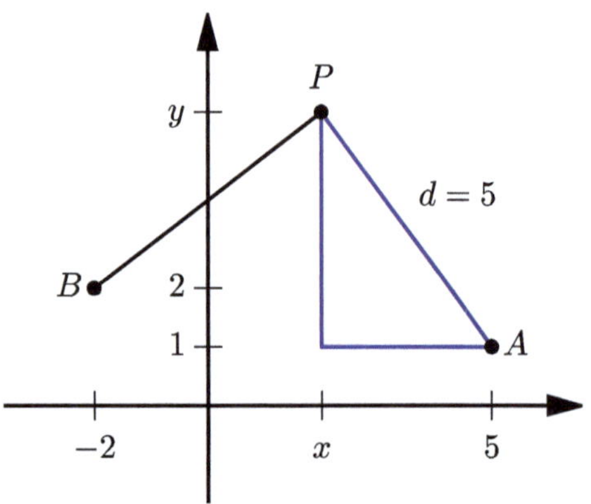

$d(P,A) = d(P,B) = 5$, binomische Formel $\leadsto$

$$\begin{aligned} 25 &= x^2 - 10x + 25 + y^2 - 2y + 1 \\ 25 &= x^2 + 4x + 4 + y^2 - 4y + 4 \end{aligned}$$

Subtraktion der Gleichungen $\leadsto$ $0 = -14x + 2y + 18$
Einsetzen von $y = 7x - 9$ in den Ausdruck für $d(P,A)$ (erste Gleichung) $\leadsto$

$$25 = (5-x)^2 + (7x-9-1)^2 = 50x^2 - 150x + 125$$

und nach Umformung und Division durch 50

$$0 = x^2 - 3x + 2$$

mit den Lösungen $x_\pm = \dfrac{3 \pm \sqrt{3^2 - 4 \cdot 2}}{2}$, d.h., $x_+ = 2$, $x_- = 1$ und $y_+ = 7x_+ - 9 = 5$, $y_- = -2$

$\underset{y>0}{\Longrightarrow}$ $P = (2,5)$

1.5 Umwandlung zwischen kartesischen Koordinaten und Polarkoordinaten

Bestimmen Sie die fehlenden Parameter der in der Tabelle angegebenen kartesischen Koordinaten und Polarkoordinaten.

x	y	r	φ
3	-3$\sqrt{3}$		
	4		$5\pi/6$
-2		$\sqrt{8}$	

Verweise: Koordinatensysteme

Varianten

- $r = 3$, $\varphi = \pi/4$
- $x = 2\sqrt{3}$, $\varphi = -\pi/6$
- $y = -3$, $r = 2\sqrt{3}$, $x < 0$

Lösungsskizze

Umrechnung der Koordinaten

- Polarkoordinaten $(r, \varphi) \to$ kartesische Koordinaten (x, y)

$$x = r\cos\varphi,\ y = r\sin\varphi$$

- kartesische Koordinaten $(x, y) \to$ Polarkoordinaten (r, φ)

$$r = \sqrt{x^2 + y^2},\ \varphi = \arctan(y/x) + \sigma\pi$$

mit

$$\sigma = \begin{cases} 0, & x \geq 0 \\ +1, & x < 0,\ y \geq 0 \\ -1, & x < 0,\ y < 0 \end{cases}$$

$\rightsquigarrow$ Winkel φ im Standardintervall $(-\pi, \pi]$

MATLAB®:

```
[x,y] = pol2cart(phi,r), [phi,r] = cart2pol(x,y)
```

Für die Umrechnung ist eine Tabelle einiger Werte der trigonometrischen Funktionen nützlich.

φ	0	$\pi/6$	$\pi/4$	$\pi/3$	$\pi/2$
$\cos\varphi$	1	$\sqrt{3}/2$	$\sqrt{2}/2$	$1/2$	0
$\sin\varphi$	0	$1/2$	$\sqrt{2}/2$	$\sqrt{3}/2$	1
$\tan\varphi$	0	$\sqrt{3}/3$	1	$\sqrt{3}$	∞

Die entsprechenden Werte für $\varphi \notin [0, \pi/2]$ ergeben sich aus Symmetrieüberlegungen.

a) $x = 3,\ y = -3\sqrt{3}$

$$r = \sqrt{9 + 27} = 6, \quad \varphi = \arctan(-\sqrt{3}) = -\pi/3\,,$$

da $\arctan(-z) = -\arctan z$ und $\arctan(y/x)$ für $x \geq 0$ den richtigen Winkel berechnet $(\sigma = 0)$

b) $y = 4,\ \varphi = 5\pi/6$

$$x = r\cos\varphi = \underbrace{r\sin\varphi}_{y}/\tan\varphi \underset{(\star)}{=} 4/(-\sqrt{3}/3) = -4\sqrt{3}$$

($\star$) benutzt: $\tan\alpha = \tan(\alpha - \pi)$, $\tan(-\beta) = -\tan\beta$

$$r = \sqrt{16+48} = 8$$

c) $x = -2$, $r = \sqrt{8}$

zwei mögliche Werte für y:

$$y = \pm\sqrt{r^2 - x^2} = \pm\sqrt{8 - (-2)^2} = \pm 2$$

- $y = 2 \quad \rightsquigarrow \quad \varphi \underset{\sigma=1}{=} \arctan(2/(-2)) + \pi = -\pi/4 + \pi = 3\pi/4$
- $y = -2 \quad \rightsquigarrow \quad \varphi \underset{\sigma=-1}{=} \arctan(-2/(-2)) - \pi = \pi/4 - \pi = -3\pi/4$

1.6 Umwandlung in Zylinder- und Kugelkoordinaten

Beschreiben Sie den Punkt

$$P = (x, y, z) = (-\sqrt{2}, \sqrt{2}, 2\sqrt{3})$$

in Zylinder- und Kugelkoordinaten.

Verweise: Koordinatensysteme

Varianten

- $(x, y, z) = (3, 3, \sqrt{6})$
- $(x, y, z) = (-\sqrt{2}, -\sqrt{6}, -2\sqrt{2})$
- $(x, y, z) = (1, -1, \sqrt{6})$

Lösungsskizze

Anwendung der Formel für die Transformation der kartesischen Koordinaten $P = (x, y, z) = (-\sqrt{2}, \sqrt{2}, 2\sqrt{3})$:

- Zylinderkoordinaten (ϱ, φ, z): $x = \varrho\cos\varphi$, $y = \varrho\sin\varphi$

$$\begin{aligned} \varrho &= \sqrt{x^2 + y^2} = 4 \\ \varphi &= \arctan(y/x) + \pi = \arctan(-1) + \pi = -\pi/4 + \pi = 3\pi/4 \end{aligned}$$

⚠ Die Addition von π ist notwendig, da (x, y) im zweiten Quadranten liegt ($x < 0$, $y \geq 0$) und der Hauptzweig von arctan nur für $x \geq 0$ (erster und vierter Quadrant) die korrekten Werte liefert. Für $x < 0$, $y < 0$ (dritter Quadrant) müsste π abgezogen werden.

Kontrolle mit MATLAB® :

```
[phi,rho,z] = cart2pol(x,y,z),
```

wobei die nicht veränderte Koordinate z weggelassen werden kann

- Kugelkoordinaten (r, ϑ, φ): $x = r\sin\vartheta\cos\varphi$, $y = r\sin\vartheta\sin\varphi$, $z = r\cos\vartheta$

$$\begin{aligned} r &= \sqrt{x^2+y^2+z^2} = \sqrt{2+2+12} = 4 \\ \vartheta &= \arccos(z/r) = \arccos(\sqrt{3}/2) = \pi/6 \end{aligned}$$

Kontrolle mit MATLAB® :

```
[phi,theta,r] = cart2sph(x,y,z),
```

wobei zu beachten ist, dass $\vartheta_{\text{MATLAB®}} \in [-\pi/2, \pi/2]$ der Höhenwinkel ist, d.h., $\vartheta = \pi/2 - \vartheta_{\text{MATLAB®}}$

1.7 Koordinatendarstellungen im Raum

Bestimmen Sie die fehlenden Parameter der in der Tabelle angegebenen kartesischen Koordinaten, Kugel- und Zylinderkoordinaten.

x	y	z	ϱ	φ	r	ϑ
3	$\sqrt{3}$	2				
	$\sqrt{2}$			$2\pi/3$		$\pi/4$
			2	$\pi/3$	$2\sqrt{2}$	

Verweise: Koordinatensysteme

Varianten

- $x = 1$, $z = 2$, $\varphi = -\pi/3$
- $z = -1$, $\varphi = -5\pi/6$, $r = 2$
- $y = 1$, $r = 2\sqrt{2}$, $\vartheta = 3\pi/4$

Lösungsskizze

$x = 3$, $y = \sqrt{3}$, $z = 2$

Zylinderkoordinaten: $\varrho = \sqrt{x^2+y^2}$, $\varphi = \arctan(y/x) + \sigma\pi$ mit $\sigma \in \{-1, 0, 1\}$ entsprechend den Vorzeichen von x und y zu wählen $\rightsquigarrow$

$$\varrho = \sqrt{9+3} = 2\sqrt{3}, \quad \varphi = \arctan(\sqrt{3}/3) + 0\cdot\pi = \pi/6$$

$\sigma = 0$, da $x \geq 0$ ($\sigma = 1$ für $x < 0$, $y \geq 0$ und $\sigma = -1$ für $x < 0$, $y < 0$)

Kugelkoordinaten: $r = \sqrt{x^2 + y^2 + z^2}$, $\vartheta = \arccos(z/r)$ $\quad\rightsquigarrow$

$$r = \sqrt{3 + 9 + 4} = 4, \quad \vartheta = \arccos(2/4) = \pi/3$$

$y = \sqrt{2}$, $\varphi = 2\pi/3$, $\vartheta = \pi/4$

Zylinderkoordinaten: $x = y/\tan\varphi$, $\varrho = \sqrt{x^2 + y^2}$ $\quad\rightsquigarrow$

$$x = \sqrt{2}/(-\sqrt{3}) = -\sqrt{6}/3, \quad \varrho = \sqrt{6/9 + 2} = 2\sqrt{6}/3$$

Kugelkoordinaten: $r = y/(\sin\varphi\, \sin\vartheta)$, $z = r\cos\vartheta$ $\quad\rightsquigarrow$

$$r = \sqrt{2}/((\sqrt{3}/2)(\sqrt{2}/2)) = 4\sqrt{3}/3, \quad z = (4\sqrt{3}/3)(\sqrt{2}/2) = 2\sqrt{6}/3$$

$\varrho = 2$, $\varphi = \pi/3$, $r = 2\sqrt{2}$

Zylinderkoordinaten: $x = \varrho\cos\varphi$, $y = \varrho\sin\varphi$ $\quad\rightsquigarrow$

$$x = 2(\sqrt{3}/2) = \sqrt{3}, \quad y = 2(1/2) = 1$$

Kugelkoordinaten: $z^2 = r^2 - \varrho^2$, $\vartheta = \arccos(z/r)$ $\quad\rightsquigarrow$

$$z = \pm\sqrt{8 - 4} = \pm 2, \quad \vartheta = \arccos(\pm 2/(2\sqrt{2}))) \in \{\pi/4,\, 3\pi/4\}$$

Der Punkt ist durch die gegebenen Werte nicht eindeutig bestimmt.

1.8 Baryzentrische Koordinaten

Bestimmen Sie die baryzentrischen Koordinaten c der Punkte $X = (2, 0)$ und $Y = (1, -5)$ bzgl. des Dreiecks mit den Eckpunkten

$$P_1 = (4, -3), \quad P_2 = (-2, 5), \quad P_3 = (3, -1)$$

und entscheiden Sie, welcher der beiden Punkte innerhalb des Dreiecks liegt.

Verweise: Baryzentrische Koordinaten

Varianten

■ $X = (3,4)$, $Y = (0,-4)$

$$P_1 = (2,-3), \quad P_2 = (-1,-5), \quad P_3 = (1,-2)$$

■ $X = (1,-2)$, $Y = (-3,-4)$

$$P_1 = (5,3), \quad P_2 = (2,0), \quad P_3 = (-1,-5)$$

■ $X = (-3,2)$, $Y = (-1,0)$

$$P_1 = (4,-4), \quad P_2 = (-5,3), \quad P_3 = (-2,1)$$

Lösungsskizze

Lineares Gleichungssystem für die baryzentrischen Koordinaten eines Punkts Q

$\sum_k c_k P_k = Q$, $\sum_k P_k = 1$, bzw. in Matrixform mit $P_1 = (4,-3)$, $P_2 = (-2,5)$, $P_3 = (3,-1)$:

$$\underbrace{\begin{pmatrix} 4 & -2 & 3 \\ -3 & 5 & -1 \\ 1 & 1 & 1 \end{pmatrix}}_{A} \begin{pmatrix} c_1 \\ c_2 \\ c_3 \end{pmatrix} = \begin{pmatrix} q_1 \\ q_2 \\ 1 \end{pmatrix}$$

$Q = X = (2,0)$

Cramer-Regel $\implies$

$$c_k = \det A_k / \det A$$

mit A_k der Matrix, bei der die k-te Spalte durch $(q_1, q_2, 1)^{\mathrm{t}}$ ersetzt wurde

spezielle Form der letzten Zeile $\rightsquigarrow$ Vereinfachung der Berechnung der Determinanten durch Subtraktion der letzen Spalte der Matrizen von den ersten beiden Spalten (keine Änderung der Determinanten):

$$\det A = \begin{vmatrix} 4 & -2 & 3 \\ -3 & 5 & -1 \\ 1 & 1 & 1 \end{vmatrix} = \begin{vmatrix} 4-3 & -5 & 3 \\ -3-(-1) & 6 & -1 \\ 0 & 0 & 1 \end{vmatrix} = \begin{vmatrix} 1 & -5 \\ -2 & 6 \end{vmatrix} = 6 - 10 = -4$$

$$\det A_1 = \begin{vmatrix} 2 & -2 & 3 \\ 0 & 5 & -1 \\ 1 & 1 & 1 \end{vmatrix} = \begin{vmatrix} -1 & -5 & 3 \\ 1 & 6 & -1 \\ 0 & 0 & 1 \end{vmatrix} = -6 + 5 = -1$$

und $c_1 = \det A_1 / \det A = 1/4$

analog:

$$\det A_2 = \begin{vmatrix} 4 & 2 & 3 \\ -3 & 0 & -1 \\ 1 & 1 & 1 \end{vmatrix} = \cdots = -1$$

und $c_2 = \det A_2 / \det A = 1/4$ sowie $c_3 = 1 - c_1 - c_2 = 1/2$

$c_k \geq 0 \, \forall k \quad \Longrightarrow \quad X \in \Delta(P_1, P_2, P_3)$

$Q = Y = (1, -5)$

Berechnung von c mit MATLAB®

```
c = [4 -2 3; -3 5 -1; 1 1 1] \ [1; -5; 1]
```

$\rightsquigarrow \quad c = (8, 2, -9)^{\mathrm{t}}$, d.h., $Y \notin \Delta(P_1, P_2, P_3)$, da eine baryzentrische Koordinate negativ ist

⚠ Der MATLAB® -Befehl zur Lösung eines linearen Gleichungssystems $Ac = q$ ist `c = A\q` und nicht, wie vielleicht vermutet, `c = q/A`.

1.9 Gleichförmig bewegtes Bezugssystem

Wie schnell erscheint ein mit 60 km/h nach Norden fahrendes Auto aus einem mit 120 km/h nach Nordosten fahrenden Zug?

Verweise: Koordinatentransformation, Punkte und Vektoren, Addition und skalare Multiplikation von Vektoren

Varianten

- Auto: mit 40 km/h nach Osten, Zug: mit 100 km/h nach Südwesten
- Auto: mit 100 km/h nach Südosten, Zug: mit 150 km/h nach Süden
- Auto: mit 80 km/h nach Süden, Zug: mit 120 km/h nach Nordwesten

Lösungsskizze

Transformation der Koordinaten

Ortsvektoren der Positionen des Autos und des Zuges bei konstanten Geschwindigkeitsvektoren:

$$\vec{x} = \vec{a}(t) = \vec{a}(0) + t\vec{v}_A, \quad \vec{x} = \vec{z}(t) = \vec{z}(0) + t\vec{v}_Z$$

Änderung der Koordinaten bei Verschiebung des Koordinatensystems um $\vec{d}$:

$$\tilde{x}_k = x_k - d_k$$

Anwendung auf die Beschreibung der Position $A(t)$ des Autos (Ortsvektor $\vec{a}(t)$) im Koordinatensystem des Zuges (zeitabhängige Verschiebung $\vec{d}(t) = \vec{z}(t) \iff O \to \tilde{O} = Z(t)$):

$$\begin{aligned}\tilde{\vec{a}}(t) &= (\vec{a}(0) + t\vec{v}_A) - \underbrace{(\vec{z}(0) + t\vec{z}_A)}_{\vec{d}(t)} \\ &= (\vec{a}(0) - \vec{z}(0)) - t\underbrace{(\vec{v}_A - \vec{v}_Z)}_{\vec{v}_{AZ}}\end{aligned}$$

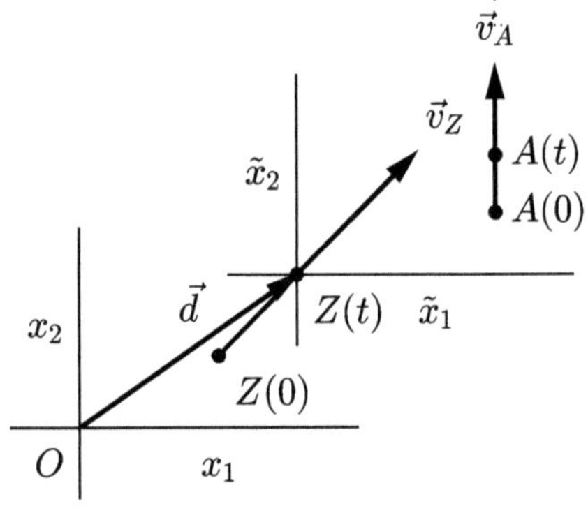

Im Zug beobachtete Geschwindigkeit

Geschwindigkeitsvektoren (Betrag der Geschwindigkeit [km/h] × normierter Richtungsvektor):

$$\vec{v}_A = 60\underbrace{\begin{pmatrix}0\\1\end{pmatrix}}_{\text{Norden}}, \quad \vec{v}_Z = 120\underbrace{\begin{pmatrix}1\\1\end{pmatrix}\Big/\sqrt{2}}_{\text{Nordosten}}$$

$\rightsquigarrow$ Geschwindigkeitsvektor im Koordinatensystem des Zuges,

$$\vec{v}_{AZ} = \vec{v}_A - \vec{v}_Z = 60\begin{pmatrix}0 - 2/\sqrt{2}\\1 - 2/\sqrt{2}\end{pmatrix} \approx \begin{pmatrix}-84.8528\\-24.8528\end{pmatrix},$$

und beobachtete Geschwindigkeit

$$|\vec{v}_{AZ}| = 60\sqrt{(\sqrt{2})^2 + (1-\sqrt{2})^2} = 60\sqrt{5 - 2\sqrt{2}} \approx 88.4175$$

1.10 Orbits von Sonne, Planet und Mond mit Matlab® ⋆

Betrachten Sie ein **sehr** stark vereinfachtes fiktives Modell, in dem ein Planet im Abstand von 5 Längeneinheiten in 100 Tagen um eine Sonne kreist und ein Mond in 20 Tagen um den Planeten im Abstand von 2 Längeneinheiten. Illustrieren Sie die entstehenden Orbits mit einem MATLAB® -Video sowohl im ruhenden Koordinatensystem der Sonne als auch in dem bewegten Koordinatensystem eines Beobachters auf dem Mond. Nehmen Sie an, dass die Koordinatenrichtungen unverändert bleiben (keine Eigenrotation des Mondes).

Verweise: Koordinatentransformation, Vektor-Operationen mit MATLAB®

Varianten

Die Realität ist **wesentlich** komplizierter (Himmelskörper nicht in einer Ebene, Bahnen nicht kreisförmig und Geschwindigkeiten nicht konstant (Keplersche Gesetze), Eigenrotation von Planet oder Mond) und bietet damit vielfältige Möglichkeiten das rudimentäre Video der Lösung zu vervollkommnen.

Lösungsskizze

Beschreibung der Orbits

Positionsvektor bei kreisförmiger Bewegung mit konstanter Geschwindigkeit:

$$P(t) = (c_1 + r\cos(2\pi t/T),\ c_2 + \sin(2\pi t/T))$$

mit $C = (c_1, c_2)$ dem Kreismittelpunkt, r dem Radius und T der Periode (Umlaufzeit)

Koordinatentransformation bei Änderung des Ursprungs bei gleichbleibenden Richtungen der Koordinatenachsen:

$$O = (0,0) \to \tilde{O} = (q_1, q_2) \quad \Longrightarrow \quad \tilde{P}(t) = (p_1(t) - q_1, p_2(t) - q_2)$$

Beispielsweise ist $\tilde{P}_{\text{Planet}} = (p_{1,\text{Planet}} - p_{1,\text{Mond}}, p_{2,\text{Planet}} - p_{2,\text{Mond}})$ die Position des Planeten im Koordinatensystem des Mondes.

MATLAB® -Video

```
% Wahl des Koordinatensystems
SM = input('Koordinatensystem der Sonne oder des Mondes [S/M]','s')

% Parameter: Umlaufzeiten, Abstaende, Zeitintervall und Zeitinkrement
T_P = 100; d_P = 5;    % Planet
T_M = 20; d_M = 2;    % Mond
```

```
tmax = 200; dt = 0.5; t_pause = 0.1;

% Positionen im Koordinatensystem der Sonne
P_P = @(t) d_P*[cos(2*pi*t/T_P); sin(2*pi*t/T_P)];
P_M = @(t) P_P(t) + d_M*[cos(2*pi*t/T_M); sin(2*pi*t/T_M)];

hold on
% Grafikfenster
axis equal; axis off; axis((d_P+d_M)*[-1 1 -1 1]);

t = 0;
while t<tmax
   % Koordinaten
   c_P = P_P(t); c_M = P_M(t);

   % Zeichnen der Positionen von Sonne, Planet und Mond
   switch SM   % Wahl des Koordinatensystems (Sonne/Mond)

      case 'S'   % Betrachtung von der Sonne
      plot(0,0,'.r','MarkerSize',80);
      h1 = plot(c_P(1),c_P(2),'.b','MarkerSize',40);
      h2 = plot(c_M(1),c_M(2),'.k','MarkerSize',20);

      case 'M'   % Betrachtung vom Mond
      plot(0,0,'.k','MarkerSize',20);
      h1 = plot(-c_M(1),-c_M(2),'.r','MarkerSize',80);
      h2 = plot(c_P(1)-c_M(1),c_P(2)-c_M(2),'.b','MarkerSize',40);

   end
   pause(t_pause)  % Zeitlupe
   delete(h1); delete(h2);
   t = t+dt;
end

hold off
```

Die Abbildung zeigt die Orbits, links bzgl. des ruhenden Koordinatensystems der Sonne und rechts bzgl. des bewegten Koordinatensystems des Mondes.

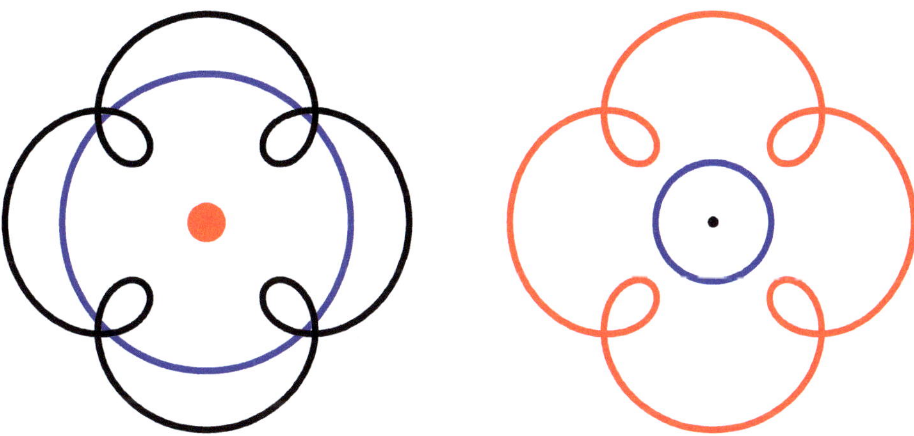

⚠ Da die Umlaufzeit des Mondes ein Fünftel der Umlaufzeit des Planeten ist, würde man intuitiv fünf Schleifen erwarten. Das Betrachten der Videos gibt die Erklärung für diesen scheinbaren Widerspruch.

Bemerkung

Für bestimmte Parameterwerte entstehen Epizykloiden (Spitzen statt Schleifen in der Bahnkurve des Mondes), die durch Abrollen eines kleinen auf einem größeren Kreis konstruiert werden können. Können Sie Parameter angeben, die zu dem abgebildeten Beispiel führen?

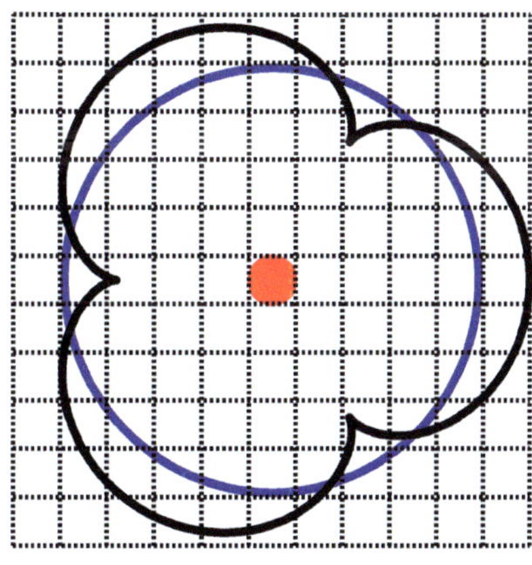

Epizykloide

1.11 Verschiebung und Drehung des Koordinatensystems

Wie ändern sich die Koordinaten des Punktes $X = (4, 3)$ bei einer Verschiebung des Koordinatensystems um $\vec{p} = (3, 1)^{\mathrm{t}}$ und anschließender Drehung um $\varphi = \pi/6$ entgegen dem Uhrzeigersinn? Erhält man das gleiche Resultat, wenn man die beiden Transformationen in der umgekehrten Reihenfolge durchführt?

Verweise: Koordinatentransformation, Skalarprodukt

Varianten

- $X = (2, -3)$, $\vec{p} = (1, 4)^{\mathrm{t}}$, $\varphi = \pi/3$
- $X = (1, 2)$, $\vec{p} = (2, 3)^{\mathrm{t}}$, $\varphi = -\pi/4$
- $X = (-1, 3)$, $\vec{p} = (1, -1)^{\mathrm{t}}$, $\varphi = 3\pi/4$

Lösungsskizze

Verschiebung um $\vec{p} = (3, 1)^{\mathrm{t}}$

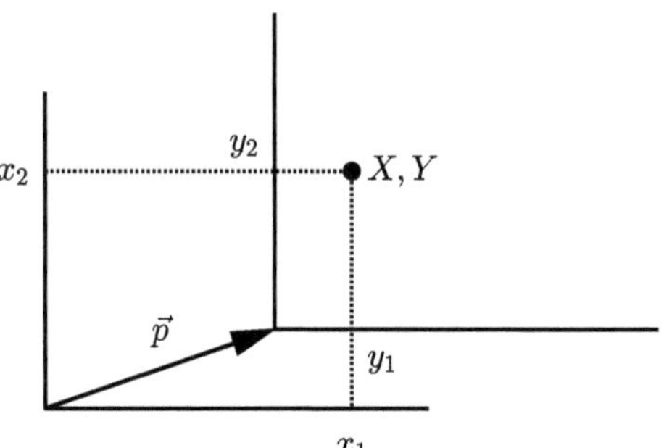

Verschiebung des Koordinatensystems um $\vec{p}$ $\iff$ Änderung der Koordinaten um $-(p_1, p_2)$:

$$\begin{aligned} X \to Y &= (x_1 - p_1, x_2 - p_2) \\ &= (4 - 3, 3 - 1) = (1, 2) \end{aligned}$$

Drehung um $\varphi = \pi/6$

gedrehte Achsenrichtungen (normiert):

$$\vec{u}^{\circ} = \begin{pmatrix} \cos\varphi \\ \sin\varphi \end{pmatrix} = \begin{pmatrix} \sqrt{3}/2 \\ 1/2 \end{pmatrix}, \quad \vec{v}^{\circ} = \begin{pmatrix} -1/2 \\ \sqrt{3}/2 \end{pmatrix},$$

transformierte Koordinaten $Y = (1, 2) \to Z$: Projektionen auf die Achsenrichtungen, d.h.,

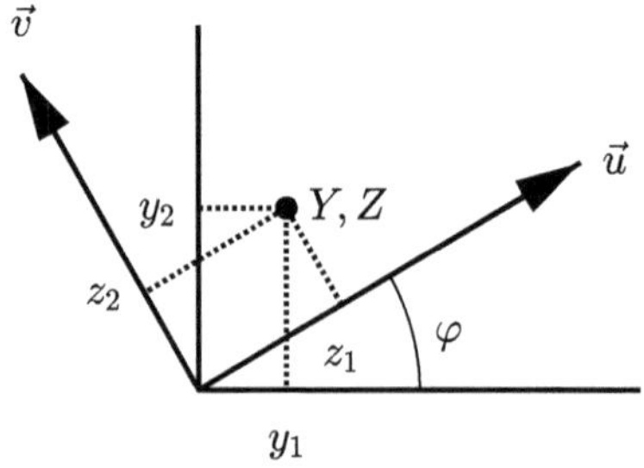

$$\begin{aligned} z_1 &= (\vec{y} \cdot \vec{u}^{\circ}) = \begin{pmatrix} 1 \\ 2 \end{pmatrix} \cdot \begin{pmatrix} \sqrt{3}/2 \\ 1/2 \end{pmatrix} \\ &= 1 + \sqrt{3}/2 \\ z_2 &= (\vec{y} \cdot \vec{v}^{\circ}) = -1/2 + \sqrt{3} \end{aligned}$$

Vertauschung der Reihenfolge

$$X \underset{\text{Drehung}}{\longrightarrow} Y \underset{\text{Verschiebung}}{\longrightarrow} Z$$

Berechnung mit Maple™

```
X := <4 | 3>
```

```
Y := <X(1)*cos(Pi/6)+X(2)*sin(Pi/6) | -X(1)*sin(Pi/6)+X(2)*cos(Pi/6)>
Z := Y - <3 | 1>
```

$\rightsquigarrow \quad Z = (-3/2 + 2\sqrt{3}, -3 + 3\sqrt{3}/2)$

Verschiebungen und Drehungen des Koordinatensystems kommutieren nicht.

1.12 Fraktale Kurven mit Matlab®

Fraktale Kurven lassen sich konstruieren, indem man ein Muster (blau) durch Transformation der Koordinaten (Verschiebung, Drehung und Skalierung),

$$O,\ (1,0)^{\mathrm{t}},\ (0,1)^{\mathrm{t}} \quad \longrightarrow \quad P_k,\ \vec{u},\ \vec{v},$$

auf die Kanten eines Polygons (schwarz) abbildet und diesen Prozess iterativ wiederholt.

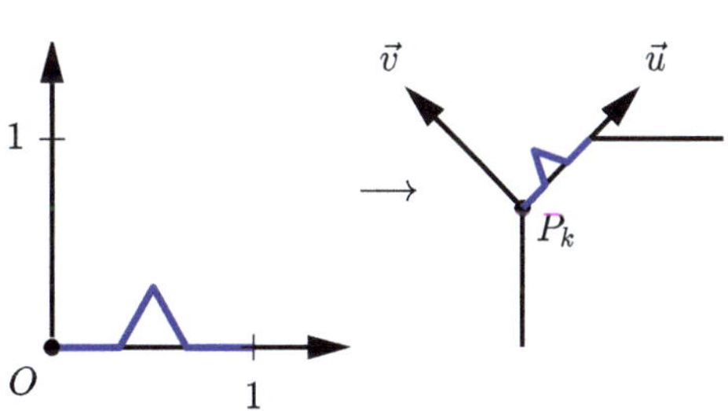

Verwenden Sie als Muster („Generator") das abgebildete Beispiel mit den Koordinaten $(0,0)$, $(1/3,0)$, $(1/3,\sqrt{3}/6)$, $(2/3,0)$, $(1,0)$ und als Startpolygon ein gleichseitiges Dreieck, und schreiben Sie ein Programm, das die Koch-Kurve[1] erzeugt. Zeichnen Sie das verfeinerte Polygon nach 4 Iterationen (Bild rechts).

$\longrightarrow \quad \longrightarrow \quad \longrightarrow \quad \longrightarrow$

Verweise: Vektor-Operationen mit MATLAB® , Koordinatentransformation

[1] Helge von Koch: *Une méthode géométrique élémentaire pour l'étude de certaines questions de la théorie des courbes planes*, Acta Mathematica 30, 145-174

Varianten

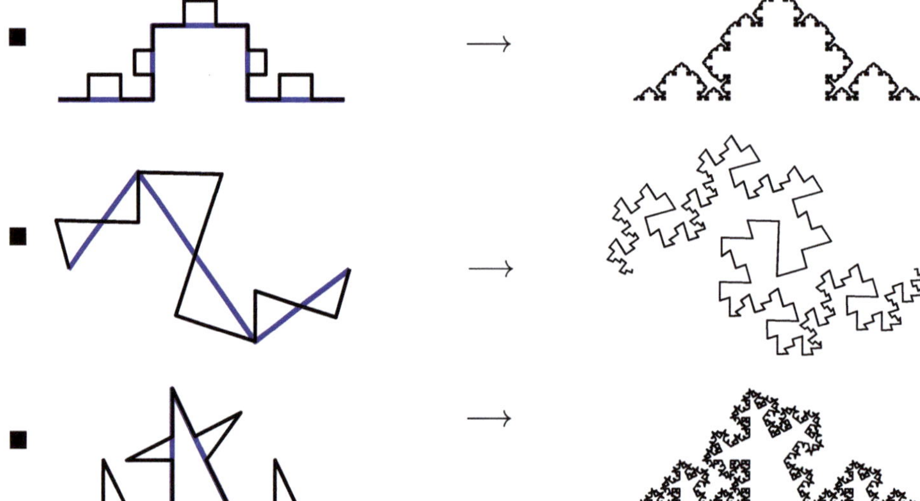

- **Ihr Entwurf!**

Lösungsskizze

Abbildung des Musters auf eine Kante des Polygons

Für eine Kante $\overline{P_k P_{k+1}}$ bildet man zunächst die gedrehten und skalierten Koordinatenrichtungen

$$\vec{u} = \vec{p}_{k+1} - \vec{p}_k, \quad \vec{v} = (-u_2, u_1)^{\mathrm{t}}.$$

Dann ist das Bild eines Punktes $Q = (q_1, q_2)$ der Punkt $\tilde{Q}$ mit

$$\vec{\tilde{q}} = \vec{p}_k + (q_1\vec{u} + q_2\vec{v}).$$

⚠ Es wurde bewusst vermieden, $\tilde{Q} = P_k + \cdots$ zu schreiben, da man **Punkte** nicht addieren sollte; deshalb hier und an anderen Stellen eine Formulierung mit Ortsvektoren.

MATLAB® -Programm

```
% Definition des Musters (Generators) und des Startpolygons
M = [1/3 0; 1/2 sqrt(3)/6; 2/3 0; 1 0];
P = [0 0; 1/2 sqrt(3)/2; 1 0; 0 0];

% 4 Rekursionsschritte
Q = fractal(P,M,4);
```

```
% Zeichnen des resultierenden verfeinerten Polygons
axis off, axis equal
plot(Q(:,1),Q(:,2))

end

function Q = fractal(P,M,steps)

for n=1:steps   % Iterationen
   Q = P(1,:);   % erster Punkt des verfeinerten Polygons
   for k=1:size(P,1)-1;   % Schleife ueber die Kanten
      % transformierte Koordinatenrichtungen
      u = P(k+1,:)-P(k,:); v = [-u(2) u(1)];
      % Abbildung der Punkte des Musters
      % Hinzufuegen zum verfeinerten Polygon
      for m=1:size(M,1);
         Q = [Q; P(k,:)+M(m,1)*u+M(m,2)*v];
      end
   end
   % Ueberschreiben von P fuer den naechsten Iterationsschritt
   P = Q;
end

end
```

1.13 Rundflug im Polargebiet $\star$

Ein Flugzeug fliegt jeweils 2000 km nach Norden, Osten und Süden und erreicht wieder seinen Ausgangspunkt. Zwischen welchen Breitengraden liegt der Flugplatz auf der nördlichen Halbkugel[2], auf dem es gestartet ist?

Verweise: Koordinatensysteme

[2]Mathematisch (aber nicht realistisch) wäre auch der Südpol als Ausgangspunkt möglich.

Lösungsskizze

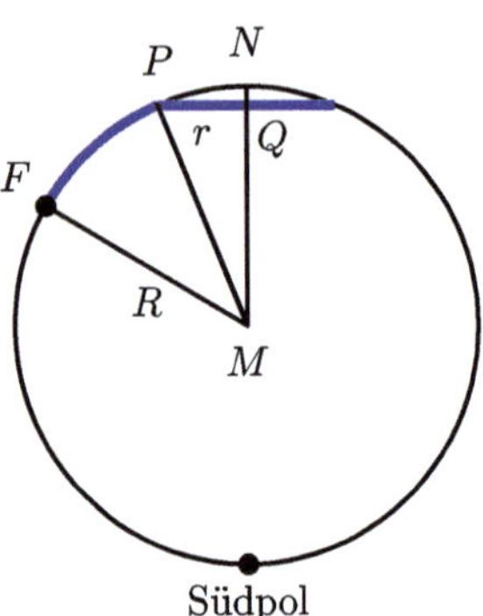

Die Abbildung (Seitenansicht der Erdkugel) zeigt schematisch eine mögliche Flugroute (blau): Ausgehend von einem Flugplatz bei F entlang eines Längenkreises $L = 2000\,\mathrm{km}$ nach Norden bis zum Punkt P, dann n-maliges Umfliegen des Nordpols, dem durch P verlaufenden Breitenkreis mit Radius r und Länge L/n folgend, und schließlich ein Flug von P nach Süden, zurück zum Startflugplatz bei F.

Länge des Breitenkreises durch P: $U = 2\pi r = L/n \quad \Longrightarrow$

$$r = L/(2\pi n)$$

Definition des Sinus im rechtwinkligen Dreieck $\Delta(P, M, Q) \quad \Longrightarrow$

$$r = R \sin \underbrace{\sphericalangle(P, M, Q)}_{\alpha}, \quad \text{d.h.}, \ \alpha = \arcsin(L/(2\pi n R))$$

$$\frac{\text{Länge } L \text{ des Kreisbogens von } F \text{ nach } P}{\text{Erdumfang}} = \frac{\overbrace{\sphericalangle(F, M, P)}^{\beta}}{2\pi} \quad \Longrightarrow$$

$$\beta = L/R$$

Umrechnung des Gesamtwinkels $\gamma = \alpha + \beta$ in den Breitengrad b ($\gamma \in [0, \pi/2] \leftrightarrow b \in [90°, 0°]$) $\quad \rightsquigarrow$

$$b = (\pi/2 - \gamma) \cdot (180°/\pi)$$

Einsetzen der Daten für $n = 1$ (südlichste mögliche Position des Flugplatzes) $\quad \rightsquigarrow$

$$\alpha = \arcsin\left(\frac{2000}{2\pi \cdot 6367}\right) \approx 0.05, \ \beta = \frac{2000}{6367} \approx 0.31, \ b \approx 69.13° \text{ nördliche Breite}$$

Nördlichere Positionen erhält man, wenn der Nordpol öfter umflogen wird ($n > 1$). Im Grenzfall $n \to \infty$ ist

$$\alpha = 0, \quad b = (\pi/2 - \beta) \cdot (180°/\pi) \approx 72.0023° \text{ nördliche Breite}.$$

2 Vektoren

Themen der Aufgaben

K. Höllig und J. Hörner, *Aufgaben und Lösungen zur Höheren Mathematik: Vektorrechnung und Analytische Geometrie*,
https://doi.org/10.1007/978-3-662-73122-2_3

- Gewicht am Seil
  → 2.16
- Teilfläche eines Dreiecks
  → 2.17
- Eckpunkte eines Spats
  → 2.18
- Glätten von Polygonen mit MATLAB®
  → 2.19
- Sierpinski-Folgen
  → 2.20

2.1 Kräftegleichgewicht

Die an einem Punkt P (blauer Punkt) angreifende Kraft $\vec{f}_Q$ in Richtung des Punktes Q ist proportional zum Abstand $|\vec{q}-\vec{p}|$, d.h.,

$$\vec{f}_Q = c_Q\,(\vec{q}-\vec{p})\,.$$

Berechnen Sie die resultierende Gesamtkraft $\vec{f} = \sum_Q \vec{f}_Q$ für die drei abgebildeten Punkte Q (schwarze Punkte) und die Konstanten $c_Q = 1, 2, 3$. Bestimmen Sie ebenfalls den Punkt $P_\star$, an dem ein Kräftegleichgewicht herrscht, d.h., $\vec{f} = \vec{o}$.

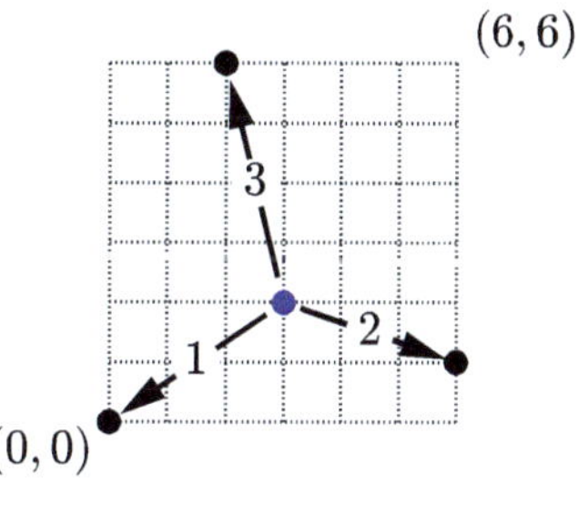

Verweise: Addition und skalare Multiplikation von Vektoren

Varianten

- 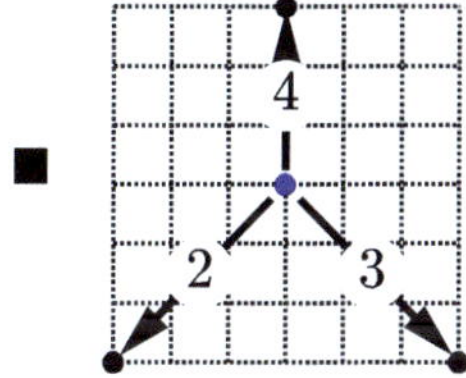

- 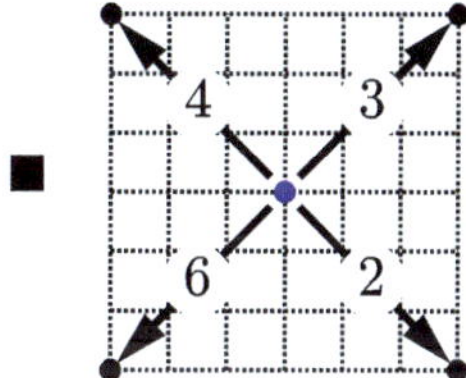

- 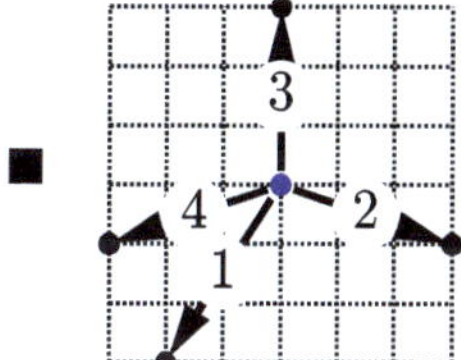

Lösungsskizze

Gesamtkraft

$$\vec{f} = \sum_Q \vec{f}_Q = \sum_Q c_Q\,(\vec{q}-\vec{p}) \tag{1}$$

Einsetzen der gegebenen Daten $P = (3,2)$ und $Q = (0,0)$, $(6,1)$, $(2,6)$ $\quad\rightsquigarrow$

$$\begin{aligned}\vec{f} &= 1\cdot\begin{pmatrix}0-3\\0-2\end{pmatrix} + 2\cdot\begin{pmatrix}6-3\\1-2\end{pmatrix} + 3\cdot\begin{pmatrix}2-3\\6-2\end{pmatrix}\\ &= \begin{pmatrix}-3\\-2\end{pmatrix} + \begin{pmatrix}6\\-2\end{pmatrix} + \begin{pmatrix}-3\\12\end{pmatrix} = \begin{pmatrix}0\\8\end{pmatrix}\end{aligned}$$

Kräftegleichgewicht

Auflösen der Gleichung (1) mit $\vec{f} = (0,0)^{\mathrm{t}}$ nach $\vec{p}$ $\quad\Longrightarrow$

$$\vec{p} = \frac{1}{\sum_Q c_Q} \sum_Q c_Q\,\vec{q}$$

Einsetzen der gegebenen Daten $\rightsquigarrow$

$$\vec{p} = \frac{1}{1+2+3}\left(1\cdot\begin{pmatrix}0\\0\end{pmatrix} + 2\cdot\begin{pmatrix}6\\1\end{pmatrix} + 3\cdot\begin{pmatrix}2\\6\end{pmatrix}\right)$$
$$= \frac{1}{6}\left(\begin{pmatrix}0\\0\end{pmatrix} + \begin{pmatrix}12\\2\end{pmatrix} + \begin{pmatrix}6\\18\end{pmatrix}\right) = \frac{1}{6}\begin{pmatrix}18\\20\end{pmatrix} = \begin{pmatrix}3\\10/3\end{pmatrix}$$

2.2 Kräfteparallelogramm

Schreiben Sie $\vec{f} = (9,1)^{\mathrm{t}}$ als Summe von Vektoren (grauer Kopf in der Abbildung) parallel zu $\vec{u} = (3,2)^{\mathrm{t}}$ und $\vec{v} = (2,-2)^{\mathrm{t}}$.

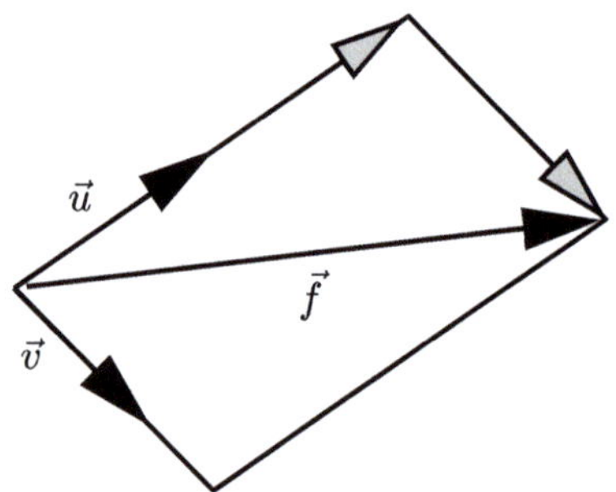

Verweise: Addition und skalare Multiplikation von Vektoren

Varianten

- $\vec{f} = (4,5)^{\mathrm{t}}$, $\vec{u} = (3,2)^{\mathrm{t}}$, $\vec{v} = (2,1)^{\mathrm{t}}$
- $\vec{f} = (2,4)^{\mathrm{t}}$, $\vec{u} = (4,1)^{\mathrm{t}}$, $\vec{v} = (2,1)^{\mathrm{t}}$
- $\vec{f} = (4,-6)^{\mathrm{t}}$, $\vec{u} = (-1,3)^{\mathrm{t}}$, $\vec{v} = (2,-4)^{\mathrm{t}}$

Lösungsskizze

Schreiben von $\vec{f}$ als Summe von Vielfachen von $\vec{u}$ und $\vec{v}$ (*Linearkombination*) $\rightsquigarrow$ lineares Gleichungssystem

$$\vec{f} = \begin{pmatrix}9\\1\end{pmatrix} = s\underbrace{\begin{pmatrix}3\\2\end{pmatrix}}_{\vec{u}} + t\underbrace{\begin{pmatrix}2\\-2\end{pmatrix}}_{\vec{v}},$$

d.h.,

$$3s + 2t = 9, \quad 2s - 2t = 1$$

Auflösen der zweiten Gleichung nach s $\rightsquigarrow$ $s = 1/2 + t$
Einsetzen in die erste Gleichung $\rightsquigarrow$ $3/2 + 3t + 2t = 9$, d.h., $t = 3/2$ und $s = 2$

2.3 Kräfte bei einer schiefen Ebene

Welche Kraft $-f = -|\vec{f}|$ wird benötigt, um einen $m = 10\,\mathrm{kg}$ schweren Schlitten (schematisch als schwarzes Rechteck dargestellt) auf einem vereisten[1] Hang mit 40% Steigung festzuhalten? Wie viele Sekunden T dauert eine Fahrt, wenn der Schlitten auf dem dargestellten Hang im Punkt C losgelassen wird?

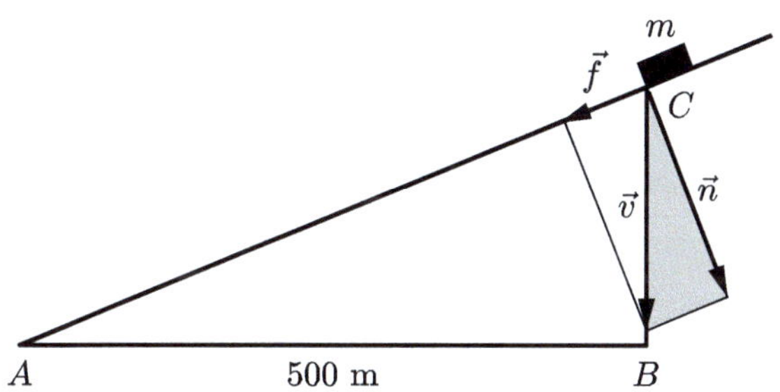

Verweise: Punkte und Vektoren, Addition und skalare Multiplikation von Vektoren, Norm

Varianten

- $|\overline{AB}| = 900$, $\sphericalangle(C, A, B) = \pi/4$
- $|\overline{AC}| = 1000$, $\sphericalangle(C, A, B) = \pi/6$
- 20% Steigung, $|\overline{AC}| = 400$

Lösungsskizze

Rechnung ohne Einheiten [m, kg, s, N] und mit $g \approx 9.81$ der Erdbeschleunigung

Hangabtriebskraft

Zerlegung der Gewichtskraft $\vec{v}$ als Summe einer Kraft $\vec{n}$ orthogonal zu der schiefen Ebene und der Hangabtriebskraft $\vec{f} \perp \vec{n}$

Ähnlichkeit des Dreiecks $\Delta(A, B, C)$ zu dem grauen Dreieck (rechte Winkel und $\sphericalangle(C, A, B) = \sphericalangle(\vec{v}, \vec{n})$ $\implies$ Gleichheit aller Winkel) $\implies$

$$|\vec{f}| : |\vec{n}| = \underbrace{|\overline{BC}| : 500}_{40\% \,\widehat{=}\, 40/100 = 2/5}, \quad \text{d.h., } n = f/p,\ p = 2/5$$

[1]rechtfertigt das Vernachlässigen von Reibung

(verwendete Notation: Weglassen des Pfeils für die Länge eines Vektors)

Gewichtskraft = Masse · Erdbeschleunigung, Satz des Pythagoras $\implies$

$$v^2 = (mg)^2 = f^2 + n^2 = f^2 + (f/p)^2\,,$$

d.h.,

$$f = \frac{mg}{\sqrt{1+(1/p)^2}} = \frac{10 \cdot 9.81}{\sqrt{1+2.5^2}} \approx 36.4334\,\mathrm{N}$$

<u>Fahrtzeit</u>

Berechnung der zurückgelegten Strecke $s(t)$ mit dem Gesetz von Newton, Kraft = Masse · Beschleunigung $\leadsto$

$$\underbrace{s''(t)}_{\text{Beschleunigung}} = \frac{f}{m},\quad s(t) = \frac{f}{m}\frac{t^2}{2} = \frac{g}{2\sqrt{1+(1/p)^2}}\,t^2$$

Satz des Pythagoras, $|\overline{BC}| : 500 = p \quad \leadsto \quad$ Länge der Fahrstrecke

$$s_\star = \sqrt{500^2 + (500\,p)^2} = 500\,\sqrt{1+p^2}$$

$\leadsto$ Gleichung für die Fahrzeit T:

$$s_\star = 500\,\sqrt{1+p^2} = \frac{g}{2\sqrt{1+(1/p)^2}}\,T^2 = s(T)$$

$$\sqrt{1+p^2}\sqrt{1+(1/p)^2} = \sqrt{1+p^2}\sqrt{(p^2+1)/p^2} = (1+p^2)/p = 1/p + p \quad \implies$$

$$T = \sqrt{500}\,\sqrt{p+1/p}\,\sqrt{2/g} = \sqrt{500}\,\sqrt{0.4+2.5}\,\sqrt{2/9.81} \approx 17.1935\,\mathrm{s}$$

Die Fahrzeit hängt nicht von der Masse des Schlittens ab sondern nur von der Steigung und der Länge der schiefen Ebene. Bei gleichbleibender horizontaler Länge des Hangs ist sie minimal für eine Steigung von 50% ($p = 1$).

Bemerkung

Wird die Steigung der schiefen Ebene mit dem Winkel $\alpha = \sphericalangle(C, A, B)$ angegeben, so ist $p = \tan\alpha$. Die Zerlegung der Gewichtskraft ist in diesem Fall

$$f = \sin\alpha\, v, \quad n = \cos\alpha\, v\,,$$

denn α ist ebenfalls der Winkel bei C in dem grauen rechtwinkligen Dreieck mit Hypotenuse der Länge v.

2.4 Summe von Vektoren in einem Sechseck

Berechnen Sie die Summe der abgebildeten Vektoren, die Eckpunkte in einem regelmäßigen Sechseck mit Kantenlänge 1 verbinden.

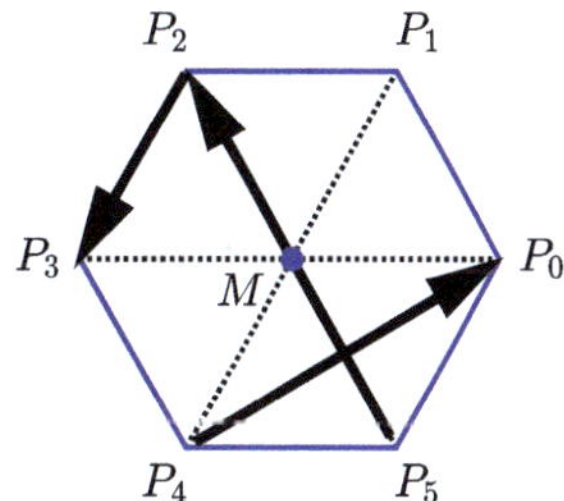

Verweise: Punkte und Vektoren, Addition und skalare Multiplikation von Vektoren

Varianten

- 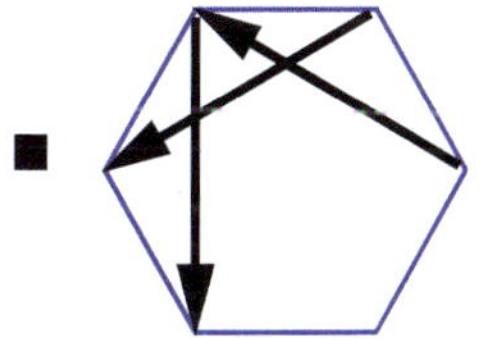
- 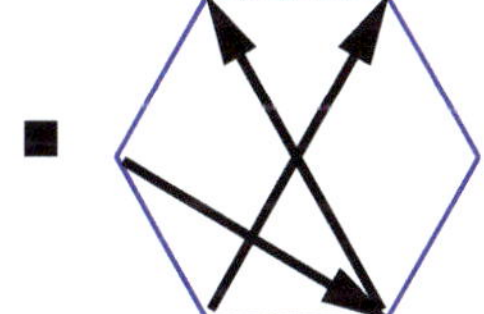
- 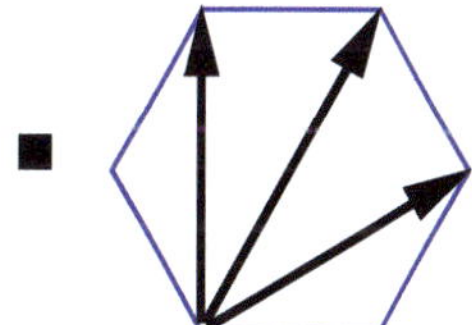

Lösungsskizze

Das Sechseck ist die Vereinigung der gleichseitigen Dreiecke $\Delta(P_k, M, P_{k+1})$ (Indizes modulo 6) mit Seitenlänge 1.

$M = (0,0)$, Formel für die Höhe im gleichseitigen Dreieck (Satz des Pythagoras) $\rightsquigarrow$

$$P_0 = (1,0), \quad P_1 = (1/2, \sqrt{1^2 - (1/2)^2}) = (1/2, \sqrt{3}/2)$$

Symmetrie $\rightsquigarrow$

$$P_2 = (-1/2, \sqrt{3}/2), \quad P_3 = (-1,0), \quad P_4 = (-1/2, -\sqrt{3}/2), \quad P_5 = (1/2, -\sqrt{3}/2)$$

alternativ: $P_k = (\cos(2\pi\, k/6), \sin(2\pi\, k/6))$

Darstellung der abgebildeten Vektoren mit Hilfe der Ortsvektoren $\vec{p}_k = \overrightarrow{MP_k}$ der Eckpunkte des Sechsecks:

$$\overrightarrow{P_2P_3} = \overrightarrow{P_2M} + \overrightarrow{MP_3} = -\underbrace{\overrightarrow{MP_2}}_{\vec{p}_2} + \underbrace{\overrightarrow{MP_3}}_{\vec{p}_3} = -\begin{pmatrix} -1/2 \\ \sqrt{3}/2 \end{pmatrix} + \begin{pmatrix} -1 \\ 0 \end{pmatrix} = \begin{pmatrix} -1/2 \\ -\sqrt{3}/2 \end{pmatrix}$$

$$\overrightarrow{P_4P_0} = -\underbrace{\begin{pmatrix} -1/2 \\ -\sqrt{3}/2 \end{pmatrix}}_{\vec{p}_4} + \underbrace{\begin{pmatrix} 1 \\ 0 \end{pmatrix}}_{\vec{p}_0} = \begin{pmatrix} 3/2 \\ \sqrt{3}/2 \end{pmatrix}$$

$$\overrightarrow{P_5P_2} = -\begin{pmatrix} 1/2 \\ -\sqrt{3}/2 \end{pmatrix} + \begin{pmatrix} -1/2 \\ \sqrt{3}/2 \end{pmatrix} = \begin{pmatrix} -1 \\ \sqrt{3} \end{pmatrix}$$

Addition der Vektoren

$$\overrightarrow{P_2P_3} + \overrightarrow{P_4P_0} + \overrightarrow{P_5P_2} = \begin{pmatrix} -1/2 \\ -\sqrt{3}/2 \end{pmatrix} + \begin{pmatrix} 3/2 \\ \sqrt{3}/2 \end{pmatrix} + \begin{pmatrix} -1 \\ \sqrt{3} \end{pmatrix} = \begin{pmatrix} 0 \\ \sqrt{3} \end{pmatrix}$$

2.5 Bestimmung von Entfernungen

Ein Wanderer geht 1 km nach Südosten (SO), 2 km nach Norden (N) und 3 km nach Westsüdwesten (WSW). Wie viele Kilometer hat er sich von seinem Ausgangspunkt entfernt (Luftlinie, blau)?

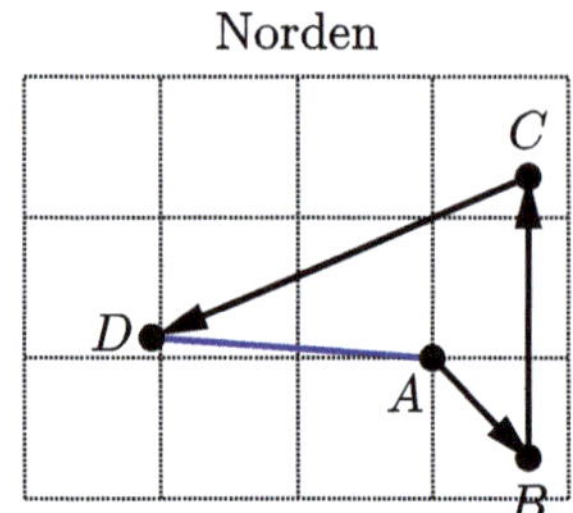

Verweise: Punkte und Vektoren, Addition und skalare Multiplikation von Vektoren, Norm

Varianten

- W: 2 km, NO: 1 km, ONO: 3 km
- NNW: 1 km, O: 2 km, SW: 3 km
- SSO: 2 km, NNO: 3 km, OSO: 1 km

Lösungsskizze

Entfernung zum Ausgangspunkt:

$$|\overrightarrow{AD}|, \quad \overrightarrow{AD} = \overrightarrow{AB} + \overrightarrow{BC} + \overrightarrow{CD} \tag{1}$$

Vektor $\overrightarrow{PQ}$ eines Wegstücks von P nach Q der Länge $L = |\overrightarrow{PQ}|$:

$$(\text{Weglänge [km]}) \cdot (\text{normierter Richtungsvektor}), \quad \text{d.h.}, \ \overrightarrow{PQ} = L \cdot \overrightarrow{PQ}^\circ$$

- $A \to B$, Richtung SO, Länge 1: $\overrightarrow{AB} \underset{L=1}{=} \overrightarrow{AB}^\circ = \begin{pmatrix} 1 \\ -1 \end{pmatrix} / \sqrt{2}$
- $B \to C$, Richtung N, Länge 2: $\overrightarrow{BC} = 2 \cdot \begin{pmatrix} 0 \\ 1 \end{pmatrix} = \begin{pmatrix} 0 \\ 2 \end{pmatrix}$

- $C \to D$, Richtung WSW, Länge 3:

Konstruktion des Richtungsvektors $\overrightarrow{CD}^\circ$ mit Hilfe der Diagonale $\vec{d}$ in der von $(-1,0)^t$ (W) und $(-1,-1)^t/\sqrt{2}$ (SW) aufgespannten Raute

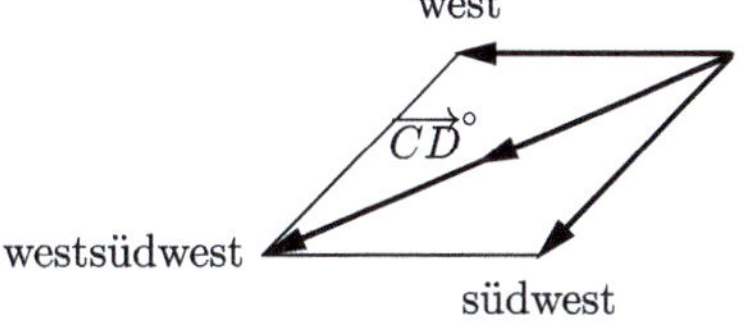

$$\vec{d} = \begin{pmatrix} -1 \\ 0 \end{pmatrix} + \begin{pmatrix} -1 \\ -1 \end{pmatrix} / \sqrt{2} = -\frac{1}{2} \begin{pmatrix} \sqrt{2}+2 \\ \sqrt{2} \end{pmatrix}$$

$$\implies \quad \overrightarrow{CD}^\circ = \vec{d}/|\vec{d}| = -(\sqrt{2}+2, \sqrt{2})^t / \sqrt{8+4\sqrt{2}}$$

numerische Berechnung der Entfernung $|\overrightarrow{AD}|$ gemäß (1) mit MATLAB® :

```
AD = [1;-1]/sqrt(2)+2*[0;1]-3*[sqrt(2)+2,sqrt(2)]/sqrt(8+4*sqrt(2))
norm_AD = norm(AD)
```

$\rightsquigarrow \quad \overrightarrow{AD} \approx (-2.0645, 0.1448)^t$, $|\overrightarrow{AD}| \approx 2.0696$

2.6 Drift eines Flugzeugs

In welche Richtung muss ein Flugzeug mit einer Geschwindigkeit von $v = 600\,\text{km/h}$ bei Gegenwind mit $60\,\text{km/h}$ aus Nordost fliegen, um ein 6000 km östlich gelegenes Ziel zu erreichen? Berechnen Sie ebenfalls die Flugzeit T.
Beachten Sie, dass die Windgeschwindigkeit in der Abbildung sehr vergrößert ist.

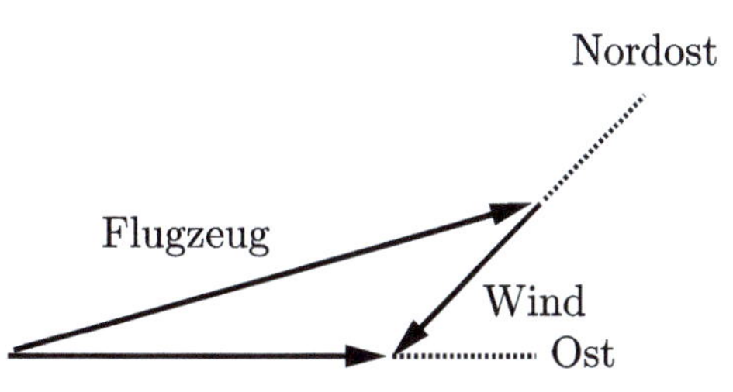

Verweise: Addition und skalare Multiplikation von Vektoren

Varianten

- $v = 500\,\text{km/h}$, Seitenwind mit $50\,\text{km/h}$ aus Norden, Entfernung: 5000 km
- $v = 400\,\text{km/h}$, Rückenwind mit $40\,\text{km/h}$ aus Nordwesten, Entfernung: 1000 km
- $v = 600\,\text{km/h}$, Gegenwind mit $30\,\text{km/h}$ aus Südosten, Entfernung: 3000 km

Lösungsskizze

Flugrichtung

Geschwindigkeitsvektoren von Flugzeug und Wind

$$\vec{v},\ v = |\vec{v}| = \sqrt{v_1^2 + v_2^2} = 600, \quad \vec{w} = 60 \underbrace{\begin{pmatrix} -1/\sqrt{2} \\ -1/\sqrt{2} \end{pmatrix}}_{\vec{w}^\circ}$$

mit $\vec{w}^\circ$ dem Einheitsvektor in Windrichtung (Südwesten bei Wind aus Nordost), Einheiten: km, h

Addition der Geschwindigkeitsvektoren $\rightsquigarrow$

$$\vec{v} + \vec{w} = \begin{pmatrix} v_1 \\ v_2 \end{pmatrix} + 60 \begin{pmatrix} -1/\sqrt{2} \\ -1/\sqrt{2} \end{pmatrix} \stackrel{!}{=} \begin{pmatrix} R \\ 0 \end{pmatrix}, \quad \sqrt{v_1^2 + v_2^2} = 600 \qquad (1)$$

mit R der resultierenden Geschwindigkeit in östlicher Richtung

zweite Komponente der Gleichung $\implies$

$$v_2 = \frac{60}{\sqrt{2}} \approx 42.42$$

und

$$v_1 = \sqrt{600^2 - v_2^2} = \sqrt{360000 - 1800} \approx 598.49$$

Flugzeit

erste Komponente der Gleichung (1) $\rightsquigarrow$ Geschwindigkeit in östlicher Richtung

$$R = \underbrace{\sqrt{358200}}_{v_1} - 60/\sqrt{2} \approx 556.07$$

Flugzeit:

$$T = 6000/R \approx 10.78$$

2.7 Komponenten eines Vektors

Schreiben Sie $(5, -7, 3)^{\mathrm{t}}$ als Summe von zwei Vektoren orthogonal und parallel zu der Ebene

$$E : x - 2y + 3z = 0\,.$$

Verweise: Addition und skalare Multiplikation von Vektoren, Orthogonale Basis

Varianten

- $\vec{v} = (7, -1, 3)^{\mathrm{t}}$, $E: 2x - y = 0$
- $\vec{v} = (-1, 5, -1)^{\mathrm{t}}$, $E: x - 2y + z = 0$
- $\vec{v} = (5, 1, 7)^{\mathrm{t}}$, $E: x - y + 2z = 0$

Lösungsskizze

Charakterisierung von zu der Ebene $E: x - 2y + 3z = 0$ orthogonalen Vektoren $\vec{v}_\perp$ und zu E parallelen Vektoren $\vec{v}_{||}$ mit Hilfe des Normalenvektors

$$\vec{n} = \begin{pmatrix} 1 \\ -2 \\ 3 \end{pmatrix}$$

von E:

- $\vec{v}_\perp \perp E \quad \Longleftrightarrow \quad \vec{v}_\perp = s\vec{n}$
- $\vec{v}_{||} \parallel E \quad \Longleftrightarrow \quad v_{||} \perp \vec{n}$

Skalarprodukt der Darstellung

$$\vec{v} = \underbrace{s\vec{n}}_{\vec{v}_\perp} + \vec{v}_{||} \tag{1}$$

mit $\vec{n} \quad \Longrightarrow \quad \vec{v} \cdot \vec{n} = s\vec{n} \cdot \vec{n} + 0$, d.h.,

$$s = \frac{\vec{v} \cdot \vec{n}}{\vec{n} \cdot \vec{n}} = \frac{\begin{pmatrix} 5 \\ -7 \\ 3 \end{pmatrix} \cdot \begin{pmatrix} 1 \\ -2 \\ 3 \end{pmatrix}}{\begin{pmatrix} 1 \\ -2 \\ 3 \end{pmatrix} \cdot \begin{pmatrix} 1 \\ -2 \\ 3 \end{pmatrix}} = \frac{28}{14} = 2, \quad \vec{v}_\perp = s\vec{n} = \begin{pmatrix} 2 \\ -4 \\ 6 \end{pmatrix}$$

Einsetzen in (1) $\quad \rightsquigarrow$

$$\vec{v}_{||} = \vec{v} - \vec{v}_\perp = \begin{pmatrix} 5 \\ -7 \\ 3 \end{pmatrix} - \begin{pmatrix} 2 \\ -4 \\ 6 \end{pmatrix} = \begin{pmatrix} 3 \\ -3 \\ -3 \end{pmatrix}$$

2.8 Überlagerung von Gravitationskräften ⋆

Bestimmen Sie die Kraft, die auf einen Kometen im Gravitationsfeld eines Planeten und eines Mondes wirkt für die in der Abbildung angegebenen Koordinaten und Massen. Die Einheiten sind so gewählt, dass die Anziehungskraft zwischen zwei Himmelskörpern gleich dem Quotient aus dem Produkt ihrer Massen und dem Quadrat ihres Abstands ist.

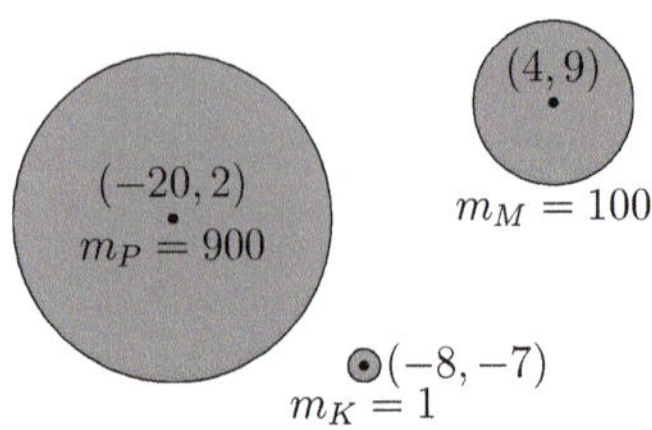

Verweise: Addition und skalare Multiplikation von Vektoren, Norm

Lösungsskizze

in Richtung des Planeten wirkende Kraft

$$\vec{f}_P = \frac{m_K m_P}{r_{KP}^2} \underbrace{(\vec{p}-\vec{k})^\circ}_{\text{Einheitsvektor}} = \frac{m_K m_P}{r_{KP}^3}(\vec{p}-\vec{k}), \quad r_{KP} = |\vec{p}-\vec{k}|$$

Einsetzen der konkreten Daten $\rightsquigarrow$

$$\vec{p}-\vec{k} = \begin{pmatrix} -20 \\ 2 \end{pmatrix} - \begin{pmatrix} -8 \\ -7 \end{pmatrix} = \begin{pmatrix} -12 \\ 9 \end{pmatrix}, \quad r_{PK} = \sqrt{12^2+9^2} = 15$$

und somit

$$\vec{f}_P = \frac{900}{15^3}\begin{pmatrix} -12 \\ 9 \end{pmatrix} = \frac{4}{5}\begin{pmatrix} -4 \\ 3 \end{pmatrix}$$

analog $\vec{m}-\vec{k} = (12,16)^{\mathrm{t}}$, $r_{KM} = 20$ und

$$\vec{f}_M = \frac{100}{20^3}\begin{pmatrix} 12 \\ 16 \end{pmatrix} = \frac{1}{20}\begin{pmatrix} 3 \\ 4 \end{pmatrix}$$

resultierende, auf den Kometen wirkende Gesamtkraft

$$\vec{f}_P + \vec{f}_M = \frac{4}{5}\begin{pmatrix} -4 \\ 3 \end{pmatrix} + \frac{1}{20}\begin{pmatrix} 3 \\ 4 \end{pmatrix} = \frac{1}{20}\begin{pmatrix} -61 \\ 52 \end{pmatrix} = \begin{pmatrix} -3.05 \\ 2.6 \end{pmatrix}$$

2.9 Vektor-Operationen mit Matlab®

Berechnen Sie für das von den Vektoren $\vec{a} = (1,2,3)^{\mathrm{t}}$ und $\vec{b} = (2,2,2)^{\mathrm{t}}$ aufgespannte Parallelogramm die Längen L_k der Diagonalen, die Winkel α und β und den Flächeninhalt F.

Verweise: Vektor-Operationen mit MATLAB® , Skalarprodukt, Vektorprodukt

Varianten

- gleichschenkliges Trapez: $L = ?$, $\alpha = ?$, $F = ?$

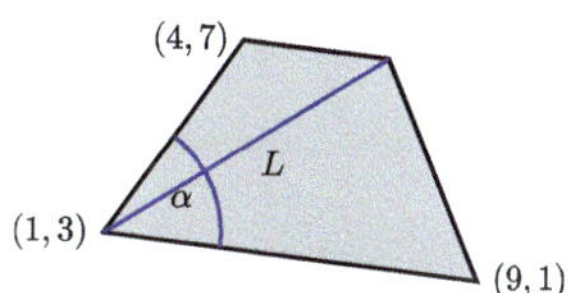

- Raute: $L = ?$, $F = ?$

- Drachenviereck: $L = ?$, $\alpha = ?$, $F = ?$

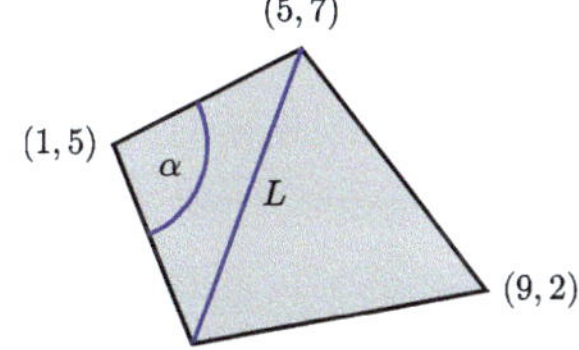

Lösungsskizze

Eingabe der Daten

alternative Vektor-Definitionen

```
a = [1; 2; 3], a_t = [1:3], a = a_t'
b = 2*ones(3,1), b = 2+0*a, b = [2 2 2]'
```

$$\rightsquigarrow \quad a = \begin{pmatrix} 1 \\ 2 \\ 3 \end{pmatrix}, a_t = \begin{pmatrix} 1 & 2 & 3 \end{pmatrix}, \quad b = \begin{pmatrix} 2 \\ 2 \\ 2 \end{pmatrix}$$

Diagonalen und deren Länge

```
d1 = a+b, L_1 = norm(c), d2 = a-b, L_2 = norm(d)
```

$$\rightsquigarrow \quad d_1 = \begin{pmatrix} 3 \\ 4 \\ 5 \end{pmatrix}, L_1 = 7.0711, \quad d_2 = \begin{pmatrix} -1 \\ 0 \\ 1 \end{pmatrix}, L_2 = 1.4142$$

Winkel

```
% Skalarprodukt, liegender * stehender Vektor
s = a_t*b   % alternativ: s = dot(a,b)
alpha = acos(s/(norm(a)*norm(b)))
% 2 alpha + 2 beta = 2 pi (Winkelsumme im Viereck) =>
beta = pi-alpha
```

$$\rightsquigarrow \quad s = 12, \quad \alpha = 0.3876, \beta = 2.7540$$

Flächeninhalt

```
% Betrag des Vektorprodukts
p = cross(a,b), F = norm(cross(a,b))
```

$$\rightsquigarrow \quad p = \begin{pmatrix} -2 \\ 4 \\ -2 \end{pmatrix}, \quad F = 4.8990$$

2.10 Vektor-Operationen mit Maple™

Berechnen Sie für das Dreieck mit den Eckpunkten

$$A = (2,4,8), \quad B = (4,16,64), \quad C = (8,64,512)$$

den Umfang, den Flächeninhalt und das Volumen $V(t)$ des Tetraeders mit Spitze $S = (3, t, t^2)$. Für welches $t \in \mathbb{R}$ ist V minimal?

Verweise: Vektor-Operationen mit Maple™ , Vektorprodukt, Spatprodukt

Varianten

- minimale Fläche des Dreiecks mit den Eckpunkten $(t,0)$, $(4,2)$, $(5,t)$

- minimales Volumen des Spats, aufgespannt von den Vektoren $(1,1,1)^{\mathrm{t}}$, $(1,2,3)^{\mathrm{t}}$, $(3,t,t^2)^{\mathrm{t}}$

- minimaler Umfang des Dreiecks mit den Eckpunkten $(0,0)$, $(1,0)$, $(t,1+t)$

Lösungsskizze

Ortsvektoren der Eckpunkte

verschiedene Eingabemöglichkeiten

```
a := <2,4,8>
b := Vector(3,k->4^k)
f := k->8^k: c:=Vector(3,f)
```

Umfang

Verwendung der Funktion `norm(v,p)`, die die p-Norm $(|v_1|^p + |v_2|^p + \cdots)^{1/p}$ berechnet

```
U := norm(b-a,2)+norm(c-b,2)+norm(a-c,2)
evalf(U)
```

$$\rightsquigarrow \quad U := 2\sqrt{821} + 4\sqrt{12689} + 6\sqrt{7157}, \quad 1015.482367$$

Flächeninhalt

halber Betrag des Vektorprodukts $\vec{n}$ von den Vektoren zweier Dreiecksseiten

```
n := CrossProduct(b-a,c-a)
F := norm(n,2)/2
evalf(F)
```

$$\rightsquigarrow \quad n := \begin{bmatrix} 2688 \\ -672 \\ 48 \end{bmatrix}, \quad F := 24\sqrt{3333}, \quad 1385.571362$$

Volumen

1/6 des Spatprodukts von den Vektoren dreier, den Tetraeder aufspannenden Kanten, d.h., $V = \frac{1}{6}|[\vec{s}-\vec{a},\vec{b}-\vec{a},\vec{c}-\vec{a}]| = \frac{1}{6}|(\vec{s}-\vec{a})\cdot((\vec{b}-\vec{a})\times(\vec{c}-\vec{a}))| = \frac{1}{6}|(\vec{s}-\vec{a})\cdot\vec{n}|$

```
s := <3,t,t^2>

# Volumen als Spatprodukt [s-a,b-a,c-a]
V := abs(DotProduct(s-a,n))/6

# Minimierung von V
# Option 'location' -> zusaetzliche Rueckgabe von t_min
minimize(V,location)
```

$$\rightsquigarrow \quad V := 8\,|t^2 - 14t + 104|, \quad 440, \; \{[\{t = 7\}, 440]\},$$

d.h., $V_{\min} = V(7) = 440$

2.11 Teilflächen eines Quadrats

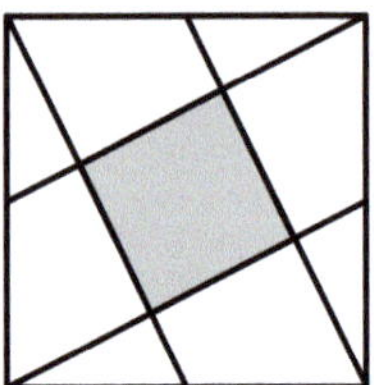

Bestimmen Sie die Fläche des grauen Quadrats, das durch Geradensegmente begrenzt wird, die die Ecken eines Quadrats mit Seitenlänge 1 mit den Seitenmitten verbinden.

Verweise: Gerade, Trigonometrische Theoreme

Varianten

- 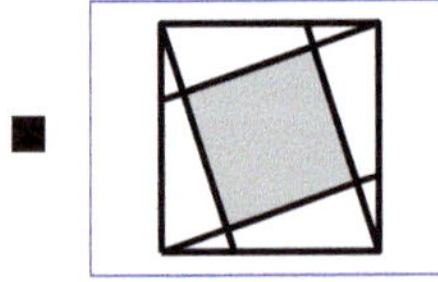 Teilverhältnis der Kanten: 1 : 2
- 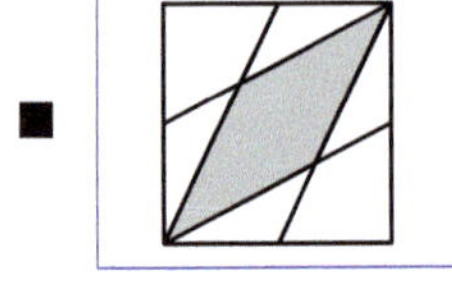 Teilverhältnis der Kanten: 1 : 1

■ 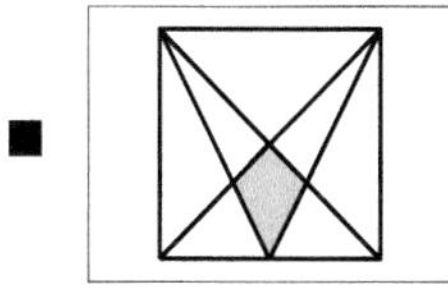 Teilverhältnis der Kanten: 1 : 1

Lösungsskizze

Partition des Einheitsquadrats

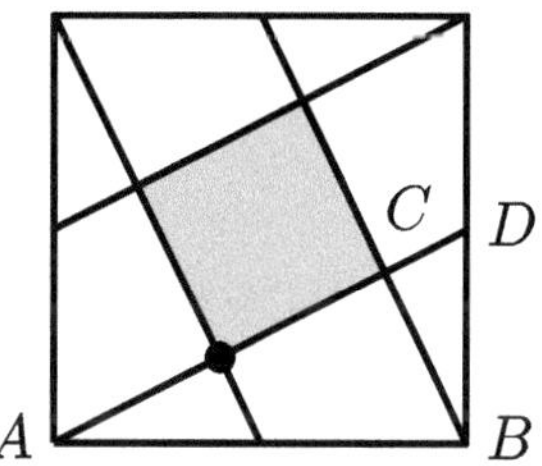

Aufteilung des Quadrats mit Seitenlänge 1 in das kleinere graue Quadrat S und vier rechtwinklige, zu $\Delta(A,B,C)$ kongruente Dreiecke $\rightsquigarrow$

$$\operatorname{area} Q = 1 - 4 \cdot \operatorname{area} \Delta(A,B,C) \qquad (1)$$

Flächen der Dreiecke und des Quadrats

Ähnlichkeit (gleiche Winkel) des Dreiecks $\Delta(A,B,C)$ zu dem größeren rechtwinkligen Dreieck $\Delta(A,D,B)$ $\implies$

$$\frac{\operatorname{area} \Delta(A,B,C)}{\operatorname{area} \Delta(A,D,B)} = \left(\frac{|\overline{AB}|}{|\overline{AD}|}\right)^2 \qquad (2)$$

(Verhältnis der Flächen = Quadrat des Verhältnisses entsprechender Seiten)

Satz des Pythagoras $\implies$

$$|AD|^2 = |AB|^2 + |BD|^2 = 1 + (1/2)^2 = 5/4$$

und, da $\operatorname{area} \Delta(A,D,B) = 1/4$, folgt aus Gleichung (2)

$$\operatorname{area} \Delta(A,B,C) = \frac{1}{4}\left(\frac{1}{\sqrt{5/4}}\right)^2 = \frac{1}{5}$$

(1) $\implies$ $\operatorname{area} S = 1 - 4 \cdot (1/5) = 1/5$

Alternative Lösung

Wählt man A als Ursprung, so ist C der Schnittpunkt der Geraden

$$g_{CD} : y = x/2 \quad \text{und} \quad g_{CB} : y = 2(1-x)\,.$$

Gleichsetzen $\implies$ $x/2 = 2(1-x)$, d.h., $x = 4/5$ und $y = 2/5$ sind die Koordinaten von C

Aufgrund von Symmetrie hat der markierte Punkt die Koordinaten $(2/5, 1/5)$ und

$$\operatorname{area} S = |(4/5, 2/5) - (2/5, 1/5)|^2 = |(2/5, 1/5)|^2 = 4/25 + 1/25 = 1/5\,.$$

2.12 Darstellung von Vektoren als Linearkombination

Untersuchen Sie, ob sich $\vec{a} = (1, -2, 3)^{\mathrm{t}}$ als Linearkombination der folgenden Vektoren darstellen lässt.

a) $(5, 2, 0)^{\mathrm{t}}$, $(3, 2, -1)^{\mathrm{t}}$, $(2, 0, 1)^{\mathrm{t}}$

b) $(0, 4, -3)^{\mathrm{t}}$, $(5, 1, 0)^{\mathrm{t}}$, $(5, -7, 6)^{\mathrm{t}}$

c) $(0, 1, 2)^{\mathrm{t}}$, $(2, 0, -1)^{\mathrm{t}}$, $(5, -3, -1)^{\mathrm{t}}$

Verweise: Addition und skalare Multiplikation von Vektoren

Varianten

- $\vec{a} = (-1, 4, 2)^{\mathrm{t}}$: $(-2, 2, 3)^{\mathrm{t}}$, $(-4, -4, -1)^{\mathrm{t}}$, $(1, 0, -3)^{\mathrm{t}}$
- $\vec{a} = (-1, 4, 2)^{\mathrm{t}}$: $(-2, 2, 3)^{\mathrm{t}}$, $(-4, -4, -1)^{\mathrm{t}}$, $(1, 0, -3)^{\mathrm{t}}$
- $\vec{a} = (0, 3, -1)^{\mathrm{t}}$: $(1, 2, 4)^{\mathrm{t}}$, $(0, 3, -3)^{\mathrm{t}}$, $(-1, -4, -2)^{\mathrm{t}}$

Lösungsskizze

$\vec{a}$ ist Linearkombination von $\vec{u}$, $\vec{v}$, $\vec{w}$ $\iff$

$$\exists\, r, s, t \in \mathbb{R}: \quad \vec{a} = r\vec{u} + s\vec{v} + t\vec{w}$$

Vergleich der Vektorkomponenten $\rightsquigarrow$ lineares Gleichungssystem für r, s, t

a) $(1, -2, 3)^{\mathrm{t}} = r(5, 2, 0)^{\mathrm{t}} + s(3, 2, -1)^{\mathrm{t}} + t(2, 0, 1)^{\mathrm{t}}$

Vergleich der drei Vektorkomponenten $\rightsquigarrow$

$$\begin{aligned} 5r + 3s + 2t &= 1 \\ 2r + 2s \phantom{{}+ 2t} &= -2 \\ -s + t &= 3 \end{aligned}$$

zweite und dritte Gleichung $\rightsquigarrow$ $r = -1 - s$, $t = 3 + s$

Einsetzen in die erste Gleichung $\rightsquigarrow$ $5(-1 - s) + 3s + 2(3 + s) = 1$ (erfüllt $\forall\, s$)

$\Longrightarrow$ Es gibt unendlich viele Linearkombinationen, z.B. $r = -1$, $s = 0$, $t = 3$

Grund: Die Vektoren $\vec{u}$, $\vec{v}$, $\vec{w}$ liegen in einer Ebene (lineare Abhängigkeit), die $\vec{a}$ enthält.

b) $(1, -2, 3)^{\mathrm{t}} = r(0, 4, -3)^{\mathrm{t}} + s(5, 1, 0)^{\mathrm{t}} + t(5, -7, 6)^{\mathrm{t}}$

Komponentenvergleich $\rightsquigarrow$

$$5s + 5t = 1, \quad 4r + s - 7t = -2, \quad -3r + 6t = 3$$

erste und dritte Gleichung $\rightsquigarrow$ $s = 1/5 - t$, $r = 2t - 1$

Einsetzen in die zweite Gleichung $\rightsquigarrow$ $4(2t-1) + (1/5 - t) - 7t = -2 \iff -4 + 1/5 = -2$

Widerspruch, keine Darstellung als Linearkombination

Grund: Die Vektoren $\vec{u}$, $\vec{v}$, $\vec{w}$ liegen in einer Ebene, die $\vec{a}$ nicht enthält.

c) $(1,-2,3)^{\mathrm{t}} = r(0,1,2)^{\mathrm{t}} + s(2,0,-1)^{\mathrm{t}} + t(5,-3,-1)^{\mathrm{t}}$

$\rightsquigarrow$ lineares Gleichungssystem

$$2s + 5t = 1, \quad r - 3t = -2, \quad 2r - s - t = 3$$

Lösung $r = 1$, $s = -2$, $t = 1$, eindeutige Darstellung als Linearkombination

Grund: Die Vektoren $\vec{u}$, $\vec{v}$, $\vec{w}$ sind linear unabhängig und bilden eine Basis.

2.13 Basis-Darstellung eines Vektors

Schreiben Sie den Vektor $\vec{x} = (-4,2,3)^{\mathrm{t}}$ als Linearkombination der Vektoren[2]

$$\vec{u} = \begin{pmatrix} 3 \\ 1 \\ 2 \end{pmatrix}, \quad \vec{v} = \begin{pmatrix} 4 \\ -1 \\ -2 \end{pmatrix}, \quad \vec{w} = \begin{pmatrix} 4 \\ 1 \\ -3 \end{pmatrix}.$$

Verweise: Basis-Darstellung

Varianten

- $\vec{x} = (4,-3,-4)^{\mathrm{t}}$, $\vec{u} = (-3,2,-3)^{\mathrm{t}}$, $\vec{v} = (-1,1,1)^{\mathrm{t}}$, $\vec{w} = (4,-3,-1)^{\mathrm{t}}$
- $\vec{x} = (-3,3,-4)^{\mathrm{t}}$, $\vec{u} = (2,-1,3)^{\mathrm{t}}$, $\vec{v} = (-3,-2,-3)^{\mathrm{t}}$, $\vec{w} = (3,1,4)^{\mathrm{t}}$
- $\vec{x} = (-4,-3,1)^{\mathrm{t}}$, $\vec{u} = (-3,2,4)^{\mathrm{t}}$, $\vec{v} = (1,3,1)^{\mathrm{t}}$, $\vec{w} = (-2,-1,1)^{\mathrm{t}}$

[2] Die Beträge aller Zahlen, die in der Aufgabe und den Varianten auftreten, sind < 5 (Man möchte insbesondere in einer Prüfung technisch komplizierte Rechnungen vermeiden.). Aus ästhetischen Gründen sollte jede Zahl in dem gewählten Bereich vorkommen. Zeitaufwändig zu generieren? Nein, < 2- MATLAB® -Sekunden!

Lösungsskizze

Vergleich der Komponenten in der Darstellung

$$\begin{pmatrix} -4 \\ 2 \\ 3 \end{pmatrix} = r \begin{pmatrix} 3 \\ 1 \\ -2 \end{pmatrix} + s \begin{pmatrix} 4 \\ -1 \\ -2 \end{pmatrix} + t \begin{pmatrix} 4 \\ 1 \\ -3 \end{pmatrix}$$

von $\vec{x}$ als Linearkombination von $\vec{u}$, $\vec{v}$, $\vec{w}$ $\rightsquigarrow$ lineares Gleichungssystem für die Koeffizienten r, s, t:

$$\underbrace{\begin{pmatrix} 3 & 4 & 4 \\ 1 & -1 & 1 \\ -2 & -2 & -3 \end{pmatrix}}_{(\vec{u},\vec{v},\vec{w})} \begin{pmatrix} r \\ s \\ t \end{pmatrix} = \underbrace{\begin{pmatrix} -4 \\ 2 \\ 3 \end{pmatrix}}_{\vec{x}}$$

Cramer-Regel $\rightsquigarrow$ Koeffizienten r, s, t als Quotienten von Determinanten (bzw. Spatprodukten: $\det(\vec{a}, \vec{b}, \vec{c}) = [\vec{a}, \vec{b}, \vec{c}]$):

$$r = \frac{\det(\vec{x}, \vec{v}, \vec{w})}{\det(\vec{u}, \vec{v}, \vec{w})} = \begin{vmatrix} -4 & 4 & 4 \\ 2 & -1 & 1 \\ 3 & -2 & -3 \end{vmatrix} \Big/ \begin{vmatrix} 3 & 4 & 4 \\ 1 & -1 & 1 \\ -2 & -2 & -3 \end{vmatrix}$$

Berechnen der Determinanten mit der Sarrus-Regel $\rightsquigarrow$

$$r = \frac{-12 + 12 - 16 - 8 + 24 + 12}{9 - 8 - 8 + 6 + 12 - 8} = \frac{12}{3} = 4$$

und analog,

$$s = \frac{\det(\vec{u}, \vec{x}, \vec{w})}{\det(\vec{u}, \vec{v}, \vec{w})} = -1, \quad t = \frac{\det(\vec{u}, \vec{v}, \vec{x})}{\det(\vec{u}, \vec{v}, \vec{w})} = -3$$

Lösung mit MATLAB®

```
% Definition der Vektoren
u = [3; 1; -2]; v = [4; -1; -2]; w = [4; 1; -3];
x = [-4; 2; 3];
% Loesung des linearen Gleichungssystems fuer Koeffizienten
[u v w]\x
% -> Spaltenvektor [r; s; t] = [4; -1; -3]
```

2.14 Vektorielles Beweisen

Zeigen Sie mit Hilfe der abgebildeten Vektoren, dass

$\overrightarrow{AC} \parallel \overrightarrow{BD} \quad \Longrightarrow \quad |\overline{OA}| : |\overline{OB}| = |\overline{AC}| : |\overline{BD}|$

(Strahlensatz).

Verweise: Addition und skalare Multiplikation von Vektoren

Varianten

■

Zeigen Sie, dass sich die Diagonalen eines Parallelogramms an ihrem Mittelpunkt schneiden.

■

Zeigen Sie, dass die gradlinige Verbindung der Mittelpunkte der nicht-parallelen Seiten eines Trapezes parallel zur Grundseite ist.

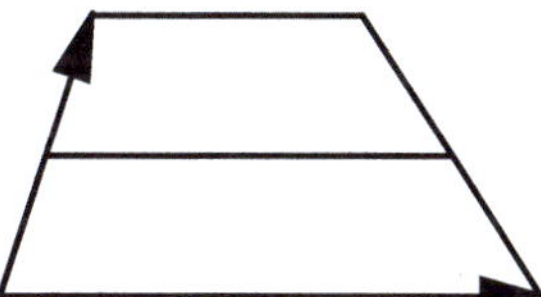

■

Zeigen Sie: Verbindet man die Mittelpunkte der Seiten eines beliebigen Vierecks, so erhält man ein Parallelogramm.

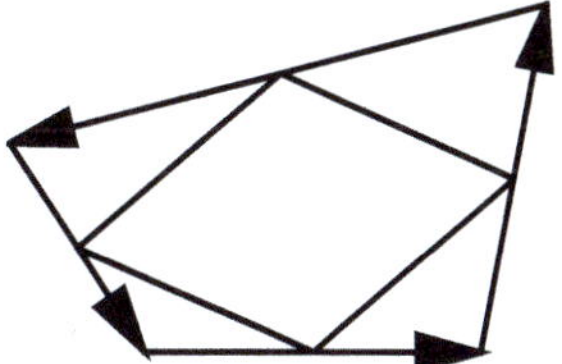

Lösungsskizze

Die Ortsvektoren $\vec{a} = \overrightarrow{OA}$ und $\vec{b} = \overrightarrow{OB}$ sowie die Ortsvektoren $\vec{c}$ und $\vec{d}$ sind kolinear:

$$\vec{b} = s\vec{a}, \quad \vec{d} = t\vec{c}. \tag{1}$$

Da

$$\overrightarrow{AC} = \vec{c} - \vec{a} \parallel \overrightarrow{BD} = \vec{d} - \vec{b}, \tag{2}$$

folgt somit

$$r(\vec{c} - \vec{a}) \underset{(2)}{=} \vec{d} - \vec{b} \underset{(1)}{=} t\vec{c} - s\vec{a}.$$

Vergleich der Koeffizienten der linear unabhängigen Vektoren $\vec{a}$ und $\vec{c}$ $\Longrightarrow$ $r = s$ und $r = t$, d.h., Übereinstimmung der Verhältnisse

$$r = |\overrightarrow{BD}| : |\overrightarrow{AC}|, \quad s = |\overrightarrow{OB}| : |\overrightarrow{OA}|, \quad t = |\overrightarrow{OD}| : |\overrightarrow{OC}|$$

2.15 Linearkombination von Vektoren in einem Dreieck

Wie durch die schwarzen Punkte in der Abbildung angedeutet wird, teilt P das Segment $\overline{AC}$ im Verhältnis $1:2$, und Q teilt $\overline{BC}$ im Verhältnis $1:1$. Drücken Sie den Vektor $\overrightarrow{CM}$ als Linearkombination der Vektoren $\overrightarrow{CA}$ und $\overrightarrow{CB}$ aus.

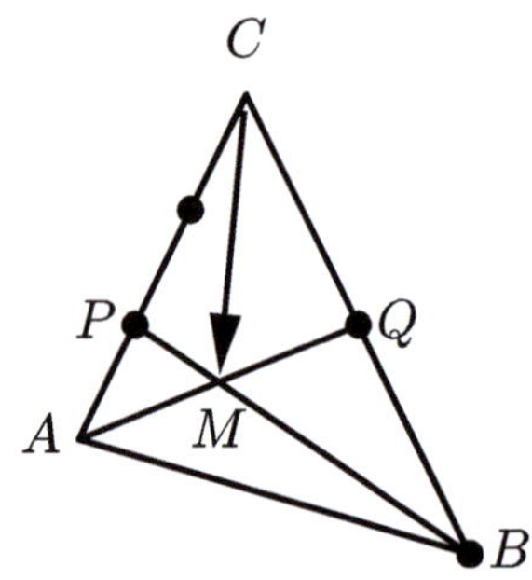

Verweise: Addition und skalare Multiplikation von Vektoren

Varianten

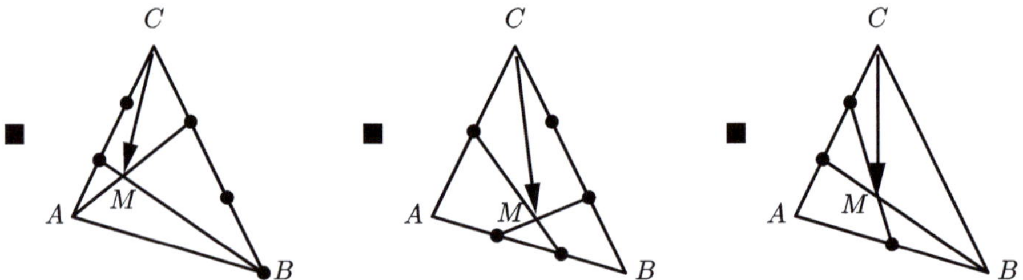

Lösungsskizze

Der Vektor $\overrightarrow{CM}$ wird auf zwei Arten als Linearkombination dargestellt, die den Wegen $C \to A \to M$ und $C \to B \to M$ entsprechen.

- $C \to A \to M$:

$$\overrightarrow{CM} = \overrightarrow{CA} + \overrightarrow{AM} = \overrightarrow{CA} + s\overrightarrow{AQ}$$

$\overrightarrow{AQ} = \overrightarrow{AC} + \overrightarrow{CQ}$, $\overrightarrow{AC} = -\overrightarrow{CA}$ und $\overrightarrow{CQ} = \frac{1}{2}\overrightarrow{CB}$ (Verhältnis $1:1$ auf dem Segment $\overline{BC}$) $\rightsquigarrow$

$$\overrightarrow{CM} = \overrightarrow{CA} + s(-\overrightarrow{CA} + \frac{1}{2}\overrightarrow{CB}) = (1-s)\overrightarrow{CA} + (s/2)\overrightarrow{CB} \tag{1}$$

- $C \to B \to M$:

$$\overrightarrow{CM} = \overrightarrow{CB} + t(\underbrace{\overrightarrow{BC} + \overrightarrow{CP}}_{\overrightarrow{BP}}) = (1-t)\overrightarrow{CB} + (2t/3)\overrightarrow{CA}, \tag{2}$$

der letzte Term aufgrund des Verhältnisses $1:2$ auf dem Segment $\overline{AC}$

Vergleich der Koeffizienten von $\overrightarrow{CA}$ und $\overrightarrow{CB}$ in den Gleichungen (1) und (2) $\rightsquigarrow$

$$1 - s = \frac{2}{3}t, \quad \frac{1}{2}s = 1 - t$$

mit der Lösung $s = 1/2$, $t = 3/4$

Einsetzen in eine der Gleichungen (1) oder (2) $\rightsquigarrow$

$$\overrightarrow{CM} = \frac{1}{2}\overrightarrow{CA} + \frac{1}{4}\overrightarrow{CB}$$

2.16 Gewicht am Seil $\star$

Eine Kraft von $G = 50\,\mathrm{N}$ wirkt auf die Mitte eines Seils, das an zwei Pfosten im Abstand von $8\,\mathrm{m}$ befestigt ist.

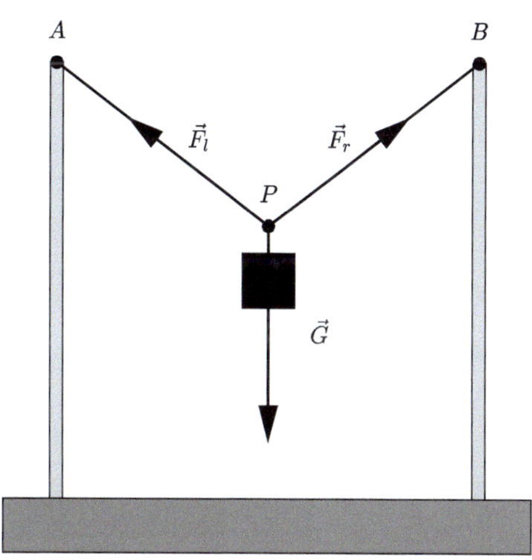

a) Berechnen Sie die Kraft $F = |\vec{F}_l| = |\vec{F}_r|$ in Richtung des Seils für eine Seillänge von $L = 10\,\mathrm{m}$.

b) Bestimmen Sie die minimale Länge $L_\star$ eines Seils mit $F \leq 100\,\mathrm{N}$.

Verweise: Addition und skalare Multiplikation von Vektoren

Lösungsskizze

Kräftegleichgewicht

Die Summe der im Punkt P angreifenden Kräfte ist der Nullvektor:

$$\vec{G} + \vec{F}_l + \vec{F}_r = (0, 0)^{\mathrm{t}} \tag{1}$$

mit (Rechnung ohne Einheiten)

- $\vec{G} = (0, -50)^{\mathrm{t}}$
- $\vec{F}_r = s\overrightarrow{PB} = s\begin{pmatrix} 8/2 \\ \sqrt{|\overrightarrow{PB}|^2 - (8/2)^2} \end{pmatrix} = s\begin{pmatrix} 4 \\ \sqrt{(L/2)^2 - 16} \end{pmatrix}$,
  wobei die zweite Komponente von $\overrightarrow{PB}$ mit dem Satz des Pythagoras berechnet wurde
- Symmetrie $\implies$
  $\vec{F}_l = s\begin{pmatrix} -4 \\ \sqrt{(L/2)^2 - 16} \end{pmatrix}$

Einsetzen in (1) $\rightsquigarrow$

$$\begin{pmatrix} 0 \\ -50 \end{pmatrix} + s\begin{pmatrix} -4 \\ \sqrt{(L/2)^2 - 16} \end{pmatrix} + s\begin{pmatrix} 4 \\ \sqrt{(L/2)^2 - 16} \end{pmatrix} = \begin{pmatrix} 0 \\ 0 \end{pmatrix}$$

zweite Komponente der Gleichung $\implies$ $s = 50/(2\sqrt{(L/2)^2 - 16})$ und

$$F = |\vec{F}_r| = s|\overrightarrow{PB}| = \frac{50}{2\sqrt{(L/2)^2 - 16}} \cdot \frac{L}{2} = \frac{25L}{\sqrt{L^2 - 64}} \tag{2}$$

Kraft für eine Seillänge von 10 m

Einsetzen von $L = 10$ in (2) $\rightsquigarrow$

$$F = \frac{25 \cdot 10}{\sqrt{100 - 64}}\,\mathrm{N} = \frac{125}{3}\,\mathrm{N} \approx 41.6666\,\mathrm{N}$$

Minimale Länge

Auflösen von (2) nach L $\rightsquigarrow$

$$F^2(L^2 - 64) = 625L^2, \quad L = \frac{8F}{\sqrt{F^2 - 625}}$$

Einsetzen von $F = 100$ $\rightsquigarrow$ minimale Länge

$$L_\star = 800/\sqrt{10000 - 625}\,\mathrm{m} = 32/\sqrt{15}\,\mathrm{m} \approx 8.2624\,\mathrm{m}$$

2.17 Teilfläche eines Dreiecks $\star$

Bestimmen Sie die Punkte A und B, die die rechte und linke Seite des abgebildeten Dreiecks in den Verhältnissen $1:1$ und $2:1$ teilen. Berechnen Sie ebenfalls die Fläche des grauen Teildreiecks.

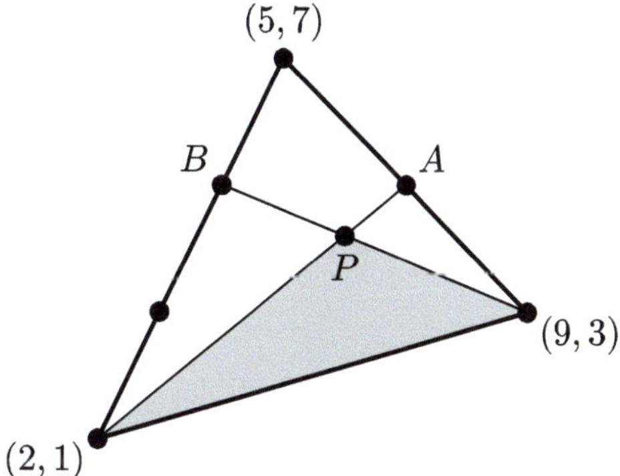

Verweise: Addition und skalare Multiplikation von Vektoren

Lösungsskizze

Teilpunkte auf den Dreieckseiten

Q teilt $\overline{CD}$ im Verhältnis $t:(1-t)$, d.h., $(1-t)\overrightarrow{CQ} = t\overrightarrow{QD} \quad \Longrightarrow$

$$(1-t)(\vec{q}-\vec{c}) = t(\vec{d}-\vec{q}) \quad \text{bzw.} \quad \vec{q} = (1-t)\vec{c} + t\vec{d}$$

Anwendung auf die Teilung der Dreieckseiten

- rechte Seite: Verhältnis $1:1 \quad \rightsquigarrow$

$$\vec{a} = \frac{1}{2}\begin{pmatrix} 9 \\ 3 \end{pmatrix} + \frac{1}{2}\begin{pmatrix} 5 \\ 7 \end{pmatrix} = \begin{pmatrix} 7 \\ 5 \end{pmatrix}$$

- linke Seite: Verhältnis $2:1 \quad \rightsquigarrow$

$$\vec{b} = \frac{1}{3}\begin{pmatrix} 2 \\ 1 \end{pmatrix} + \frac{2}{3}\begin{pmatrix} 5 \\ 7 \end{pmatrix} = \begin{pmatrix} 4 \\ 5 \end{pmatrix}$$

Darstellung von P als Schnittpunkt der Geradensegmente von $(2,1)$ zu $A = (7,5)$ und von $(9,3)$ zu $B = (4,5) \quad \rightsquigarrow$

$$\begin{pmatrix} 2 \\ 1 \end{pmatrix} + r\begin{pmatrix} 7-2 \\ 5-1 \end{pmatrix} = \vec{p} = \begin{pmatrix} 9 \\ 3 \end{pmatrix} + s\begin{pmatrix} 4-9 \\ 5-3 \end{pmatrix}$$

Lösen des resultierenden linearen Gleichungssystems

$$5r + 5s = 7, \quad 4r - 2s = 2$$

$\rightsquigarrow \quad r = 4/5,\ s = 3/5$, d.h., $P = (6, 21/5)$

Fläche

Anwendung der Formel

$$\operatorname{area}\Delta(A,P,B) = |\det(\vec{p}-\vec{a},\vec{p}-\vec{b})|/2$$

mit $A=(2,1)$, $B=(9,3)$, und $P=(6,21/5)$ $\rightsquigarrow$

$$\begin{aligned}\operatorname{area}\Delta(A,P,B) &= \frac{1}{2}\left|\det\begin{pmatrix} 6-2 & 6-9 \\ 21/5-1 & 21/5-3\end{pmatrix}\right| \\ &= \frac{1}{2}\left|\det\begin{pmatrix} 4 & -3 \\ 16/5 & 6/5\end{pmatrix}\right| = \frac{1}{2}\,|24/5-(-48/5)| = \frac{36}{5}\end{aligned}$$

2.18 Eckpunkte eines Spats

Bestimmen Sie für den Spat mit den Eckpunkten $A=(0,1,2)$, $D=(2,1,5)$, $F=(5,1,4)$, $H=(5,2,7)$ die restlichen Eckpunkte.

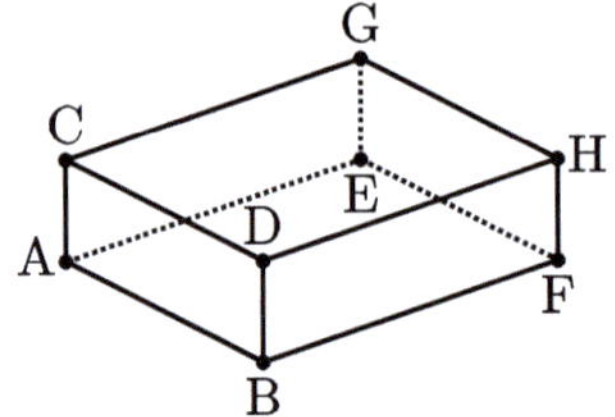

Verweise: Addition und skalare Multiplikation von Vektoren

Varianten

- $A=(1,2,3)$, $B=(2,3,3)$, $E=(2,2,4)$, $G=(2,3,5)$
- $B=(-1,2,3)$, $C=(-1,-3,5)$, $G=(2,-4,5)$, $H=(3,-2,5)$
- $B=(3,-1,3)$, $E=(2,0,2)$, $F=(5,-2,5)$, $G=(3,3,1)$

Lösungsskizze

Aufspannende Vektoren

$$\vec{u}=\overrightarrow{AB},\quad \vec{v}=\overrightarrow{AE},\quad \vec{w}=\overrightarrow{AC}$$

Darstellung mit Hilfe der Ortsvektoren der gegebenen Punkte
$\vec{v}=\overrightarrow{AE}=\overrightarrow{DH}=\overrightarrow{BF}=\overrightarrow{CG}$ $\implies$

$$\vec{v}=\vec{h}-\vec{d}=\begin{pmatrix}5\\2\\7\end{pmatrix}-\begin{pmatrix}2\\1\\5\end{pmatrix}=\begin{pmatrix}3\\1\\2\end{pmatrix}$$

$\vec{w} = \overrightarrow{AC} = \overrightarrow{FH} = \cdots \qquad \Longrightarrow$

$$\vec{w} = \vec{h} - \vec{f} = \begin{pmatrix} 5 \\ 2 \\ 7 \end{pmatrix} - \begin{pmatrix} 5 \\ 1 \\ 4 \end{pmatrix} = \begin{pmatrix} 0 \\ 1 \\ 3 \end{pmatrix}$$

$\vec{u} = \overrightarrow{AB} = \overrightarrow{AD} + \overrightarrow{DB} = \overrightarrow{AD} - \vec{w} \qquad \Longrightarrow$

$$\vec{u} = \vec{d} - \vec{a} - \vec{w} = \begin{pmatrix} 2 \\ 1 \\ 5 \end{pmatrix} - \begin{pmatrix} 0 \\ 1 \\ 2 \end{pmatrix} - \begin{pmatrix} 0 \\ 1 \\ 3 \end{pmatrix} = \begin{pmatrix} 2 \\ -1 \\ 0 \end{pmatrix}$$

Ortsvektoren der restlichen Eckpunkte

$$\begin{aligned}
\vec{b} &= \overrightarrow{OB} = \overrightarrow{OA} + \overrightarrow{AB} = \vec{a} + \vec{u} = (0,1,2)^{\mathrm{t}} + (2,-1,0)^{\mathrm{t}} = (2,0,2)^{\mathrm{t}} \\
\vec{c} &= \overrightarrow{OA} + \overrightarrow{AC} = \vec{a} + \vec{w} = (0,1,2)^{\mathrm{t}} + (0,1,3)^{\mathrm{t}} = (0,2,5)^{\mathrm{t}} \\
\vec{e} &= \vec{a} + \vec{v} = (0,1,2)^{\mathrm{t}} + (3,1,2)^{\mathrm{t}} = (3,2,4)^{\mathrm{t}} \\
\vec{g} &= \vec{c} + \vec{v} = (0,2,5)^{\mathrm{t}} + (3,1,2)^{\mathrm{t}} = (3,3,7)^{\mathrm{t}}
\end{aligned}$$

2.19 Glätten von Polygonen mit Matlab® ⋆

Ein Polygon kann durch „Abschneiden von Ecken“ geglättet werden. Wie in der Abbildung illustriert ist, wird dabei das schwarze Polygon mit den Eckpunkten $p_1, p_2, \ldots$ durch das blaue Polygon mit den Eckpunkten $q_1, q_2, \ldots$ ersetzt. Die neuen Eckpunkte teilen die Kanten des schwarzen Polygons im Verhältnis $1 : t : 1$.

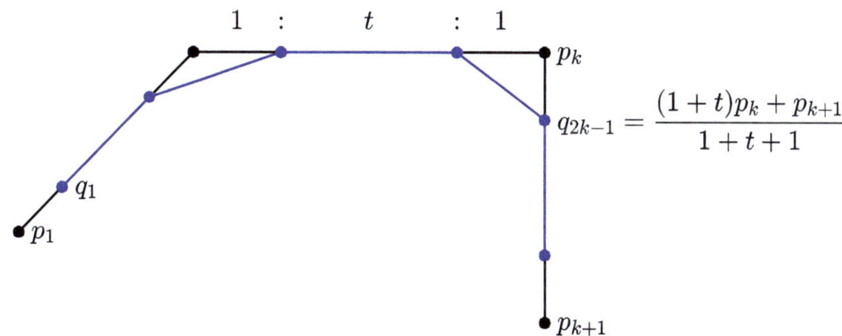

Schreiben Sie eine MATLAB® -Funktion `q = smooth(p,t)`, die diesen Glättungsschritt implementiert. Illustrieren Sie für die optimale Wahl $t = 2$, dass man durch Iteration der Glättungsschritte glatte Kurven erhält[3].

Verweise: Vektor-Operationen mit MATLAB®

Lösungsskizze

MATLAB® -Programm

```
function q = smooth(p,t)
n = size(p,2);     % Anzahl der Punkte (Spalten von p)
for k=1:n-1
   % Konvexkombinationen benachbarter Punkte
   q(:,2*k-1) = ((1+t)*p(:,k)+p(:,k+1))/(2+t);
   q(:,2*k) = (p(:,k)+(1+t)*p(:,k+1))/(2+t);
end
```

Bemerkung
Für $t = 2$ lässt sich die MATLAB® -Funktion auch in der folgenden Form schreiben.

```
function q = smooth(p)
   ind = round(3/4:1/2:n+1/2);
   q = p(:,ind);
   for k=1:2
      q = (q(:,1:end-1)+q(:,2:end))/2;
   end
end
```

Ersetzt man dabei `for k=1:2` durch `for k=1:m`, so erhält man B-Spline-Kurven vom Grad m - eine verblüffend einfache Prozedur[4].

Beispiele

Die Abbildung zeigt zwei Kurven, die durch Iteration des Glättungsalgorithmus' mit $t = 2$ generiert wurden. Sie illustriert insbesondere, dass das Polygon die Form der Grenzkurve qualitativ gut beschreibt. Die blauen Punkte des Polygons sind doppelt.

---

[3]ein von G.M. Chaikin vorgeschlagener Algorithmus (s. *An Algorithm for High-Speed Curve Generation*, Computer Graphics and Image Processing 3 (1974), 346-349), mit dem, wie von J.M. Lane und R.F. Riesenfeld gezeigt wurde, B-Spline-Kurven generiert werden

[4]für eine Beschreibung des theoretischen Hintergrunds s. K. Höllig and J. Hörner: *Approximation and Modeling with B-Splines*, SIAM, Other Titles in Applied Mathematics 132

Dies bewirkt, dass sie durch den Algorithmus nicht verändert werden und folglich die Grenzkurve durch diese Punkte verläuft. Das rechte Beispiel zeigt ebenfalls die Polygone nach jedem Glättungsschritt und verdeutlicht die sehr schnelle Konvergenz des Glättungsalgorithmus.

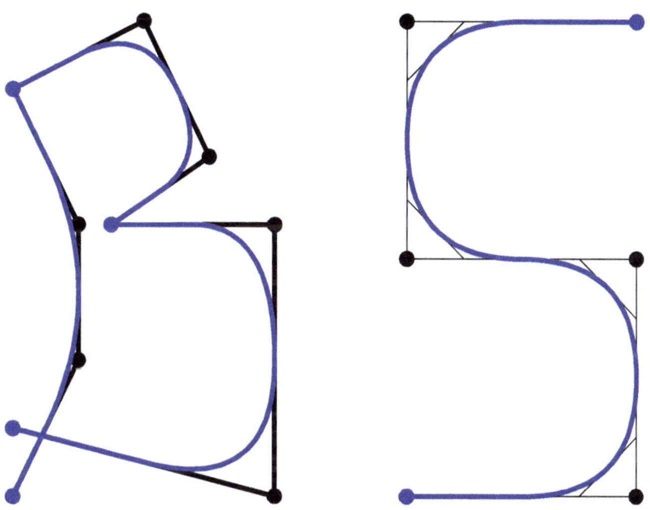

2.20 Sierpinski-Folgen ⋆

Ausgehend von einem Punkt X_0 in der Ebene springt ein Floh die halbe Entfernung in Richtung des Punktes P_0, danach die halbe Entfernung in Richtung P_1, dann in Richtung P_2. Er wiederholt diese Sprünge immer wieder.

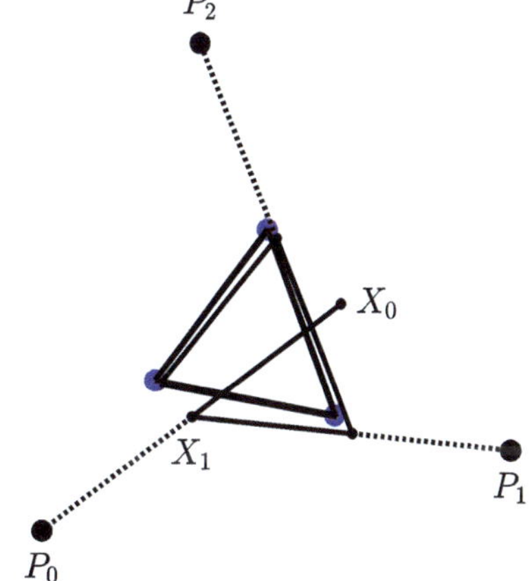

Mathematisch beschreibt die Rekursion

$$\vec{x}_{n+1} = (\vec{p}_{n \bmod 3} + \vec{x}_n)/2, \quad n = 0, 1, \ldots, \tag{1}$$

das Springen des Flohs.

Existiert ein Grenzwert, d.h., wird der Floh schließlich zur Ruhe kommen? Nein! Es gibt **drei** Häufungspunkte $P_k^\star$ (blau); die Folge (X_n) strebt gegen einen 3-Zyklus.

Bestimmen Sie $P_k^\star$, $k = 0, 1, 2$. Zeichnen Sie darüber hinaus die Punkte (X_n), wenn die Punkte P_k in der Rekursion (1) zufällig gewählt werden. Dies führt zu einem Muster, das als Sierpinski-Dreieck bekannt ist[5].

Verweise: Addition und skalare Multiplikation von Vektoren, Vektor-Operationen mit MATLAB®

Lösungsskizze

Häufungspunkte

Die Abbildung legt nahe, die Teilfolge $Y_n = X_{3n}$, $n = 0, 1, \ldots$, mit der Rekursion

$$\begin{aligned}
\vec{y}_0 = \vec{x}_0 & & \\
\vec{x}_1 &= (\vec{p}_0 + \vec{x}_0)/2 = \vec{p}_0/2 + \vec{y}_0/2 \\
\vec{x}_2 &= (\vec{p}_1 + \vec{x}_1)/2 = \vec{p}_1/2 + \vec{p}_0/4 + \vec{y}_0/4 \\
\vec{y}_1 = \vec{x}_3 &= (\vec{p}_2 + \vec{x}_2)/2 = \underbrace{\vec{p}_2/2 + \vec{p}_1/4 + \vec{p}_0/8}_{=:\vec{q}} + \vec{y}_0/8 \\
&\ldots \\
\vec{y}_2 &= \vec{q} + \vec{y}_1/8 = \vec{q} + \vec{q}/8 + \vec{y}_0/64 \\
\vec{y}_3 &= \vec{q} + \vec{y}_2/8 = \vec{q} + \vec{q}/8 + \vec{q}/64 + \vec{y}_0/512 \\
&\ldots
\end{aligned}$$

zu betrachten.

Iteration $\rightsquigarrow$ Grenzwert $P_0^\star$ der Teilfolge (Y_n) ($\widehat{=}$ Häufungspunkt von (X_n)) bestimmt mit Hilfe der geometrischen Reihe:

$$\vec{p}_0^{\,\star} = \sum_{k=0}^{\infty} 8^{-k}\,\vec{q} = \frac{1}{1-1/8}\,\vec{q} = \frac{8}{7}\,\vec{q} = \frac{4}{7}\vec{p}_2 + \frac{2}{7}\vec{p}_1 + \frac{1}{7}\vec{p}_0$$

Zwei weitere Häufungspunkte (Grenzwerte der Teilfolgen $X_1, X_4, \ldots$ und $X_2, X_5, \ldots$) erhält man durch zyklische Verschiebung der Indizes:

$$\vec{p}_1^{\,\star} = \frac{4}{7}\vec{p}_0 + \frac{2}{7}\vec{p}_2 + \frac{1}{7}\vec{p}_1, \quad \vec{p}_2^{\,\star} = \frac{4}{7}\vec{p}_1 + \frac{2}{7}\vec{p}_0 + \frac{1}{7}\vec{p}_2\,.$$

[5] Experimentieren Sie mit mehr als 3 Punkten P_k.

Sierpinski-Dreieck

MATLAB® -Skript zur Generierung der mit zufälliger Punkteauswahl generierten Punktfolge (X_n), ausgehend von dem Mittelpunkt eines gleichseitigen Dreiecks mit Eckpunkten P_k:

```
hold on   % Ueberlagerung nachfolgender Plots

% Eckpunkte eines gleichseitigen Dreiecks (gruen)
P = [0 0; 1 0; 1/2 sqrt(3)/2]';
plot(P(1,[1 2 3 1]),P(2,[1 2 3 1]),'.g','MarkerSize',50);

% Startpunkt
X = [1/2; sqrt(3)/6];

% Generieren und Zeichnen der Zufallsfolge
for n=1:1000
   % Wahl einer Dreiecksecke
   ind = 1+fix(3*rand); Pn = P(:,ind);
   % Berechnung und Hinzufuegen des naechsten Punktes
   X = [X (X(:,end)+Pn)/2];
end
plot(X(1,:),X(2,:),'.k','MarkerSize',10);

axis off, axis equal  % keine Koordinaten-Achsen, keine Skalierung
hold off
```

resultierendes Bild:

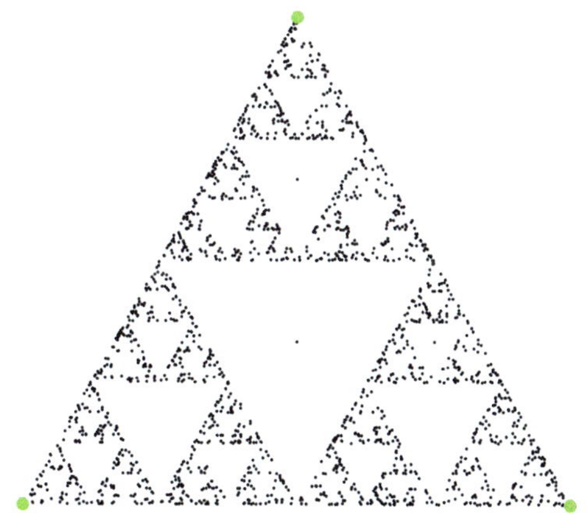

3 Skalarprodukt

Themen der Aufgaben

- Skalarprodukt und Betrag
  → 3.1
- Winkel zwischen Vektoren
  → 3.2
- Seitenlängen und Winkel eines Dreiecks
  → 3.3
- Bestimmung eines unzugänglichen Punktes
  → 3.4
- Seitenlängen und Winkel eines Dreiecks
  → 3.5
- Seitenlängen und Winkel gleichschenkliger Dreiecke
  → 3.6
- Seitenlängen und Winkel rechtwinkliger Dreiecke
  → 3.7
- Umkreis eines Dreiecks
  → 3.8
- Schnittpunkt der Höhen eines Dreiecks
  → 3.9
- Rückwärtseinschneiden bei der Landvermessung
  → 3.10
- Tangenten an einen Kreis
  → 3.11
- Berührende Kreise
  → 3.12
- Fläche zwischen berührenden Kreisen
  → 3.13
- Konstruktion einer orthonormalen Basis und Koordinatenbestimmung
  → 3.14

K. Höllig und J. Hörner, *Aufgaben und Lösungen zur Höheren Mathematik: Vektorrechnung und Analytische Geometrie*,
https://doi.org/10.1007/978-3-662-73122-2_4

- Koordinaten bzgl. einer orthogonalen Basis
  → 3.15
- Umfang, Winkel und Fläche eines Parallelogramms
  → 3.16
- Beweis mit Hilfe des Skalarprodukts
  → 3.17
- Epsilon-Tensor und Kronecker-Symbol
  → 3.18
- Eckpunkte eines Würfels
  → 3.19
- Geometrie eines Sechsecks
  → 3.20
- Nähte eines Fußballs
  → 3.21
- Länge eines Keilriemens
  → 3.22

3.1 Skalarprodukt und Betrag

Berechnen Sie für

$$\vec{a} = \begin{pmatrix} -2 \\ 1 \\ 2 \end{pmatrix}, \quad \vec{b} = \begin{pmatrix} 1 \\ 8 \\ -4 \end{pmatrix}$$

das Skalarprodukt $\vec{a} \cdot \vec{b}$, die Beträge $|\vec{a}|$ und $|\vec{b}|$, die normierten Vektoren $\vec{a}^\circ$ und $\vec{b}^\circ$ sowie $s = (2\vec{a} + 3\vec{b}) \cdot (4\vec{a} - 5\vec{b})$.

Verweise: Addition und skalare Multiplikation von Vektoren, Skalarprodukt, Norm

Varianten

- $\vec{a} = (2,4,4)^t$, $b = (6,-3,-2)^t$: $s = \vec{a} \cdot (\vec{a}^\circ + |\vec{b}|\vec{b})$
- $\vec{a} = (-7,4,4)^t$, $b = (6,7,6)^t$: $s = (|\vec{b}|\vec{a} + 9\vec{b}) \cdot \vec{a}^\circ$
- $\vec{a} = (1,2,3)^t$, $b = (3,2,1)^t$: $s = (\vec{a} + \vec{b}) \cdot (\vec{a}^\circ - \vec{b}^\circ)$[1]

Lösungsskizze

Skalarprodukt

$$\underbrace{\begin{pmatrix} -2 \\ 1 \\ 2 \end{pmatrix}}_{\vec{a}} \cdot \underbrace{\begin{pmatrix} 1 \\ 8 \\ -4 \end{pmatrix}}_{\vec{b}} = a_1 b_1 + a_2 b_2 + a_3 b_3 = (-2) \cdot 1 + 1 \cdot 8 + 2 \cdot (-4) = -2$$

Beträge und normierte Vektoren

$$\begin{aligned} |\vec{a}| &= \sqrt{\vec{a} \cdot \vec{a}} = \sqrt{a_1^2 + a_2^2 + a_3^2} = \sqrt{(-2)^2 + 1^2 + 2^2} = \sqrt{9} = 3, \\ |\vec{b}| &= \sqrt{1 + 64 + 16} = 9 \end{aligned}$$

Normierung (Division durch die Vektorlänge) $\rightsquigarrow$

$$\vec{a}^\circ = \begin{pmatrix} -2/3 \\ 1/3 \\ 2/3 \end{pmatrix}, \quad \vec{b}^\circ = \begin{pmatrix} 1/9 \\ 8/9 \\ -4/9 \end{pmatrix}$$

[1] Versuchen Sie, eine Rechnung zu vermeiden!

Skalarprodukt der Summen

Distributivgesetz $\Longrightarrow$

$$s=(2\vec{a}+\vec{b})\cdot(\vec{a}-3\vec{b})=2\,\vec{a}\cdot\vec{a}-6\,\vec{a}\cdot\vec{b}+\vec{b}\cdot\vec{a}-3\,\vec{b}\cdot\vec{b}$$

$\vec{a}\cdot\vec{b}=\vec{b}\cdot\vec{a},\ \vec{x}\cdot\vec{x}=|\vec{x}|^2 \quad \Longrightarrow$

$$s=2\cdot 3^2-6\cdot(-2)+(-2)-3\cdot 9^2=-215$$

alternativ (umständlicher): direkte Berechnung

$$\begin{aligned} s &= \left(2\begin{pmatrix}-2\\1\\2\end{pmatrix}+\begin{pmatrix}1\\8\\-4\end{pmatrix}\right)\cdot\left(\begin{pmatrix}-2\\1\\2\end{pmatrix}-3\begin{pmatrix}1\\8\\-4\end{pmatrix}\right)\\ &= \left(\begin{pmatrix}-4\\2\\4\end{pmatrix}+\begin{pmatrix}1\\8\\-4\end{pmatrix}\right)\cdot\left(\begin{pmatrix}-2\\1\\2\end{pmatrix}-\begin{pmatrix}3\\24\\-12\end{pmatrix}\right)=\begin{pmatrix}-3\\10\\0\end{pmatrix}\cdot\begin{pmatrix}-5\\-23\\-10\end{pmatrix}\\ &= 15-230-0=-215 \quad \checkmark \end{aligned}$$

Kontrolle mit MATLAB®

```
a = [-2; 1; 2]; b = [1; 8; -4];
a_dot_b = a'*b
norm_a = norm(a), norm_b = norm(b)
s = (2*a+b)'*(a-3*b)
```

3.2 Winkel zwischen Vektoren

Bestimmen Sie den Winkel, den die Vektoren $(-4,-2,6)^{\mathrm{t}}$ und $(-5,1,4)^{\mathrm{t}}$ einschließen.

Verweise: Skalarprodukt

Varianten

- $(1,1,2)^{\mathrm{t}}$, $(2,-1,1)^{\mathrm{t}}$
- $(-4,5,7)^{\mathrm{t}}$, $(2,5,4)^{\mathrm{t}}$
- $(-7,-2,5)^{\mathrm{t}}$, $(4,3,-1)^{\mathrm{t}}$

Lösungsskizze

Einsetzen von $\vec{u} = (-4,-2,6)^{\mathrm{t}}$, $\vec{v} = (-5,1,4)^{\mathrm{t}}$ in die Formel für den Kosinus des eingeschlossenen Winkels $\rightsquigarrow$

$$\begin{aligned}\cos\sphericalangle(\vec{u},\vec{v}) &= \frac{\vec{u}\cdot\vec{v}}{|\vec{u}|\,|\vec{v}|} = \frac{(-4)(-5)+(-2)\cdot 1+6\cdot 4}{\sqrt{(-4)^2+(-2)^2+6^2}\,\sqrt{(-5)^2+1^2+4^2}}\\ &= \frac{42}{\sqrt{56}\,\sqrt{42}} = \frac{\sqrt{42}}{\sqrt{56}} = \sqrt{(2\cdot 3\cdot 7)/(8\cdot 7)} = \frac{\sqrt{3}}{2}\end{aligned}$$

und $\sphericalangle(\vec{u},\vec{v}) = \arccos(\sqrt{3}/2) = \pi/6$

3.3 Seitenlängen und Winkel eines Dreiecks

Bestimmen Sie die Seitenlängen und die Winkel des Dreiecks mit den Eckpunkten

$$A = (1,3,5),\quad B = (2,5,6),\quad C = (1,5,7)\,.$$

Verweise: Skalarprodukt, Trigonometrische Theoreme

Varianten

- $A = (3,4,5)$, $B = (6,1,5)$, $C = (6,4,2)$
- $A = (0,4,5)$, $B = (6,1,2)$, $C = (3,1,5)$
- $A = (1,3,-1)$, $B = (2,7,7)$, $C = (9,-1,0)$

Lösungsskizze

Seitenlängen

Vektoren zu den Dreiecksseiten

$$\overrightarrow{AB} = \begin{pmatrix}2\\5\\6\end{pmatrix} - \begin{pmatrix}1\\3\\5\end{pmatrix} = \begin{pmatrix}1\\2\\1\end{pmatrix},\quad \overrightarrow{BC} = \begin{pmatrix}-1\\0\\1\end{pmatrix},\quad \overrightarrow{CA} = \begin{pmatrix}0\\-2\\-2\end{pmatrix}$$

$\rightsquigarrow$ Längen

$$c = |\overrightarrow{AB}| = \sqrt{1^2+2^2+1^2} = \sqrt{6},\quad a = |\overrightarrow{BC}| = \sqrt{2},\quad b = |\overrightarrow{CA}| = 2\sqrt{2}$$

Winkel

- Kosinussatz, $2ab\cos\gamma = a^2 + b^2 - c^2$, mit den berechneten Seitenlängen $\Longrightarrow$

$$2\sqrt{2}\,(2\sqrt{2})\,\cos\gamma = 2 + 8 - 6\,,$$

d.h., $\cos\gamma = 1/2$ und $\gamma = \pi/3$

- Berechnung von α (alternativ zur Verwendung des Kosinussatzes, $2bc\cos\alpha = b^2 + c^2 - a^2$) mit der Formel

$$\cos\alpha \underset{(\star)}{=} \frac{\overrightarrow{AB}\cdot\overrightarrow{AC}}{|\overrightarrow{AB}|\,|\overrightarrow{AC}|}$$

Einsetzen von $\overrightarrow{AB} = (1,2,1)^{\mathrm{t}}$, $\overrightarrow{AC} = -\overrightarrow{CA} = (0,2,2)^{\mathrm{t}}$ $\rightsquigarrow$

$$\cos\alpha = \frac{0+4+2}{\sqrt{6}\,(2\sqrt{2})} = \frac{\sqrt{3}}{2}, \quad \alpha = \arccos(\sqrt{3}/2) = \pi/6$$

⚠ In der Formel $(\star)$ ist die Richtung der Vektoren wichtig. Würde man $\overrightarrow{AC}$ durch $\overrightarrow{CA}$ ersetzen, so ergäbe sich aufgrund der Vorzeichenänderung der falsche Winkel: $\pi - \alpha$ anstatt α.

- Winkelsumme $= \pi$ $\Longrightarrow$

$$\beta = \pi - \alpha - \gamma = \pi - \pi/6 - \pi/3 = \pi/2$$

Kontrolle: $\overrightarrow{BA}\cdot\overrightarrow{BC} = (-1,-2,-1)^{\mathrm{t}}\cdot(-1,0,1)^{\mathrm{t}} = 0$, d.h., $\overrightarrow{BA}\perp\overrightarrow{BC}$ ✓

3.4 Bestimmung eines unzugänglichen Punktes

Bestimmen Sie die Koordinaten des Punktes C auf der anderen Seite eines Flusses mit Hilfe der gemessenen Entfernung $c = |\overline{AB}| = 100$ und den Winkeln $\alpha = \pi/4$ und $\beta = \pi/3$.

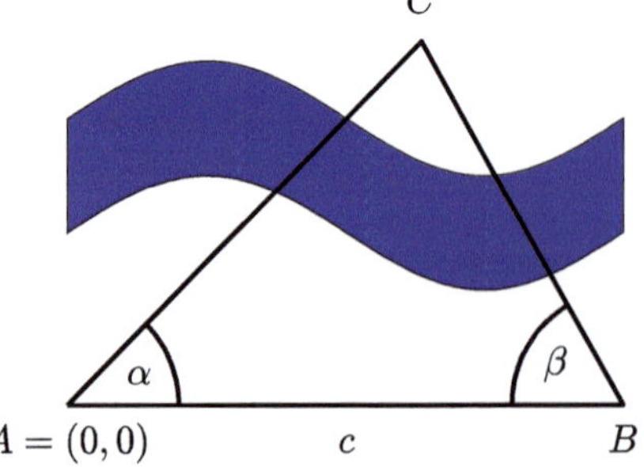

Verweise: Trigonometrische Theoreme

Varianten

- $\alpha = \pi/6$, $\beta = \pi/3$
- $\alpha = \pi/6$, $\beta = \pi/4$
- $\alpha = 2\pi/3$, $\beta = \pi/4$

Lösungsskizze

Sinussatz (Verhältnis von Seiten = Verhältnis entsprechender Winkel) $\implies$

$$b : c = \sin\beta : \sin\gamma$$

mit $b = \overline{AC}$ und $\gamma = \pi - \alpha - \beta = 5\pi/12$, d.h.,

$$b = 100\,\frac{\sin(\pi/3)}{\sin(5\pi/12)} \underset{(\star)}{=} 100\,\frac{\sqrt{3}/2}{(1+\sqrt{3})/(2\sqrt{2})} = \frac{100\sqrt{6}}{1+\sqrt{3}}$$

$(\star)$ Berechnung von $\sin(5\pi/12)$ im letzten Abschnitt

Koordinaten von $C = (b\cos\alpha, b\sin\alpha)$:
Einsetzen von $\alpha = \pi/4$, $\cos\alpha = \sin\alpha = \sqrt{2}/2$ und des Ausdrucks für b $\rightsquigarrow$

$$c_1 = c_2 = \frac{100\sqrt{6}}{1+\sqrt{3}}\,\frac{\sqrt{2}}{2} = \frac{100\sqrt{3}}{1+\sqrt{3}} = \frac{100\sqrt{3}(1-\sqrt{3})}{1-3} = 150 - 50\sqrt{3} \approx 63.3975$$

Bemerkung
Verzichtet man darauf, der Schönheit der Algebra Tribut zu zollen, so hätte man natürlich numerisch rechnen können. Man erhält $c_1 = c_2 \approx 63.3975$ mit dem MATLAB® -Befehl

```
100*sin(pi/3)*cos(pi/2)/sin(pi-pi/3-pi/2)
```

Berechnung von $\sin(5\pi/12)$

Die abgebildete Raute wird durch die Einheitsvektoren

$$\vec{u} = \begin{pmatrix} \cos\frac{\pi}{2} \\ \sin\frac{\pi}{2} \end{pmatrix} = \begin{pmatrix} 0 \\ 1 \end{pmatrix}, \vec{v} = \begin{pmatrix} \cos\frac{\pi}{3} \\ \sin\frac{\pi}{3} \end{pmatrix} = \begin{pmatrix} \frac{1}{2} \\ \frac{\sqrt{3}}{2} \end{pmatrix}$$

aufgespannt. Die Diagonale halbiert den von $\vec{u}$ und $\vec{v}$ eingeschlossenen Winkel, d.h.,

$$\gamma = \frac{\pi}{3} + \left(\frac{\pi}{2} - \frac{\pi}{3}\right)/2 = \frac{5}{12}\pi\,.$$

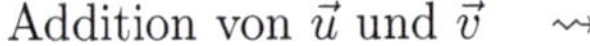

Addition von $\vec{u}$ und $\vec{v}$ $\rightsquigarrow$

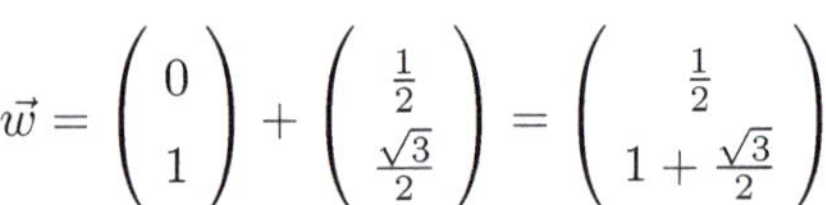

$$\vec{w} = \begin{pmatrix} 0 \\ 1 \end{pmatrix} + \begin{pmatrix} \frac{1}{2} \\ \frac{\sqrt{3}}{2} \end{pmatrix} = \begin{pmatrix} \frac{1}{2} \\ 1 + \frac{\sqrt{3}}{2} \end{pmatrix}$$

und

$$\sin\gamma = \frac{w_2}{|\vec{w}|} = \frac{1 + \sqrt{3}/2}{\sqrt{(1/2)^2 + (1 + \sqrt{3}/2)^2}} = \frac{2 + \sqrt{3}}{2\sqrt{2 + \sqrt{3}}} = \frac{\sqrt{2 + \sqrt{3}}}{2}$$

Ersetzen von $2 + \sqrt{3}$ durch $(1 + \sqrt{3})^2/2$ $\rightsquigarrow$ Vereinfachung

$$\sin\gamma = \frac{1 + \sqrt{3}}{2\sqrt{2}}$$

3.5 Seitenlängen und Winkel eines Dreiecks

Bestimmen Sie die fehlenden Seitenlängen und Winkel für die Daten der Dreiecke in der Tabelle.

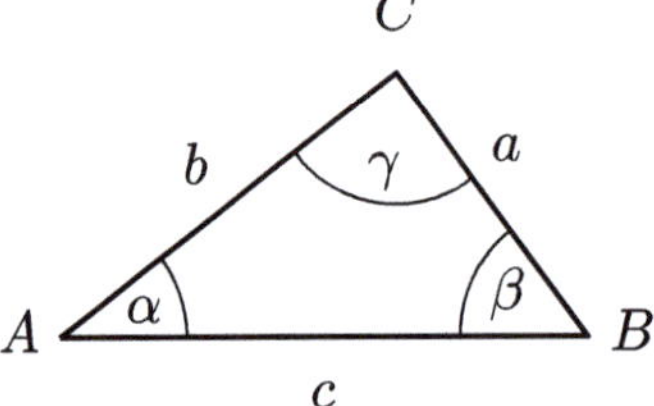

	a	b	c	α	β	γ
Dreieck 1	2	3	4			
Dreieck 2	2	3				$\pi/3$
Dreieck 3	2	3		$\pi/6$		
Dreieck 4	2			$\pi/4$	$\pi/3$	

Verweise: Trigonometrische Theoreme

Varianten

- $a = 3,\ b = 4,\ c = 5$
- $b = 1,\ c = 2,\ \alpha = \pi/4$
- $c = 6,\ \beta = \pi/6,\ \gamma = 2\pi/3$

Lösungsskizze

Anwendung des Kosinus- und Sinussatzes,

$$c^2 = a^2 + b^2 - 2ab\cos\gamma \quad \text{und} \quad a/b = \sin\alpha/\sin\beta\,,$$

bzw. der entsprechenden Identitäten nach zyklischer Vertauschung der Längen und Winkel:

$$a \to b \to c \to a, \quad \alpha \to \beta \to \gamma \to \alpha$$

z.B.: $a^2 = b^2 + c^2 - 2bc\cos\alpha$, $b/c = \sin\beta/\sin\gamma$

$a = 2,\ b = 3,\ c = 4$

Kosinussatz $\implies$

$$\cos\gamma = \frac{a^2+b^2-c^2}{2ab} = \frac{4+9-16}{2\cdot 2\cdot 3} = -\frac{1}{4}, \quad \gamma = \arccos(-1/4) \approx 1.8235$$
$$\cos\alpha = \frac{b^2+c^2-a^2}{2bc} = \frac{9+16-4}{2\cdot 3\cdot 4} = \frac{7}{8}, \quad \alpha = \arccos(7/8) \approx 0.5054$$

Winkelsumme $= \pi \implies$

$$\beta = \pi - \alpha - \gamma \approx 0.8128$$

$a = 2,\ b = 3,\ \gamma = \pi/3$

Kosinussatz $\implies$

$$c^2 = a^2 + b^2 - 2ab\cos\gamma = 4 + 9 - 2\cdot 2\cdot 3\cdot\frac{1}{2} = 7, \quad c = \sqrt{7} \approx 2.6458$$
$$\cos\alpha = \frac{b^2+c^2-a^2}{2bc} = \frac{9+7-4}{2\cdot 3\cdot\sqrt{7}} = \frac{2}{\sqrt{7}}, \quad \alpha = \arccos(2/\sqrt{7}) \approx 0.7131$$

Winkelsumme $= \pi \implies$

$$\beta = \pi - \alpha - \gamma \approx 1.3807$$

$\underline{a = 2,\, b = 3,\, \alpha = \pi/6}$

Sinussatz $\implies$

$$\sin\beta = \frac{b}{a}\sin\alpha = \frac{3}{2}\frac{1}{2} = \frac{3}{4}$$

$\rightsquigarrow$ zwei mögliche Winkel

$$\beta_1 = \arcsin(3/4) \approx 0.8481 \in [0, \pi/2], \quad \beta_2 = \pi - \beta_1 \approx 2.2935\,,$$

denn $\sin\beta = \sin(\pi - \beta)$
Winkelsumme $= \pi \implies$

$$\gamma_1 = \pi - \alpha - \beta_1 \approx 1.7699, \quad \gamma_2 \approx 0.3245$$

Sinussatz $\implies$

$$\begin{aligned} c_1 &= a \sin\gamma_1/\sin\alpha \approx 2\sin 1.7699/\underbrace{\sin(\pi/6)}_{=1/2} \approx 3.9210 \\ c_2 &= a\sin\underbrace{\gamma_2}_{\approx 0.3245}/\sin\alpha \approx 1.2752 \end{aligned}$$

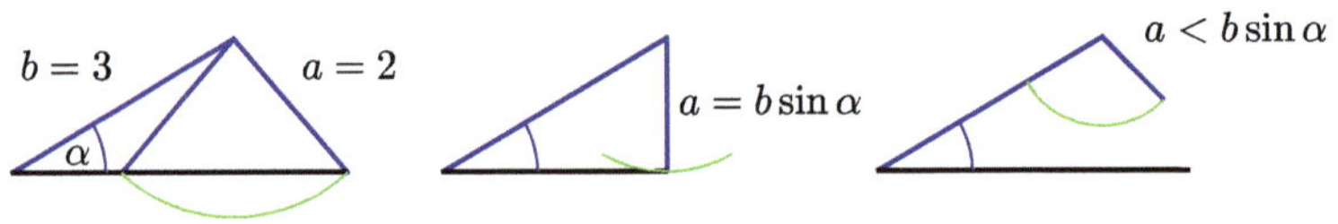

Bemerkung
Die Existenz eines Dreiecks mit gegebenen Seiten a, b und Winkel α hängt von der Größe von $s = (b/a)\sin\alpha$ ab. Zwei Lösungen wie im obigen Fall existieren, wenn $s < 1$. Ist $s = 1$, so erhält man als eindeutige Lösung ein rechtwinkliges Dreieck ($\sin\beta = 1$, $\beta = \pi/2$, mittleres Bild). Keine Lösung existiert für $s > 1$ (rechtes Bild). Diese Fallunterscheidung ist auch aus der geometrischen Konstruktion (mit Zirkel und Lineal) ersichtlich, wie durch die grünen Kreisbögen in der Abbildung angedeutet ist.

$\underline{a = 2,\, \alpha = \pi/4,\, \beta = \pi/3}$

$\gamma = \pi - \alpha - \beta = 5\pi/12$
Sinussatz $\implies$

$$\begin{aligned} b &= a\frac{\sin\beta}{\sin\alpha} = 2\,\frac{\sqrt{3}/2}{\sqrt{2}/2} = \sqrt{6} \approx 2.4495 \\ c &= a\frac{\sin\gamma}{\sin\alpha} = 2\,\frac{0.9659}{\sqrt{2}/2} \approx 2.7321 \end{aligned}$$

3.6 Seitenlängen und Winkel gleichschenkliger Dreiecke

Bestimmen Sie die fehlenden Seitenlängen und Winkel für die Daten der Dreiecke in der Tabelle.

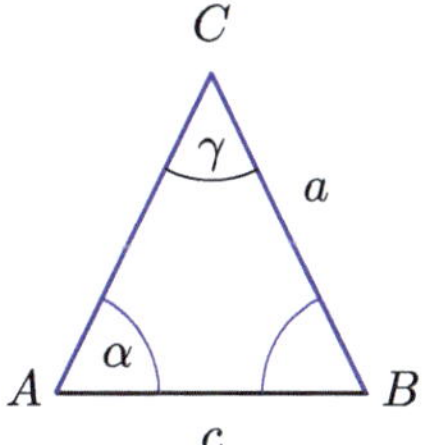

	$a=b$	c	$\alpha=\beta$	γ
Dreieck 1	3	2		
Dreieck 2	3		$\pi/6$	
Dreieck 3		2		$\pi/2$

Verweise: Trigonometrische Theoreme

Varianten

- $a=b=3,\ c=4$
- $a=b=1,\ \alpha=\beta=\pi/4$
- $c=2,\ \gamma=2\pi/3$

Lösungsskizze

$a=b=3,\ c=2$

Kosinussatz, $c^2=a^2+b^2-2ab\cos\gamma \quad\Longrightarrow$

$$\cos\gamma=\frac{a^2+b^2-c^2}{2ab}=\frac{9+9-4}{2\cdot 3\cdot 3}=\frac{7}{9},\quad \gamma=\arccos(7/9)\approx 0.6797$$

$\alpha+\beta+\gamma=\pi,\ \alpha=\beta \quad\Longrightarrow$

$$\alpha=\beta=(\pi-\gamma)/2\approx 1.2310$$

$a=b=3,\ \alpha=\beta=\pi/6$

$\alpha+\beta+\gamma=\pi,\ \alpha=\beta \quad\Longrightarrow$

$$\gamma=\pi-2\alpha=2\pi/3\approx 2.0944$$

Sinussatz, $c/a=\sin\gamma/\sin\alpha \quad\Longrightarrow$

$$c=a\sin\gamma/\sin\alpha=3\cdot(\sqrt{3}/2)/(1/2)=3\sqrt{3}\approx 5.1962$$

$a=b,\ c=2,\ \gamma=\pi/2$

rechter Winkel bei $C \quad\Longrightarrow$

$$a^2+b^2=c^2,\quad \text{d.h.}, a=b=\sqrt{2^2/2}=\sqrt{2}\approx 1.4142$$

$\alpha=\beta=(\pi-\pi/2)/2=\pi/4\approx 0.7854$

3.7 Seitenlängen und Winkel rechtwinkliger Dreiecke

Bestimmen Sie die fehlenden Seitenlängen und Winkel für die Daten der Dreiecke in der Tabelle.

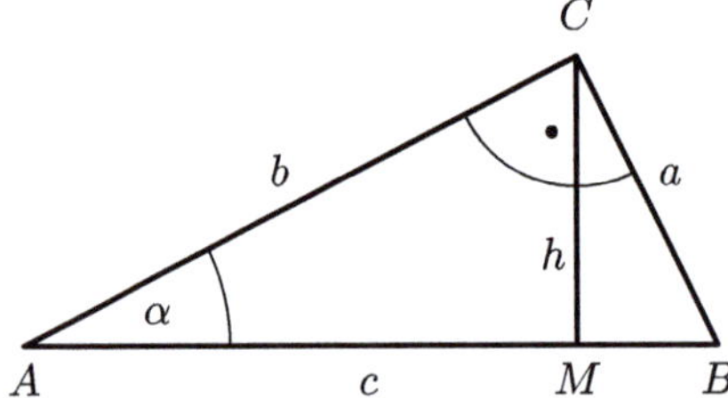

	a	b	c	$\alpha = \pi/2 - \beta$	h
Dreieck 1	$\sqrt{3}$		2		
Dreieck 2		2		$\pi/3$	
Dreieck 3			10		4

Verweise: Trigonometrische Theoreme, Satz des Pythagoras

Varianten

- $b = 6$, $c = 4\sqrt{3}$
- $a = 1$, $\alpha = \pi/6$
- $a = 5$, $h = 3$

Lösungsskizze

$a = \sqrt{3}$, $c = 2$

Satz des Pythagoras ($a^2 + b^2 = c^2$) $\implies$

$$b^2 = c^2 - a^2 = 2^2 - (\sqrt{3})^2 = 4 - 3 = 1, \quad \text{d.h., } b = 1$$

Definition des Kosinus (Ankathete : Hypotenuse im rechtwinkligen Dreieck) $\implies$

$$\cos\alpha = b/c = 1/2, \quad \alpha = \arccos(1/2) = \pi/3$$

Definition des Sinus (Gegenkathete : Hypotenuse) im rechtwinkligen Dreieck $\Delta(AMC)$ $\implies$

$$h = b\sin\alpha = 1 \cdot \sin(\pi/3) = \sqrt{3}/2$$

$b = 2$, $\alpha = \pi/3$

$b/c = \cos\alpha = 1/2 \quad \implies \quad c = 2b = 4$

Satz des Pythagoras $\implies$ $a^2 = c^2 - b^2 = 16 - 4$, d.h., $a = 2\sqrt{3}$

$h = b\sin\alpha = 2\sqrt{3}/2 = \sqrt{3}$

$c = 10,\ h = 4$

Höhensatz ($h^2 = pq$, $p = |AM|$, $q = |MB|$) $\implies$

$$4^2 = p\underbrace{(10-p)}_{q} \iff p^2 - 10p + 16 = 0$$

zwei Lösungen: $p = 5 \pm \sqrt{5^2 - 16}$, d.h., $p_1 = 2$, $p_2 = 8$

Kathetensatz ($a^2 = pc$) $\implies$ $a_1 = \sqrt{2 \cdot 10} = 2\sqrt{5}$, $a_2 = 4\sqrt{5}$

Satz des Pythagoras $\implies$ $b_1 = \sqrt{c^2 - a_1^2} = \sqrt{100 - 20} = a_2$, $b_2 = a_1$

$\cos\alpha_1 = b_1/c = 4\sqrt{5}/10 = 2/\sqrt{5}$, d.h., $\alpha_1 = 0.4636$, $\beta_1 = \pi/2 - \alpha_1 = 1.1071$
$\cos\alpha_2 = b_2/c = 2\sqrt{5}/10 = 1/\sqrt{5}$, d.h., $\alpha_2 = 1.1071$, $\beta_2 = 0.4636$

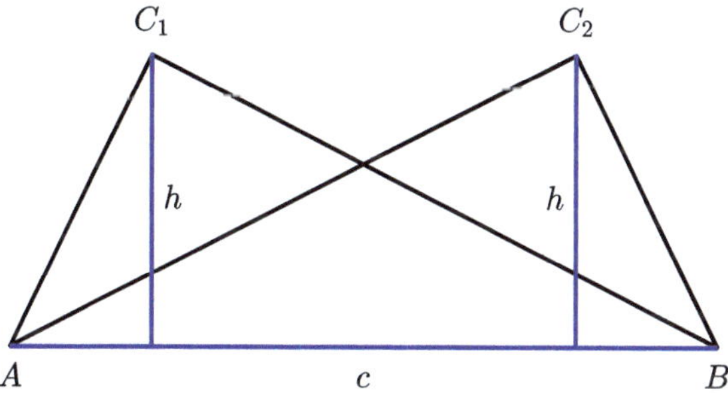

Die beiden Dreiecke der Lösung sind kongruent (vertauschte Winkel und Seiten).

3.8 Umkreis eines Dreiecks

Bestimmen Sie den Radius r und den Mittelpunkt M des Umkreises des Dreiecks mit den Eckpunkten

$$A = (-2, 4), \quad B = (-1, -3), \quad C = (7, 1)\,.$$

Verweise: Baryzentrische Koordinaten, Trigonometrische Theoreme

Varianten

- $A = (1, -1)$, $B = (5, 1)$, $C = (3, 5)$
- $A = (-5, 0)$, $B = (3, 8)$, $C = (1, 2)$
- $A = (4, 5)$, $B = (-4, 1)$, $C = (4, -7)$

Lösungsskizze

Konstruktion des Umkreismittelpunktes als Schnittpunkt der Mittelsenkrechten der Seiten (gepunktete Linien)

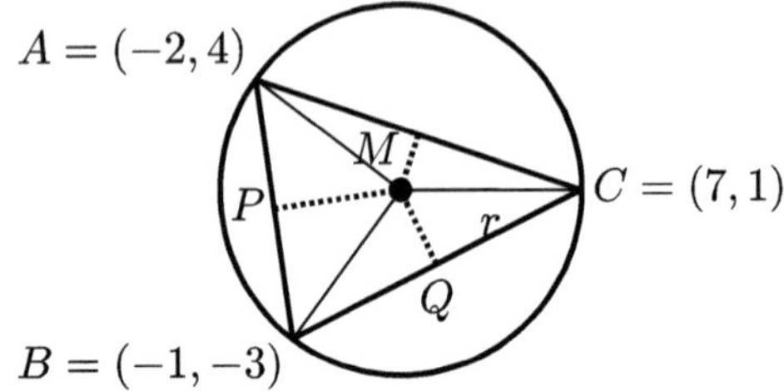

$$g : \vec{p} + s\vec{u}, \quad h : \vec{q} + t\vec{v}$$

mit

$$\vec{p} = (\vec{a} + \vec{b})/2 = (-3/2, 1/2)^{\mathrm{t}}, \quad \vec{q} = (\vec{b} + \vec{c})/2 = (3, -1)^{\mathrm{t}}$$

den Ortsvektoren der Mittelpunkte der Seiten des Dreiecks und

$$\vec{u} = (7, 1)^{\mathrm{t}} \parallel \overrightarrow{PM}, \quad \vec{v} = (-4, 8)^{\mathrm{t}} \parallel \overrightarrow{QM}$$

den Richtungsvektoren der Mittelsenkrechten, die zu $\overrightarrow{AB} = (1, -7)^{\mathrm{t}}$ bzw. $\overrightarrow{BC} = (8, 4)^{\mathrm{t}}$ orthogonal sind

Gleichsetzen der Parametrisierungen der Mittelsenkrechten g und h $\rightsquigarrow$ lineares Gleichungssystem

$$\begin{pmatrix} -3/2 \\ 1/2 \end{pmatrix} + s \begin{pmatrix} 7 \\ 1 \end{pmatrix} = \begin{pmatrix} 3 \\ -1 \end{pmatrix} + t \begin{pmatrix} -4 \\ 8 \end{pmatrix}$$

mit der Lösung $s = 1/2$, $t = 1/4$

Einsetzen in eine der beiden Parametrisierungen, z.B. in die Parametrisierung von g $\rightsquigarrow$

$$M = g \cap h = (-3/2 + 7/2, 1/2 + 1/2) = (2, 1)$$

und

$$r = |\vec{m} - \vec{a}| = |(2 - (-2), 1 - 4)^{\mathrm{t}}| = \sqrt{4^2 + 3^2} = 5$$

Kontrolle: $r \stackrel{!}{=} |\vec{m} - \vec{b}| = |(2 + 1, 1 + 3)^{\mathrm{t}}| = |\vec{m} - \vec{c}| = |(2 - 7, 1 - 1)^{\mathrm{t}}| \quad \checkmark$

Alternative Berechnung des Umkreisradius

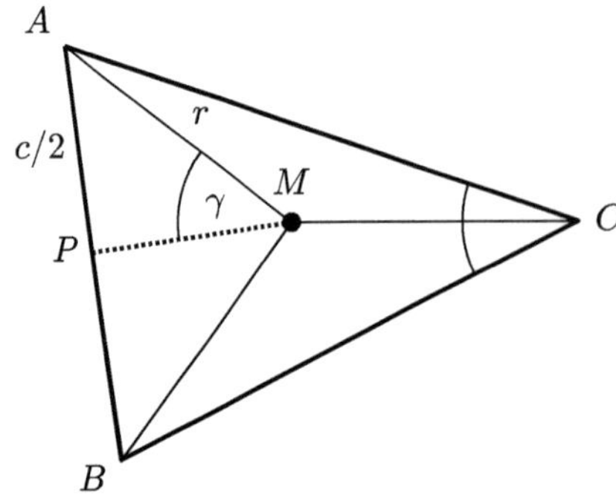

Da

$$\sphericalangle(A, M, P) \underset{(\star)}{=} \gamma = \sphericalangle(A, C, B)$$

(Beweis von $(\star)$ im nächsten Abschnitt), folgt aus dem Sinussatz

$$r / \frac{c}{2} = \underbrace{\sin(\pi/2)}_{=1} / \sin\gamma\,,$$

d.h., $r = \dfrac{c}{2\sin\gamma}$.

Einsetzen der gegebenen Daten $\rightsquigarrow$

$$\begin{aligned}\cos\gamma &= \frac{\overrightarrow{CA}\cdot\overrightarrow{CB}}{|\overrightarrow{CA}|\,|\overrightarrow{CB}|} = \frac{(-9,3)^{\mathrm{t}}\cdot(-8,-4)^{\mathrm{t}}}{|(-9,3)^{\mathrm{t}}|\,|(-8,-4)^{\mathrm{t}}|} = \frac{60}{\sqrt{90}\,\sqrt{80}} = \frac{1}{\sqrt{2}}\\ c &= |\overrightarrow{AB}| = |(1,-7)| = \sqrt{1+49} = 5\sqrt{2}\end{aligned}$$

Einsetzen in die Formel für den Radius mit $\gamma = \arccos(1/\sqrt{2}) = \pi/4 \quad \Longrightarrow$

$$r = \frac{5\sqrt{2}}{2\sin(\pi/4)} = \frac{5\sqrt{2}}{2\,(1/\sqrt{2})} = 5 \quad \checkmark$$

Beweis von $(\star)$
Da $|\overline{MC}| = |\overline{MA}|$ und somit $\sphericalangle(A,C,M) = \sphericalangle(C,A,M)$, gilt $\sphericalangle(A,M,C) = \pi - 2\sphericalangle(A,C,M)$. Analog gilt $\sphericalangle(B,M,C) = \pi - 2\sphericalangle(B,C,M)$. Damit erhält man

$$\begin{aligned}\underbrace{\sphericalangle(A,M,B)}_{2\sphericalangle(A,M,P)} &= 2\pi - (\pi - 2\sphericalangle(A,C,M)) - (\pi - 2\sphericalangle(B,C,M))\\ &= 2\,(\sphericalangle(A,C,M) + \sphericalangle(B,C,M)) = 2\sphericalangle(A,C,B) = 2\gamma\,.\end{aligned}$$

Bemerkung
Mit der Formel $\operatorname{area}\Delta(A,B,C) = \frac{1}{2}\,ab\sin\gamma$ für die Fläche eines Dreiecks kann die Formel für den Radius auch in der Form

$$r = \frac{abc}{4\operatorname{area}\Delta(A,B,C)}$$

geschrieben werden. Damit ist die Berechnung von r ohne trigonometrische Funktionen möglich.

<u>Alternative Berechnung des Mittelpunktes M</u>

Darstellung von M in baryzentrischen Koordinaten:

$$M = \frac{\Delta_A A + \Delta_B B + \Delta_C C}{\Delta_A + \Delta_B + \Delta_C} \qquad (1)$$

mit Δ_A, Δ_B, Δ_C den Flächen der durch M festgelegten Dreiecke, wobei sich, wie im Folgenden beschrieben wird, die Koeffizienten der Eckpunkte durch die Längen der Dreiecksseiten ausdrücken lassen.

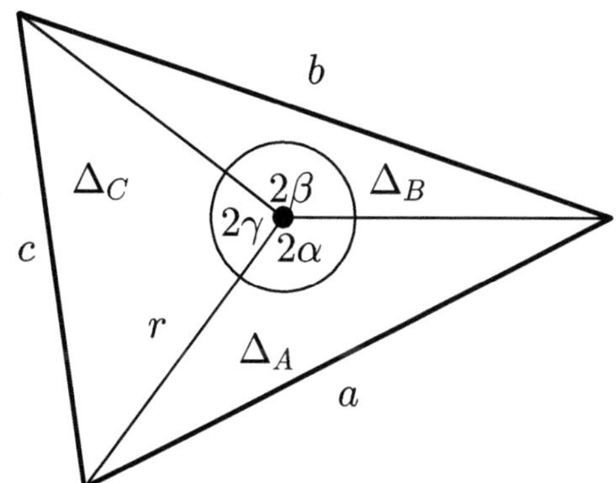

Formel für die Fläche eines Dreiecks (vgl. ebenfalls die Definition des Vektorprodukts) $\Longrightarrow$

$$\Delta_C = \frac{1}{2}\,r^2\,\sin(2\gamma) = r^2\,\sin\gamma\,\cos\gamma$$

Ersetzen von $\sin\gamma$ durch $c/(2r)$ und Berechnen von $\cos\gamma$ mit dem Kosinussatz $\rightsquigarrow$

$$\Delta_C = r^2\,\frac{c}{2r}\,\frac{a^2+b^2-c^2}{2ab} = \frac{rc(a^2+b^2-c^2)}{4ab}$$

Da die Formel (1) unter Skalierung invariant ist, d.h., wenn Δ_* durch $\Delta'_\star := \lambda\Delta_\star$ ersetzt wird, kann mit $\lambda = 4abc/r$ multipliziert werden:

$$\Delta'_A = a^2(b^2+c^2-a^2),\quad \Delta'_B = b^2(c^2+a^2-b^2),\quad \Delta'_C = c^2(a^2+b^2-c^2)\,.$$

Für die gegebenen Eckpunkte $A=(-2,4)$, $B=(-1,-3)$, $C=(7,1)$ ist

$$a^2 = |\overline{BC}|^2 = 8^2+4^2 = 80,\quad b^2 = 90,\quad c^2 = 50\,,$$

und somit

$$\Delta'_A = 80\,(90+50-80) = 4800,\ \Delta'_B = 3600,\ \Delta'_C = 6000,\quad \Delta'_A+\Delta'_B+\Delta'_C = 14400\,.$$

(1) mit $\Delta'_\star$ anstatt $\Delta_\star$ $\implies$

$$M = \underbrace{\frac{4800}{14400}}_{1/3}(-2,4) + \frac{1}{4}(-1,-3) + \frac{5}{12}(7,1) = (2,1)\quad \checkmark$$

3.9 Schnittpunkt der Höhen eines Dreiecks

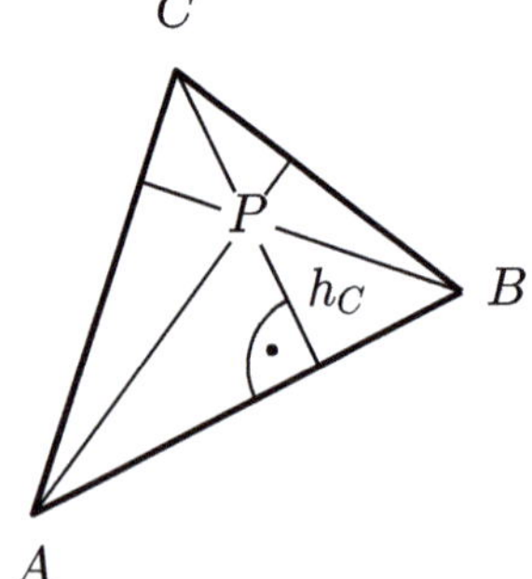

Bestimmen Sie den Schnittpunkt P der Höhen des abgebildeten Dreiecks mit den Eckpunkten

$$A=(-5,-1),\ B=(1,2),\ C=(-3,5)\,.$$

Verweise: Skalarprodukt

Varianten

- $A=(2,-3)$, $B=(5,-4)$, $C=(1,4)$
- $A=(4,-2)$, $B=(3,5)$, $C=(-5,1)$
- $A=(2,-2)$, $B=(0,4)$, $C=(-4,1)$

Lösungsskizze

Orthogonalität der Seite $\overline{AB}$ und der Höhe h_c $\iff$ $\overrightarrow{AB} \perp \overrightarrow{PC}$
analoge Bedingungen für die anderen Höhen $\rightsquigarrow$ lineares Gleichungssystem in zyklischer Form $(\vec{a} \to \vec{b} \to \vec{c} \to \vec{a})$

$$\begin{aligned} \overrightarrow{AB} \cdot \overrightarrow{PC} &= (\vec{b}-\vec{a}) \cdot (\vec{c}-\vec{p}) = 0 \\ \overrightarrow{BC} \cdot \overrightarrow{PA} &= (\vec{c}-\vec{b}) \cdot (\vec{a}-\vec{p}) = 0 \\ \overrightarrow{CA} \cdot \overrightarrow{PB} &= (\vec{a}-\vec{c}) \cdot (\vec{b}-\vec{p}) = 0 \end{aligned}$$

Die dritte Gleichung ist redundant. Man erhält sie durch Addition der ersten beiden Gleichungen, wie man durch Ausmultiplizieren der Skalarprodukte überprüfen kann. Dies beweist, dass die Höhen sich in einem gemeinsamen Punkt P schneiden.

Umformung und Einsetzen der gegebenen Punkte $\rightsquigarrow$

$$\begin{aligned} (\vec{b}-\vec{a}) \cdot \vec{p} &= (\vec{b}-\vec{a}) \cdot \vec{c} \\ (\vec{c}-\vec{b}) \cdot \vec{p} &= (\vec{c}-\vec{b}) \cdot \vec{a} \end{aligned} \quad \rightsquigarrow \quad \begin{aligned} \begin{pmatrix} 1+5 \\ 2+1 \end{pmatrix} \cdot \begin{pmatrix} p_1 \\ p_2 \end{pmatrix} &= \begin{pmatrix} 6 \\ 3 \end{pmatrix} \cdot \begin{pmatrix} -3 \\ 5 \end{pmatrix} \\ \begin{pmatrix} -3-1 \\ 5-2 \end{pmatrix} \cdot \begin{pmatrix} p_1 \\ p_2 \end{pmatrix} &= \begin{pmatrix} -4 \\ 3 \end{pmatrix} \cdot \begin{pmatrix} -5 \\ -1 \end{pmatrix} \end{aligned}$$

Lösen der Gleichungen,

$$6p_1 + 3p_2 = -3, \quad -4p_1 + 3p_2 = 17$$

$\rightsquigarrow$ Schnittpunkt $P = (-2, 3)$ der Höhen

3.10 Rückwärtseinschneiden bei der Landvermessung ⋆

Bestimmen Sie die Koordinaten des Punktes P, bezogen auf den Ursprung $O = (0, 0)$, aus den gemessenen Winkeln $\alpha = \pi/3$ und $\beta = \pi/4$ sowie den bekannten Positionen $A = (-500, 100)$ und $B = (300, 200)$ [Koordinaten in Metern][a]

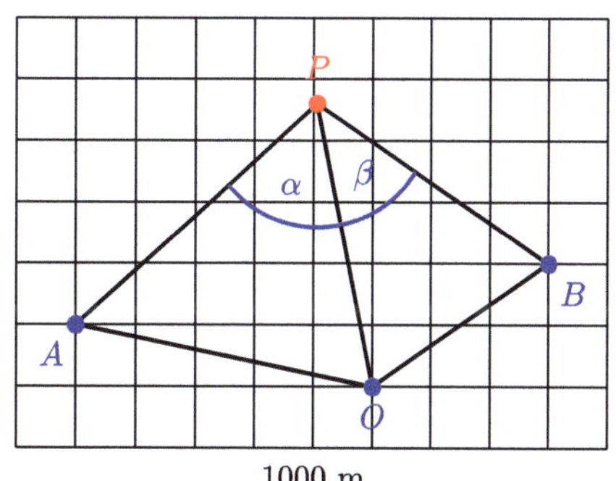

[a] Dieses Problem, das in der Vermessungstechnik auch als *Zweite Hauptaufgabe der Triangulierung* bezeichnet wird, wurde bereits im 17. Jahrhundert von Snellius und Pothenot studiert und in der Folge auf verschiedene alternative Weisen gelöst.

Verweise: Trigonometrische Theoreme, Abstand Punkt-Gerade

Varianten

- $A = (-500, 0)$, $B = (300, 0)$, $\alpha = \pi/6$, $\beta = \pi/4$
- $A = (-400, -100)$, $B = (400, -100)$, $\alpha = \pi/4$, $\beta = \pi/4$
- $A = (-400, 0)$, $B = (500, 100)$, $\alpha = \pi/3$, $\beta = \pi/6$

Lösungsskizze

Hilfskonstruktion

zusätzliche Punkte X und Y, die mit den Punkten O, A bzw. O, B rechtwinklige Dreiecke mit $\sphericalangle(A, X, O) = \alpha$ bzw. $\sphericalangle(B, Y, O) = \beta$ bilden.

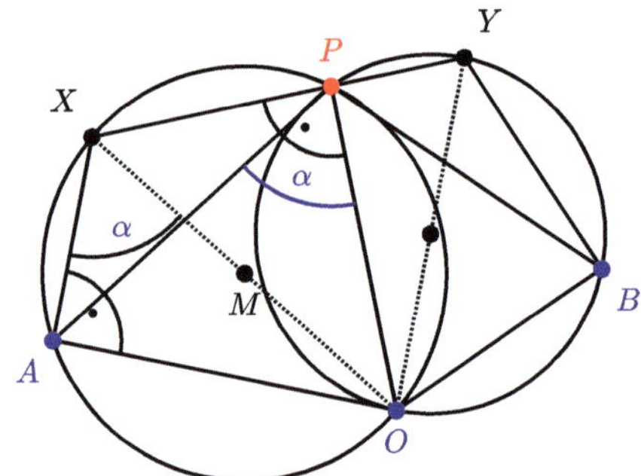

- Aufgrund des Sehnenwinkelsatzes haben die Dreiecke $\Delta(O, A, X)$ und $\Delta(O, A, P)$ den gleichen Umkreis, denn die der gemeinsamen Kreissehne $\overline{OA}$ gegenüberliegenden Winkel bei X und P sind gleich.
- Der Satz des Thales, angewandt auf das rechtwinklige Dreieck $\Delta(O, A, X)$, impliziert, dass der Umkreismittelpunkt M auf der Dreiecksseite $\overline{OX}$ liegt.
- Ebenfalls aufgrund des Satzes von Thales hat das Dreieck $\Delta(O, P, X)$ bei P einen rechten Winkel.
- Die gleichen Aussagen gelten für die Punkte O, B, Y, P. Insbesondere hat $\Delta(O, P, Y)$ einen rechten Winkel bei P.
- Da $\sphericalangle(X, P, O) + \sphericalangle(Y, P, O) = \pi/2 + \pi/2 = \pi$, liegt P auf der Verbindungsstrecke $\overline{XY}$ und kann durch Projektion von O auf diese Strecke bestimmt werden.

Berechnung von X und Y

$\vec{a} = \overrightarrow{OA} = (a_1, a_2)^t$, $\overrightarrow{OA} \perp \overrightarrow{AX}$, $|\overrightarrow{AX}| = |\overrightarrow{OA}|/\tan\alpha$, Orientierung von $O \to A \to X$ im Uhrzeigersinn $\implies$

$$\overrightarrow{AX} = \underbrace{\begin{pmatrix} a_2 \\ -a_1 \end{pmatrix}}_{\perp \vec{a}} \Big/ \tan\alpha$$

und

$$\vec{x} = \overrightarrow{OX} = \overrightarrow{OA} + \overrightarrow{AX} = \begin{pmatrix} a_1 + a_2/\tan\alpha \\ a_2 - a_1/\tan\alpha \end{pmatrix}$$

Einsetzen von $A = (-500, 100)$, $\alpha = \pi/3$ $\leadsto$

$$\vec{x} \underset{\tan\alpha=\sqrt{3}}{=} \begin{pmatrix} -500 + 100/\sqrt{3} \\ 100 - (-500)/\sqrt{3} \end{pmatrix} \approx \begin{pmatrix} -442.26 \\ 388.68 \end{pmatrix}$$

analoge Bestimmung von Y:

$$\vec{y} \underset{(\star)}{=} \begin{pmatrix} b_1 - b_2/\tan\beta \\ b_2 + b_1/\tan\beta \end{pmatrix} \underset{\beta=\pi/4}{=} \begin{pmatrix} 300 - 200/1 \\ 200 + 300/1 \end{pmatrix} = \begin{pmatrix} 100 \\ 500 \end{pmatrix}$$

$(\star)$ verschiedene Vorzeichen im Vergleich zu der Formel für $\vec{x}$ wegen der entgegengesetzten Orientierung von $O \to B \to Y$ im Vergleich zu $O \to A \to X$

Berechnung von P

Formel für die Projektion P von O auf die Strecke $\overline{XY}$ (Herleitung im letzten Abschnitt):

$$\vec{p} = \frac{\vec{y}\cdot\vec{d}}{\vec{d}\cdot\vec{d}}\vec{x} - \frac{\vec{x}\cdot\vec{d}}{\vec{d}\cdot\vec{d}}\vec{y}, \quad \vec{d} = \vec{y} - \vec{x}$$

Einsetzen und Berechnung mit dem MATLAB® -Befehl

```
p = (dot(y,d)*x-dot(x,d)*y)/dot(d,d)
```

$\leadsto$ $P = (-94.45, 460.08)$

Probe

Formel für das Skalarprodukt $\Longrightarrow$

$$\frac{1}{2} = \cos\underbrace{\alpha}_{\pi/3} \stackrel{!}{=} \frac{\overrightarrow{AP}\cdot\overrightarrow{OP}}{|\overrightarrow{AP}|\,|\overrightarrow{OP}|} \underset{\text{MATLAB®}}{=} \cdots \quad \checkmark$$

Herleitung der Formel für die Projektion

Punkt auf der Strecke $\overline{XY}$: $\vec{p} = (1-t)\vec{x} + t\vec{y}$

Orthogonalität von $\vec{p}$ zum Richtungsvektor $\vec{d} = \vec{y} - \vec{x}$ der Strecke $\Longrightarrow$

$$0 = \vec{p}\cdot\vec{d} = (1-t)\vec{x}\cdot\vec{d} + t\vec{y}\cdot\vec{d}, \quad \text{d.h.}, t = \frac{\vec{x}\cdot\vec{d}}{(\vec{x}-\vec{y})\cdot\vec{d}} = -\frac{\vec{x}\cdot\vec{d}}{\vec{d}\cdot\vec{d}}$$

und

$$1 - t = \frac{\vec{d}\cdot\vec{d} + \vec{x}\cdot\vec{d}}{\vec{d}\cdot\vec{d}} = \frac{\vec{y}\cdot\vec{d}}{\vec{d}\cdot\vec{d}},$$

da $\vec{d} + \vec{x} = (\vec{y} - \vec{x}) + \vec{x} = \vec{y}$

3.11 Tangenten an einen Kreis

Bestimmen Sie die Berührpunkte $Q_\pm$ der Tangenten an einen Kreis mit Mittelpunkt $C = (7, 4)$ und Radius 5, die durch den Punkt $P = (-3, 9)$ verlaufen.

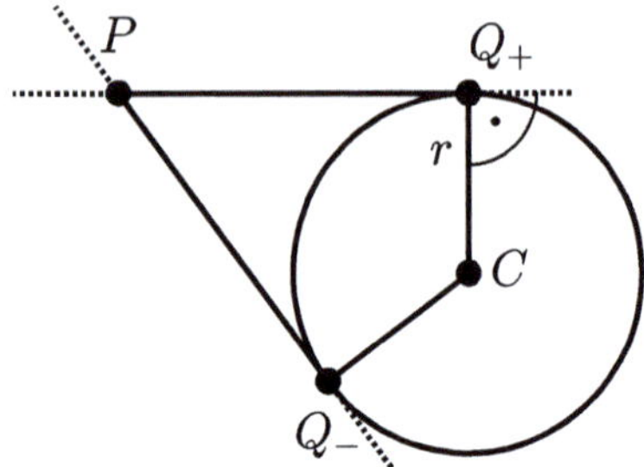

Verweise: Skalarprodukt

Varianten

- $C = (2, -3)$, $P = (1, 4)$, $r = 5$
- $C = (1, 2)$, $P = (0, 9)$, $r = \sqrt{5}$
- $C = (4, -2)$, $= (3, 1)$, $r = \sqrt{2}$

Lösungsskizze

Der Richtungsvektor $\vec{q} - \vec{p}$ einer durch den Punkt P verlaufenden Tangente mit Berührpunkt $Q = (x, y)$ ist orthogonal zu dem Radiusvektor $\vec{q} - \vec{c}$:

$$(\vec{q} - \vec{p}) \cdot (\vec{q} - \vec{c}) = 0\,.$$

Einsetzen der gegebenen Daten $\leadsto$

$$0 = \begin{pmatrix} x+3 \\ y-9 \end{pmatrix} \cdot \begin{pmatrix} x-7 \\ y-4 \end{pmatrix} = x^2 - 4x - 21 + y^2 - 13y + 36$$

Abziehen der Gleichung

$$\begin{aligned} 5^2 &= |\vec{q} - \vec{c}|^2 = (x-7)^2 + (y-4)^2 \\ &= x^2 - 14x + 49 + y^2 - 8y + 16 \end{aligned} \tag{1}$$

$\leadsto$ Elimination der quadratischen Terme:

$$-25 = 10x - 5y - 50 \quad \Longleftrightarrow \quad y = 2x - 5$$

Einsetzen in (1) $\Longrightarrow$

$$25 = x^2 - 14x + 49 + (2x-5)^2 - 8(2x-5) + 16$$

Vereinfachen und Dividieren durch 5 $\leadsto$

$$0 = x^2 - 10x + 21$$

Formel für die Lösung einer quadratischen Gleichung $\quad\Longrightarrow$

$$x_\pm = 5 \pm \sqrt{5^2 - 21} = 5 \pm 2$$

und

$$y_\pm = 2x_\pm - 5 = 10 \pm 4 - 5 = 5 \pm 4$$

$\rightsquigarrow$ zwei Tangenten mit den Berührpunkten

$$Q_+ = (7,9), \quad Q_- = (3,1)$$

Alternative Lösung

geometrische Konstruktion der Berührpunkte $Q_\pm$ als Schnittpunkte des Kreises mit dem Thales-Kreis mit Mittelpunkt

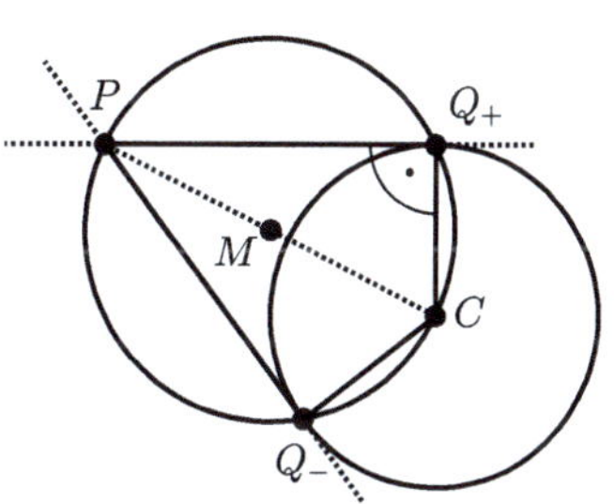

$$(C+P)/2 = (2, 13/2)$$

und Radius

$$|\overline{CP}|/2 = \sqrt{(7+3)^2 + (4-9)^2}/2 = 5\sqrt{5}/2$$

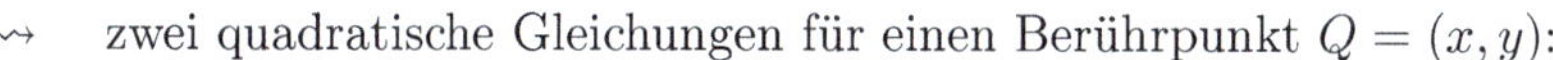

$\rightsquigarrow$ zwei quadratische Gleichungen für einen Berührpunkt $Q = (x, y)$:

$$(x-7)^2 + (y-4)^2 = 25, \quad (x-2)^2 + (y-13/2)^2 = 125/4$$

Wiederum entfallen nach Subtraktion der Gleichungen die quadratischen Terme, und mit der resultierenden linearen Gleichung kann x oder y eliminiert werden.

3.12 Berührende Kreise

Die Mittelpunkte der drei schwarzen Kreise mit Radius $1/3$ bilden ein gleichseitiges Dreieck Δ mit Seitenlänge 1. Bestimmen Sie den Radius r des blauen Kreises, der die schwarzen Kreise berührt, sowie den Abstand h seines Mittelpunktes von der Grundseite von Δ.

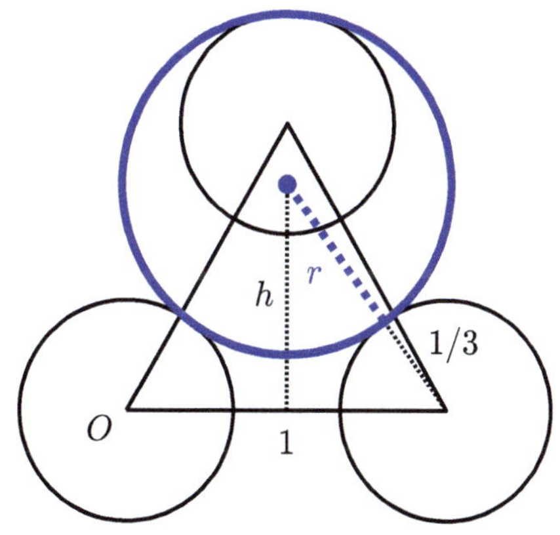

Verweise: Trigonometrische Theoreme

Varianten

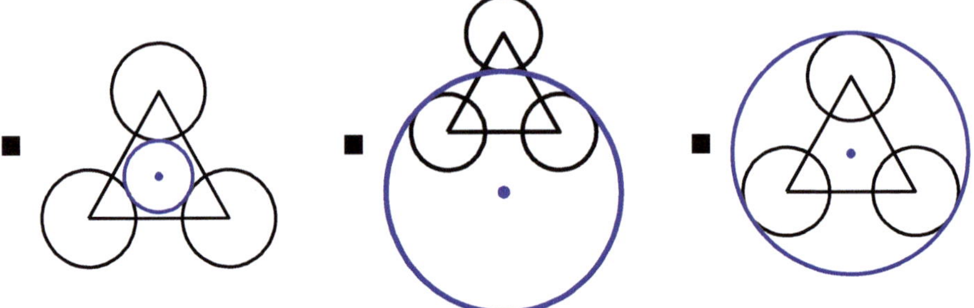

Lösungsskizze

Zwei Kreise berühren sich, wenn der Abstand ihrer Mittelpunkte gleich der Summe oder Differenz ihrer Radien ist, je nachdem, ob der kleinere Kreis außerhalb oder innerhalb des größeren Kreises liegt.

Wählt man die linke Ecke des gleichseitigen Dreiecks Δ als Ursprung $O = (0,0)$, so sind die Koordinaten der zwei anderen Ecken

$$B = (1,0), \quad C = (1/2, \sqrt{3}/2)\,.$$

Aufgrund von Symmetrie hat der Mittelpunkt M des berührenden blauen Kreises die Koordinaten $(1/2, h)$.

Mit dem Satz des Pythagoras und der Bedingung für das Berühren von Kreisen erhält man die folgenden Gleichungen für h und r:

$$\begin{aligned} |\overline{MO}| = |\overline{MB}| &= \sqrt{(1/2)^2 + h^2} = r + 1/3, \\ |\overline{MC}| &= \sqrt{3}/2 - h = r - 1/3\,. \end{aligned}$$

Subtraktion der Gleichungen, Umformung und Quadrieren $\rightsquigarrow$

$$\begin{aligned} & (1/2)^2 + h^2 = (2/3 + \sqrt{3}/2 - h)^2 \\ \iff\ & 1/4 + h^2 = 4/9 + 3/4 + h^2 + 2\sqrt{3}/3 - (4/3)h - \sqrt{3}\,h \\ \iff\ & (4/3 + \sqrt{3})\,h = 17/18 + 2\,\sqrt{3}/3\,, \end{aligned}$$

d.h.,

$$h = \frac{17 + 12\sqrt{3}}{24 + 18\sqrt{3}} = \ldots \text{ Maple}^{\text{TM}}\ ^{2} \ldots = \frac{20}{33} + \frac{\sqrt{3}}{22} \approx 0.6848$$

und

$$r = \frac{1}{3} + \frac{\sqrt{3}}{2} - h = \frac{5\sqrt{3} - 3}{11} \approx 0.5145$$

[2]Um den Nenner eines Bruchs $a/(b + \sqrt{c})$ rational zu machen, erweitert man mit $b - \sqrt{c}$ und erhält mit der dritten binomischen Formel $a(b - \sqrt{c})/(b^2 + c^2)$.

Bemerkung

Durch Variieren des Radius R der drei schwarzen Kreise erhält man weitere Varianten, wie in der Abbildung für $R = 2/3$ illustriert ist.

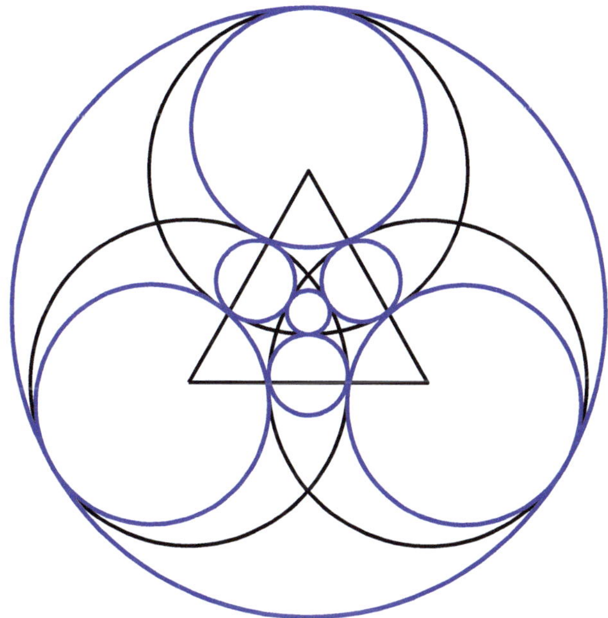

Als Anreiz, diesen komplizierteren Fall zu betrachten: Einer der Radien ist $(6 + 7\sqrt{3})/37$.

3.13 Fläche zwischen berührenden Kreisen

Berechnen Sie die Fläche zwischen den berührenden Kreisen mit Radien 1, 2 und 3.

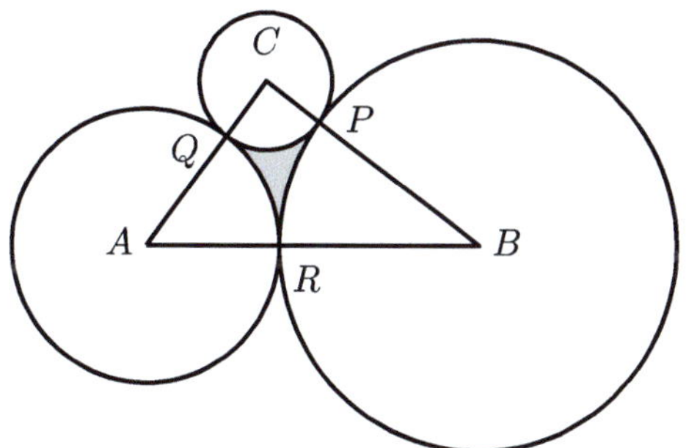

Verweise: Skalarprodukt, Trigonometrische Theoreme

Varianten

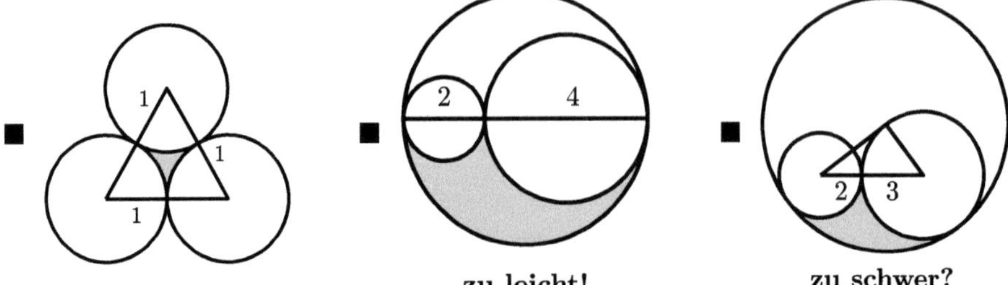

Lösungsskizze

Seiten und Winkel des aus den Mittelpunkten der Kreise gebildeten Dreiecks

Berührung von zwei Kreisen von außen $\iff$

$$\text{Abstand der Mittelpunkte} = \text{Summe der Radien}$$

Radien 1, 2, 3 $\rightsquigarrow$ Seitenlängen

$$|\overline{AB}| = c = 2 + 3 = 5, \quad |\overline{BC}| = a = 4, \quad |\overline{CA}| = b = 3$$

Kosinussatz $\implies$

$$\begin{aligned} \cos\gamma &= \sphericalangle(A, C, B) = \frac{a^2 + b^2 - c^2}{2ab} = \frac{4^2 + 3^2 - 5^2}{2 \cdot 4 \cdot 3} = 0, \quad \text{d.h., } \gamma = \pi/2 \\ \cos\alpha &= \sphericalangle(B, A, C) = \frac{b^2 + c^2 - a^2}{2bc} = \frac{18}{30}, \quad \text{d.h., } \gamma = \arccos(3/5) = 0.9272 \end{aligned}$$

Winkelsumme im Dreieck $= \pi \implies \beta = \pi - \gamma - \alpha = 0.6435$

Fläche D zwischen den berührenden Kreisen

$$D = (\text{Fläche des Dreiecks}) - (\text{Fläche der drei Kreissektoren})$$

Fläche des rechtwinkligen Dreiecks: $\operatorname{area}\Delta(A, B, C) = ab/2 = 3 \cdot 4/2 = 6$

Fläche eines Kreissektors mit Winkel φ:

$$\text{Kreisfläche} \cdot (\varphi/(2\pi)) = (\text{Radius})^2 \cdot (\varphi/2)$$

Einsetzen der Radien und der berechneten Winkel $\rightsquigarrow$

$$\begin{aligned} \operatorname{area}\Delta(Q, A, R) &= 2^2 \cdot \underbrace{0.9272}_{\alpha}/2 = 1.8545 \\ \operatorname{area}\Delta(R, B, P) &= 3^2 \cdot \underbrace{0.6435}_{\beta}/2 = 2.8957 \\ \operatorname{area}\Delta(P, C, Q) &= \pi/4 = 0.7853 \end{aligned}$$

$\rightsquigarrow \quad D = 6 - 1.8545 - 2.8957 - 0.7853 = 0.4642$

3.14 Konstruktion einer orthonormalen Basis und Koordinatenbestimmung

Normieren Sie den Vektor $\vec{u} = (3,4)^{\mathrm{t}}$, ergänzen Sie $\vec{u}^\circ$ zu einer orthonormalen Basis $\{\vec{u}^\circ, \vec{v}^\circ\}$ mit $v_1 < 0$, und bestimmen Sie die Koordinaten von $\vec{a} = (2,1)^{\mathrm{t}}$.

Verweise: Skalarprodukt, Orthogonale Basis, Norm

Varianten

- $\vec{u} = (5,12)^{\mathrm{t}}$, $\vec{a} = (2,10)^{\mathrm{t}}$
- $\vec{u} = (8,15)^{\mathrm{t}}$ $\vec{a} = (1,4)^{\mathrm{t}}$
- $\vec{u} = (7,24)^{\mathrm{t}}$, $\vec{a} = (1,7)^{\mathrm{t}}$

Lösungsskizze

Normierung

$|\vec{u}| = |(3,4)^{\mathrm{t}}| = \sqrt{9+16} = 5 \quad \rightsquigarrow$

$$\vec{u}^\circ = \vec{u}/|\vec{u}| = \begin{pmatrix} 3 \\ 4 \end{pmatrix} \Big/ 5 = \begin{pmatrix} 3/5 \\ 4/5 \end{pmatrix}$$

Ergänzung zu einer orthonormalen Basis:

$$\vec{u}^\circ \perp \vec{v}^\circ = (-4,3)^{\mathrm{t}}/5 = (-4/5, 3/5)^{\mathrm{t}}$$

Koordinaten

$\vec{u}^\circ \perp \vec{v}^\circ,\ |\vec{u}^\circ| = 1 = |\vec{v}^\circ| \quad \Longrightarrow$

$$\vec{a} = c_u \vec{u}^\circ + c_v \vec{v}^\circ, \quad c_w = \vec{a} \cdot \vec{w}^\circ \quad (w = u, v) \tag{1}$$

Anwenden der Formel für $\vec{a} = (2,1)^{\mathrm{t}} \quad \rightsquigarrow$

$$c_u = \begin{pmatrix} 2 \\ 1 \end{pmatrix} \cdot \begin{pmatrix} 3/5 \\ 4/5 \end{pmatrix} = 6/5 + 4/5 = 2$$

$$c_v = \begin{pmatrix} 2 \\ 1 \end{pmatrix} \cdot \begin{pmatrix} -4/5 \\ 3/5 \end{pmatrix} = -8/5 + 3/5 = -1$$

Bemerkung

Ohne Normierung berechnet sich die Basisdarstellung des Vektors $\vec{a}$ gemäß

$$\vec{a} = \frac{\vec{a} \cdot \vec{u}}{\vec{u} \cdot \vec{u}} \vec{u} + \frac{\vec{a} \cdot \vec{v}}{\vec{v} \cdot \vec{v}} \vec{v}, \qquad \begin{pmatrix} 2 \\ 1 \end{pmatrix} = \frac{10}{25} \begin{pmatrix} 3 \\ 4 \end{pmatrix} - \frac{5}{25} \begin{pmatrix} -4 \\ 3 \end{pmatrix}.$$

3.15 Koordinaten bzgl. einer orthogonalen Basis

Normieren Sie die Vektoren

$$\vec{u} = \begin{pmatrix} 11 \\ 10 \\ 2 \end{pmatrix}, \quad \vec{v} = \begin{pmatrix} 2 \\ -2 \\ -1 \end{pmatrix}, \quad \vec{w} = \begin{pmatrix} -2 \\ 5 \\ -14 \end{pmatrix},$$

und bestimmen Sie die Koordinaten des Vektors $\vec{a} = (7, -2, -6)^t$ bzgl. der orthonormalen Basis $\{\vec{u}, \vec{v}, \vec{w}\}$.

Verweise: Skalarprodukt, Orthogonale Basis

Varianten

- $\vec{u} = (2, 2, 1)^t$; $\vec{v} = (-2, 1, 2)^t$, $\vec{w} = (1, -2, 2)^t$, $\vec{a} = (-4, 6, 5)$
- $\vec{u} = (7, 4, 4)^t$; $\vec{v} = (4, -8, 1)^t$, $\vec{w} = (-4, -1, 8)^t$, $\vec{a} = (5, 1, 6)$
- $\vec{u} = (7, 6, 6)^t$; $\vec{v} = (-6, 9, -2)^t$, $\vec{w} = (-6, -2, 9)^t$, $\vec{a} = (7, 0, 1)$

Lösungsskizze

Normierung

Division durch die Vektorlängen $\rightsquigarrow$ Einheitsvektoren

$$\vec{u}^\circ = \vec{u}^\circ / |\vec{u}| = \begin{pmatrix} 11 \\ 10 \\ 2 \end{pmatrix} \Big/ \sqrt{11^2 + 10^2 + 2^2} = \frac{1}{15} \begin{pmatrix} 11 \\ 10 \\ 2 \end{pmatrix}$$

analog: $|\vec{v}| = \sqrt{2^2 + (-2)^2 + (-1)^2} = 3$, $|\vec{w}| = 15 \quad \rightsquigarrow$

$$\vec{v}^\circ = \frac{1}{3} \begin{pmatrix} 2 \\ -2 \\ -1 \end{pmatrix}, \quad \vec{w}^\circ = \frac{1}{15} \begin{pmatrix} -2 \\ 5 \\ -14 \end{pmatrix}$$

Koordinaten

Überprüfung der Orthogonalität:

$$\vec{u}^\circ \cdot \vec{v}^\circ = \frac{1}{15} \begin{pmatrix} 11 \\ 10 \\ 2 \end{pmatrix} \cdot \frac{1}{3} \begin{pmatrix} 2 \\ -2 \\ -1 \end{pmatrix} = \frac{1}{45} (11 \cdot 2 - 10 \cdot 2 - 2 \cdot 1) = 0 \quad \checkmark$$

analog: $\vec{v}^\circ \cdot \vec{w}^\circ = \vec{w}^\circ \cdot \vec{u}^\circ = 0$

Formel für die Koordinaten eines Vektors bzgl. einer orthonormalen Basis,

$$\vec{a} = \underbrace{(\vec{a}\cdot\vec{u}^\circ)}_{c_u}\vec{u}^\circ + \underbrace{(\vec{a}\cdot\vec{v}^\circ)}_{c_v}\vec{v}^\circ + \underbrace{(\vec{a}\cdot\vec{w}^\circ)}_{c_w}\vec{w}^\circ\,,$$

mit $\vec{a} = (7,-2,-6)^t \quad \rightsquigarrow \quad$ Koordinaten

$$\begin{aligned} c_u &= \begin{pmatrix} 7 \\ -2 \\ -6 \end{pmatrix} \cdot \frac{1}{15}\begin{pmatrix} 11 \\ 10 \\ 2 \end{pmatrix} = (77-20-12)/15 = 3 \\ c_v &= (7,-2,-6)^t \cdot \frac{1}{3}(2,-2,-1)^t = 24/3 = 8 \\ c_w &= (7,-2,-6)^t \cdot \frac{1}{15}(-2,5,-14)^t = 60/15 = 4\,, \end{aligned}$$

d.h.,

$$\begin{pmatrix} 7 \\ -2 \\ -6 \end{pmatrix} = 3\cdot\frac{1}{15}\begin{pmatrix} 11 \\ 10 \\ 2 \end{pmatrix} + 8\cdot\frac{1}{3}\begin{pmatrix} 2 \\ -2 \\ -1 \end{pmatrix} + 4\cdot\frac{1}{15}\begin{pmatrix} -2 \\ 5 \\ -14 \end{pmatrix}$$

Kontrolle mit MATLAB®

```
u = [11;10;2]; v = [2;-2;-1]; w = [-2;5;-14];
a = [7;-2;-6];
cu = a'*(u/norm(u)), cv = a'*(v/norm(v)), cw = a'*(w/norm(w))
```

3.16 Umfang, Winkel und Fläche eines Parallelogramms

Bestimmen Sie für das Parallelogramm mit den Eckpunkten

$$A = (1,5,3),\ B = (0,1,2),\ C = (2,3,1)$$

den vierten Eckpunkt D, den Umfang U, die Winkel und die Fläche F.

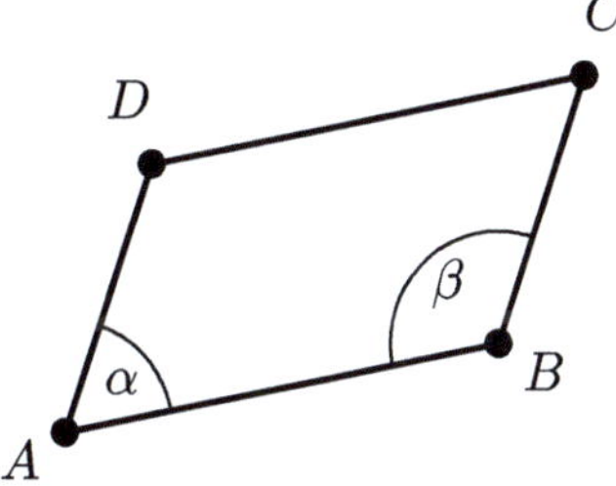

Verweise: Addition und skalare Multiplikation von Vektoren, Skalarprodukt

Varianten

- $A = (1,2,3)$, $B = (2,2,4)$, $D = (0,3,7)$
- $A = (-1,3)$, $B = (6,4)$, $|\overline{AD}| = 5$, $\alpha = \pi/4$
- $A = (-2,-3)$, $C = (7,6)$, $|\overline{AB}| = 5$, $|\overline{BC}| = 13$

Lösungsskizze

Vierter Eckpunkt

$\overrightarrow{AD} = \overrightarrow{BC}$ mit $A = (1,5,3)$, $B = (0,1,2)$, $C = (2,3,1)$ $\rightsquigarrow$

$$\vec{d} = \vec{a} + \underbrace{\overrightarrow{AD}}_{\vec{d}-\vec{a}} = \vec{a} + \overrightarrow{BC} = \begin{pmatrix} 1 \\ 5 \\ 3 \end{pmatrix} + \begin{pmatrix} 2-0 \\ 3-1 \\ 1-2 \end{pmatrix} = \begin{pmatrix} 3 \\ 7 \\ 2 \end{pmatrix}$$

Seitenlängen

$\overrightarrow{AB} = (0-1, 1-5, 2-3)^{\mathrm{t}} = (-1,-4,-1)^{\mathrm{t}}$, $\overrightarrow{BC} = (2-0, 3-1, 1-2)^{\mathrm{t}} = (2,2,-1)^{\mathrm{t}}$
$\Longrightarrow$

$$\left|\overrightarrow{AB}\right| = \sqrt{1+16+1} = 3\sqrt{2}, \quad \left|\overrightarrow{BC}\right| = \sqrt{4+4+1} = 3$$

Umfang: $2(3\sqrt{2}+3) = 6\sqrt{2}+6 \approx 14.4853$

Winkel

Kosinussatz $\Longrightarrow$

$$\cos \underbrace{\sphericalangle(D,A,B)}_{\alpha} = \frac{\overrightarrow{AD} \cdot \overrightarrow{AB}}{\left|\overrightarrow{AD}\right| \cdot \left|\overrightarrow{AB}\right|} = \frac{(2,2,-1)^{\mathrm{t}} \cdot (-1,-4,-1)^{\mathrm{t}}}{3 \cdot 3\sqrt{2}} = \frac{-2-8+1}{9\sqrt{2}} = -\frac{1}{\sqrt{2}}$$

und $\alpha = \arccos(-1/\sqrt{2}) = 3\pi/4$

Da die Winkelsumme eines Vierecks 2π beträgt und für ein Parallelogramm gegenüberliegende Winkel übereinstimmen, ist

$$\beta = \sphericalangle(A,B,C) = (2\pi - 2\alpha)/2 = \pi/4\,.$$

Fläche

$$\operatorname{area}\square(A,B,C,D) = \left|\overrightarrow{BA}\right| \left|\overrightarrow{BC}\right| \sin\beta = 3\sqrt{2} \cdot 3 \cdot \frac{1}{\sqrt{2}} = 9$$

3.17 Orthogonale Kanten eines regulären Tetraeders

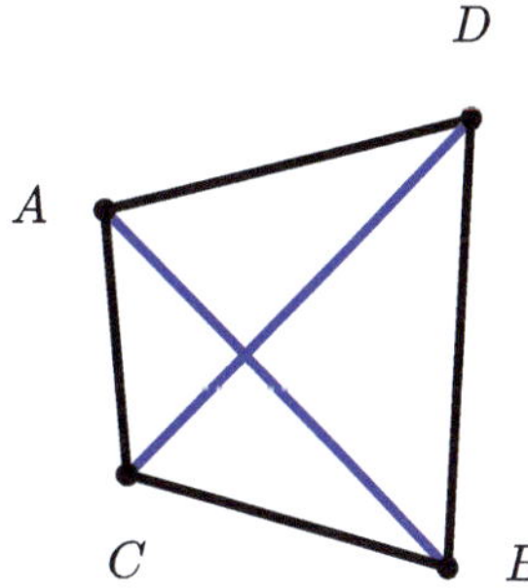

Zeigen Sie:
Zwei Kanten eines regulären Tetraeders (gleiche Kantenlängen), die keine gemeinsame Ecke haben, sind orthogonal.
Überprüfen Sie dieses Resultat für ein konkretes Beispiel.

Verweise: Skalarprodukt, Norm

Varianten

- Zeigen Sie (Satz von Thales): $|\vec{u}| = |\vec{v}| \quad \Longrightarrow \quad \vec{a} \perp \vec{b}$

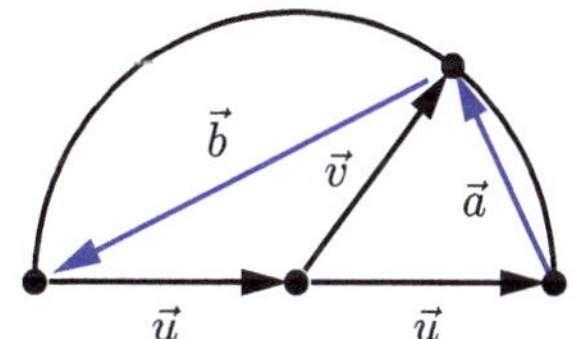

- Zeigen Sie: $|\vec{u}| = |\vec{v}| \quad \Longrightarrow \quad \vec{a} \perp \vec{b}$

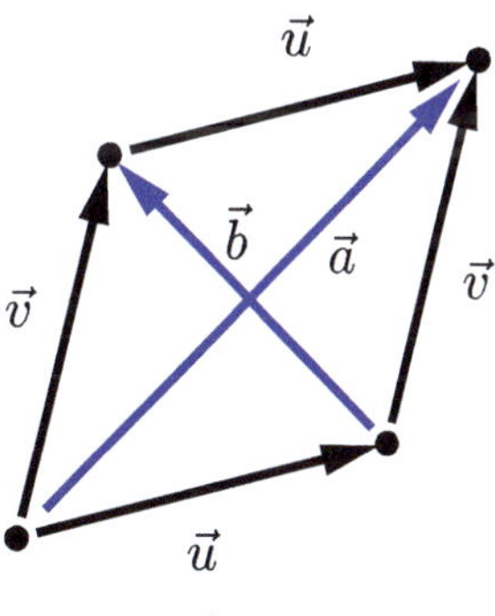

- Zeigen Sie: $\alpha = \alpha'$, $\beta = \beta' \quad \Longrightarrow \quad \vec{a} \perp \vec{b}$

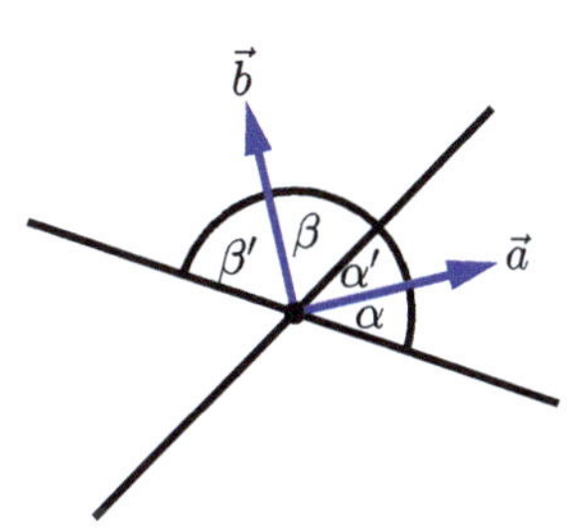

Lösungsskizze

<u>Beweis</u>

Symmetrie $\rightsquigarrow$ nur ein Kantenpaar zu betrachten, z.B., $\overline{AB}$ und $\overline{CD}$

Um

$$\overrightarrow{AB} \perp \overrightarrow{CD} \quad \Longleftrightarrow \quad \overrightarrow{AB} \cdot \overrightarrow{CD} = 0$$

zu zeigen, wird benutzt, dass für ein reguläres Tetraeder alle Kanten gleich lang sind und alle Winkel übereinstimmen.

$$\begin{aligned} L &= |\overrightarrow{AB}| = |\overrightarrow{AC}| = |\overrightarrow{AD}| = \cdots, \\ \pi/3 &= \sphericalangle(BAC) = \sphericalangle(BAD) = \cdots. \end{aligned}$$

$\vec{u} \cdot \vec{v} = \cos \sphericalangle(\vec{u}, \vec{v})\, |\vec{u}||\vec{v}| \quad \Longrightarrow$

$$\begin{aligned} \overrightarrow{AB} \cdot \overrightarrow{CD} &= \overrightarrow{AB} \cdot (\overrightarrow{CA} + \overrightarrow{AD}) = -\overrightarrow{AB} \cdot \overrightarrow{AC} + \overrightarrow{AB} \cdot \overrightarrow{AD} \\ &= -L^2 \cos(\underbrace{\pi/3}_{\sphericalangle(BAC)}) + L^2 \cos(\underbrace{\pi/3}_{\sphericalangle(BAD)}) = 0 \quad \checkmark \end{aligned}$$

Beispiel

Tetraeder mit Ecken

$$A = (1, -1, -1),\ B = (-1, 1, -1),\ C = (-1, -1, 1),\ D = (1, 1, 1)$$

Kantenlägen $2\sqrt{2}$, z.B.

$$|\overrightarrow{AB}| = |(-1-1, 1-(-1), -1-(-1))^{\mathrm{t}}| = |(-2, 2, 0)^{\mathrm{t}}| = \sqrt{4+4+0}$$

Überprüfung der Orthogonalität (gleichzeitig auch ein alternativer Beweis, da die Koordinaten eines regulären Tetraeders für die Aussage irrelevant sind):

$$\begin{aligned} \overrightarrow{AB} = \begin{pmatrix} -2 \\ 2 \\ 0 \end{pmatrix}, \quad \overrightarrow{CD} = \begin{pmatrix} 1 \\ 1 \\ 1 \end{pmatrix} - \begin{pmatrix} -1 \\ -1 \\ 1 \end{pmatrix} &= \begin{pmatrix} 2 \\ 2 \\ 0 \end{pmatrix} \\ \Longrightarrow \quad \overrightarrow{AB} \cdot \overrightarrow{CD} = (-2) \cdot 2 + 2 \cdot 2 + 0 \cdot 0 &= 0 \quad \checkmark \end{aligned}$$

3.18 Epsilon-Tensor und Kronecker-Symbol

Berechnen Sie

$$p_{j,m} = \sum_{k=1}^{3} \sum_{\ell=1}^{3} \varepsilon_{j,k,\ell}\, \delta_{j,m}\, \varepsilon_{k,\ell,m}$$

für alle Indizes $j, m \in \{1, 2, 3\}$.

Verweise: Epsilon-Tensor

Varianten

- $p_{j,m} = \sum_{k,\ell} \varepsilon_{j,k,\ell}\, \ell\, \delta_{\ell,m}$
- $p_{j,m} = \sum_{k,\ell} \delta_{j,k}\, k\ell\, \delta_{\ell,m}$
- $p_{j,m} = \sum_{k,\ell} \varepsilon_{j,k,\ell}\, k\, \varepsilon_{\ell,k,m}$

Lösungsskizze

$$\varepsilon_{j,k,\ell} = \begin{cases} 1 & \text{für } (j,k,\ell) = (1,2,3),\ (2,3,1),\ (3,1,2) \\ -1 & \text{für } (j,k,\ell) = (1,3,2),\ (2,1,3),\ (3,2,1) \\ 0 & \text{sonst} \end{cases}$$

$\delta_{j,k} = 1$ für $j = k$ und $= 0$ sonst

Anwenden dieser Definitionen auf $p_{j,m} = \sum_{k,\ell} \varepsilon_{j,k,\ell}\delta_{j,m}\varepsilon_{k,\ell,m}$ $\quad\rightsquigarrow$

- $p_{j,m} = 0$ für $j \neq m$ aufgrund der Definition von δ
- Für $j = m$ sind nur die zwei Summanden mit den komplementären Indizes $\{k, \ell\} = \{1,2,3\}\backslash\{j\}$ nicht null. Beispielsweise reduziert sich die Summe für $j = m = 1$ auf die zwei Summanden

  $$s_1 = \varepsilon_{1,2,3}\varepsilon_{2,3,1} + \varepsilon_{1,3,2}\varepsilon_{3,2,1}\,.$$

  Invarianz des Epsilon-Tensors unter zyklischer Verschiebung der Indizes und Vorzeichenänderung bei Vertauschung von Indizes $\quad\rightsquigarrow$

  $$s_1 = \varepsilon_{1,2,3}\varepsilon_{1,2,3} + \varepsilon_{1,3,2}\varepsilon_{1,3,2} = 1^2 + (-1)^2 = 2$$

  analoge Berechnung der Summen für $j = m = 2, 3$ $\quad\rightsquigarrow\quad$ $s_2 = s_3 = 2$ und somit

  $$p_{1,1} = p_{2,2} = p_{3,3} = 2 + 2 + 2 = 6$$

3.19 Eckpunkte eines Würfels $\star$

Ein Würfel hat die Eckpunkte

$$A = (5, 1, -3), \quad B = (-6, 0, 2), \quad C = (3, 4, 3)\,.$$

Berechnen Sie die Länge der Kanten und bestimmen Sie die Koordinaten der restlichen 5 Eckpunkte.

Verweise: Norm, Addition und skalare Multiplikation von Vektoren

Lösungsskizze

Abstände der gegebenen Punkte $A = (5, 1, -3)$, $B = (-6, 0, 2)$, $C = (3, 4, 3)$:

$$\begin{aligned}
|\overline{AB}| &= \sqrt{(-6-5)^2 + (0-1)^2 + (2+3)^2} = 7\sqrt{3} \\
|\overline{AC}| &= \sqrt{(3-5)^2 + (4-1)^2 + (3+3)^2} = 7 \\
|\overline{BC}| &= \sqrt{(3+6)^2 + (4-0)^2 + (3-2)^2} = 7\sqrt{2}
\end{aligned}$$

Vergleich der Werte $\implies$
$\overline{AB}$: Raumdiagonale (grün), $\overline{AC}$: Kante (schwarz) mit Länge 7, $\overline{BC}$: Diagonale eines Randquadrats (blau)

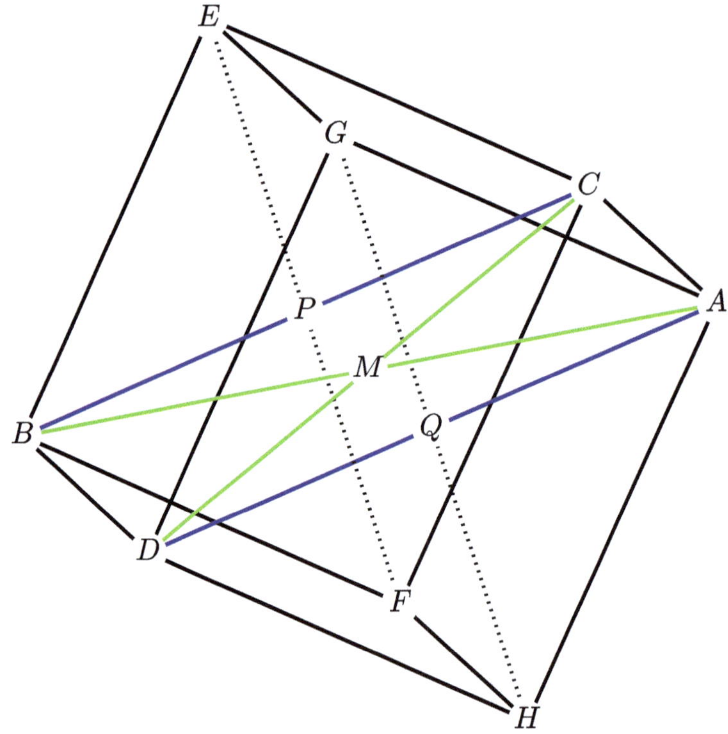

Mittelpunkt M des Würfels:

$$\vec{m} = (\vec{a} + \vec{b})/2 = (-1/2, 1/2, -1/2)^{\mathrm{t}}$$

zweite Raumdiagonale durch die Punkte C und M $\rightsquigarrow$ Eckpunkt D mit Ortsvektor

$$\vec{d} = \vec{c} + 2(\vec{m} - \vec{c}) = 2\vec{m} - \vec{c} = (-4, -3, -4)^{\mathrm{t}}$$

Die blauen Diagonalen teilen die beiden Randquadrate des Würfels mit Mittelpunkten

$$P:\ (\vec{b}+\vec{c})/2 = (-3/2, 2, 5/2)^{\mathrm{t}}, \quad Q:\ (\vec{a}+\vec{d})/2 = (1/2, -1, -7/2)^{\mathrm{t}}$$

in zwei kongruente rechtwinklige Dreiecke.

Normale des Rechtecks $\square(ACBD)$ (parallel zu den gepunkteten Diagonalen d_P und d_Q der Randquadrate mit den Mittelpunkten P und Q):

$$\vec{n} = \overrightarrow{AB} \times \overrightarrow{AC} = (-11, -1, 5)^{\mathrm{t}} \times (-2, 3, 6)^{\mathrm{t}} = (-21, 56, -35)^{\mathrm{t}}$$

Normieren $\quad \rightsquigarrow \quad |\vec{n}| = 49\sqrt{2} \quad \rightsquigarrow \quad \vec{n}^{\circ} = \vec{n}/|\vec{n}| = (-3, 8, -5)^{\mathrm{t}}/(7\sqrt{2})$

Die restlichen Eckpunkte E, F, G, H des Würfels liegen auf den Diagonalen d_P und d_Q mit Abstand $|\overline{BC}|/2 = 7\sqrt{2}/2$ zu den Mittelpunkten der Quadrate:

$$\begin{aligned}
\vec{p} \pm \frac{7\sqrt{2}}{2}\vec{n}^{\circ} &= (-3/2, 2, 5/2)^{\mathrm{t}} \pm \frac{1}{2}(-3, 8, -5)^{\mathrm{t}} \\
&\rightsquigarrow \quad E = (-3, 6, 0), \quad F = (0, -2, 5) \\
\vec{q} \pm \frac{7\sqrt{2}}{2}\vec{n}^{\circ} &= (1/2, -1, -7/2)^{\mathrm{t}} \pm \frac{1}{2}(-3, 8, -5)^{\mathrm{t}} \\
&\rightsquigarrow \quad G = (-1, 3, -6), \quad H = (2, -5, -1)
\end{aligned}$$

3.20 Geometrie eines Sechsecks ⋆

Die Abbildung zeigt ein reguläres Sechseck mit Seitenlänge 1, bei dem alle Eckpunkte geradlinig verbunden sind (blaue Linien). Bestimmen Sie die Längen a, b und c der kleinen Geradensegmente sowie die Flächen der Dreiecke E und G und des Vierecks F.

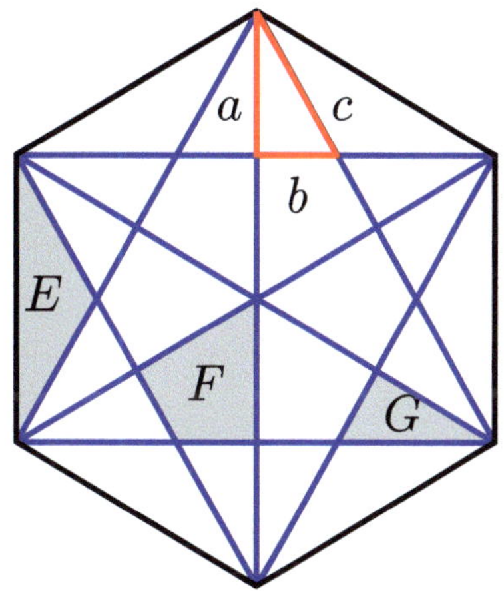

Verweise: Trigonometrische Theoreme

Lösungsskizze

Geradensegmente

Das Dreieck $\Delta(A,C,P)$ bildet eine Hälfte des gleichseitigen Dreiecks $\Delta(A,B,C)$. Folglich sind die Seitenlängen

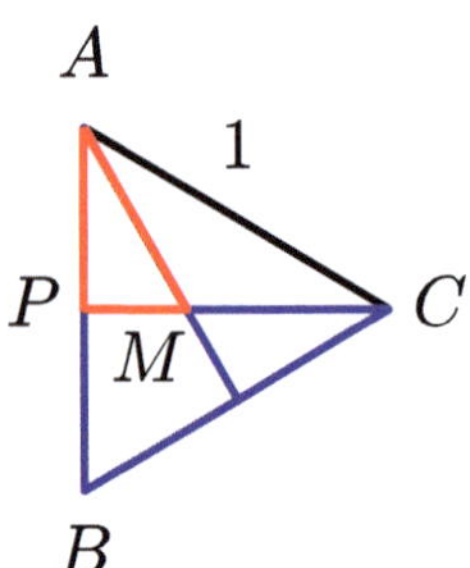

$$\begin{aligned} |\overline{AC}| &= 1, \\ a &= |\overline{AP}| = 1/2, \\ |\overline{CP}| &= \sqrt{1^2-(1/2)^2} = \sqrt{3}/2\,. \end{aligned}$$

Da die Dreiecke $\Delta(M,A,P)$ und $\Delta(A,C,P)$ ähnlich sind (gleiche Winkel), stimmen die Verhältnisse entsprechender Seitenlängen überein:

$$\underbrace{\overline{MP}}_{b} : \underbrace{\overline{AP}}_{a} = \overline{AP} : \overline{CP} = \frac{1}{2} : \frac{\sqrt{3}}{2} = \frac{1}{\sqrt{3}} \quad \underset{a=1/2}{\Longrightarrow} \quad b = \frac{1}{2\sqrt{3}} = \frac{\sqrt{3}}{6}$$

$$\underbrace{\overline{MA}}_{c} : \overline{MP} = \overline{AC} : \overline{AP} = 1 : \frac{1}{2} = 2 \quad \Longrightarrow \quad c = \frac{2\sqrt{3}}{6} = \frac{\sqrt{3}}{3}$$

Flächen der Dreiecke und des Vierecks

Die drei Winkelhalbierenden teilen das gleichseitige Dreieck Δ in 6 kongruente kleine Dreiecke mit Fläche

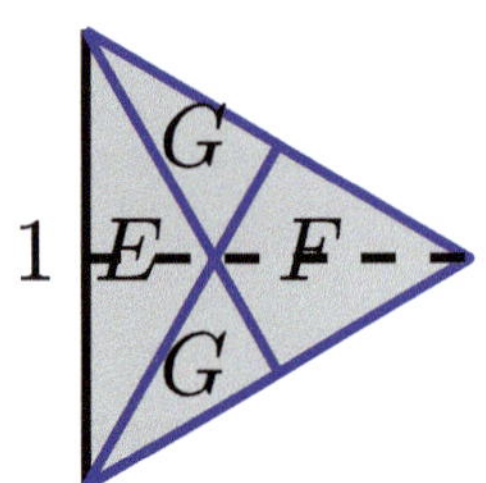

$$\frac{1}{6}\,\mathrm{area}\,\Delta = \frac{1}{6}\,\frac{\sqrt{3}}{4} = \frac{\sqrt{3}}{24} = \mathrm{area}\,G\,,$$

und folglich ist $\mathrm{area}\,E = \mathrm{area}\,F = 2\,\mathrm{area}\,G = \sqrt{3}/12$.

3.21 Nähte eines Fußballs ⋆

Nehmen Sie entgegen Sepp Herbergers[a] Axiom „Der Ball ist rund!“ an, dass der abgebildete Fußball[b] ein Polyeder ist, dessen Eckpunkte auf einer Sphäre mit einem Durchmesser von 22 cm liegen. Wie lang ist eine Kante, die (näherungsweise) einer Naht des Fußballs entspricht?

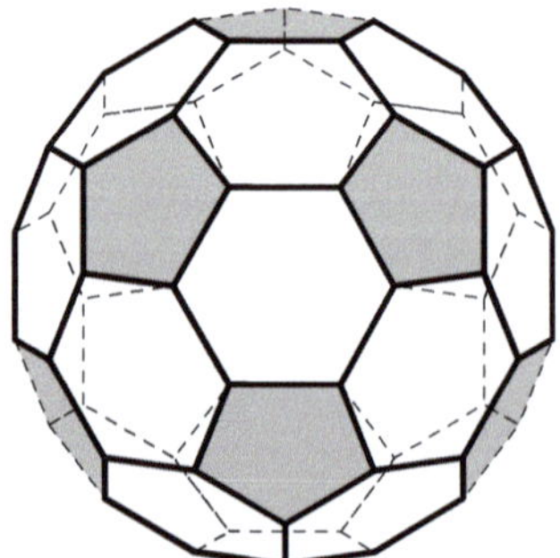

[a] Ein berühmter ehemaliger deutscher Trainer

[b] Bedauerlicherweise wurde dieses aus mathematischer Sicht interessante Design abgelöst.

Verweise: Skalarprodukt, Norm

Lösungsskizze

Vorüberlegungen

Proportionalität von Kantenlänge und Radius: $L = cR$
$\rightsquigarrow$ Wahl von $L = 1$, um den Proportionalitätsfaktor c zu bestimmen, d.h., $c = 1/R_\star$ mit $R_\star$ dem Radius eines Balls mit Kantenlänge 1

geeignete Positionierung des Balls:
Mittelpunkt $M = (0, -1/2, -q)$, $\overline{MB}$ parallel zur z-Achse und $\overline{OB}$ (Hälfte einer Kante) parallel zur y-Achse des Koordinatensystems

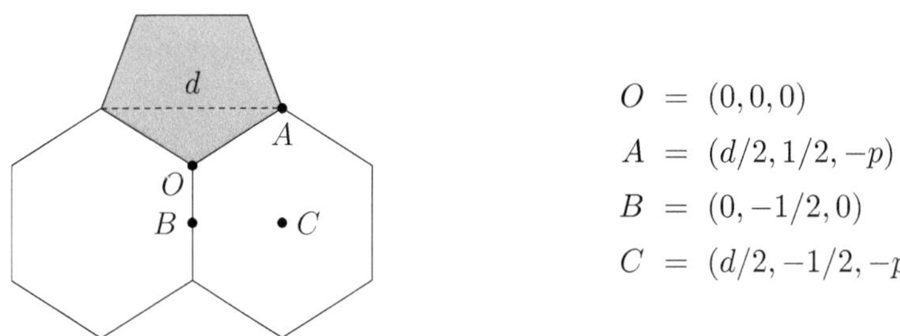

$$\begin{aligned} O &= (0,0,0) \\ A &= (d/2, 1/2, -p) \\ B &= (0, -1/2, 0) \\ C &= (d/2, -1/2, -p) \end{aligned}$$

Die Sechsecke sind, bezogen auf die xy-Ebene, leicht nach unten geneigt. Die Punkte O, A und C bilden ein gleichseitiges Dreieck.

Bestimmung von $R_\star$

Formel für die Länge der Diagonalen im Fünfeck, $|\overline{OA}| = L = 1 \quad \Longrightarrow$

$$d = \frac{1+\sqrt{5}}{2}, \quad 1 = |\vec{a}|^2 = (d/2)^2 + (1/2)^2 + p^2$$

Einsetzen und Auflösen nach $p > 0 \quad \rightsquigarrow$

$$p^2 = 1 - \frac{1 + 2\sqrt{5} + 5}{16} - \frac{1}{4} \quad \Longleftrightarrow \quad p = \sqrt{6 - 2\sqrt{5}}/4\,,$$

bzw. nach Vereinfachung $p = (\sqrt{5} - 1)/4$

$\overrightarrow{CO} \perp \overrightarrow{CM} \quad \Longrightarrow$

$$0 = (d/2, -1/2, -p)^{\mathrm{t}} \cdot (-d/2, 0, p-q)^{\mathrm{t}}$$

Auflösen nach q und Einsetzen $\quad \rightsquigarrow$

$$\begin{aligned} q &= \frac{d^2/4 + p^2}{p} = \left(\frac{1 + 2\sqrt{5} + 5}{16} + \frac{6 - 2\sqrt{5}}{16}\right) \Big/ \left(\frac{\sqrt{5} - 1}{4}\right) \\ &= \frac{3}{\sqrt{5} - 1} = \frac{3 + 3\sqrt{5}}{4} \end{aligned}$$

Radius des Fußballs mit Kantenlänge $L = 1$

$$R_\star = |\overline{OM}| = \sqrt{(1/2)^2 + q^2} = \sqrt{\frac{1}{4} + \frac{9 + 18\sqrt{5} + 45}{16}} = \frac{\sqrt{58 + 18\sqrt{5}}}{4}$$

Proportionalität:

$$R = 11 \quad \Longrightarrow \quad L = cR = (1/R_\star)\, R = \frac{44}{\sqrt{58 + 18\sqrt{5}}} \approx 4.4390$$

Alternative Lösung

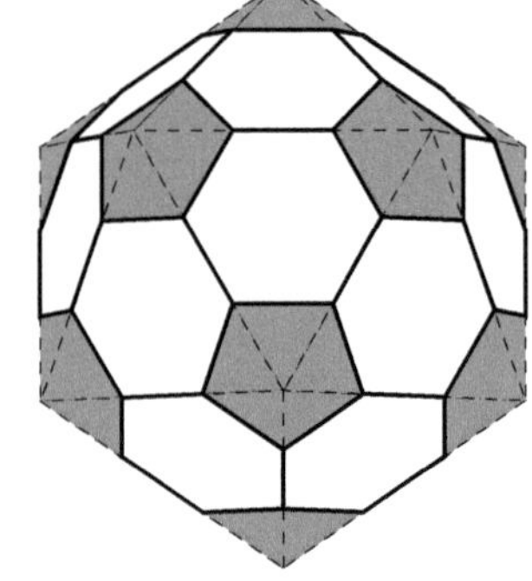

Darstellung des Fußballs als abgeschnittenes Ikosaeder mit den Fünfecken als Schnittflächen und den Sechsecken als Restflächen (Teilmengen der Dreiecke) Volumen eines Isokaeders mit Kantenlänge $a = 3L$ (L: Kantenlänge des Fußballs; Schnitte dritteln die Seiten der Dreiecke des Isokaeders):

$$V = \frac{5}{12}\,(3 + \sqrt{5})\,a^3$$

alternative Berechnung als Vereinigung von 20 Dreieckspyramiden mit einem gleichseitigen Dreieck als Grundfläche und dem Radius r der berührenden Inkugel als Höhe:

$$V = 20 \cdot \frac{1}{3} \underbrace{\left(\frac{1}{2} \cdot a \cdot \frac{\sqrt{3}}{2} \cdot a\right)}_{\text{Grundfläche}} \cdot r = \frac{5}{\sqrt{3}}\, a^2 r$$

Gleichsetzen der Ausdrücke für das Volumen $\quad \Longrightarrow$

$$\frac{3 + \sqrt{5}}{4} \underbrace{L}_{a/3} = \frac{1}{\sqrt{3}}\, r \tag{1}$$

Satz des Pythagoras, angewandt auf das Dreieck $\Delta(O, C, M)$ mit $|\overline{OC}| = L$ und $|\overline{CM}| = r \quad \Longrightarrow$

$$r^2 = R^2 - L^2$$

Einsetzen in (1) und Quadrieren $\quad \rightsquigarrow$

$$\frac{14 + 6\sqrt{5}}{16}\, L^2 = \frac{1}{3}\,\left(R^2 - L^2\right)$$

bzw. nach Auflösen nach L

$$L = cR, \quad c = \frac{4}{\sqrt{58 + 18\sqrt{5}}} \quad \checkmark$$

3.22 Länge eines Keilriemens ⋆

Bestimmen Sie die Länge des abgebildeten Keilriemens für die Radien $|\overline{AP}| = 20\,\text{cm}$, $|\overline{BQ}| = 10\,\text{cm}$ und die Entfernung $|\overline{AB}| = 40\,\text{cm}$ der Achsen.

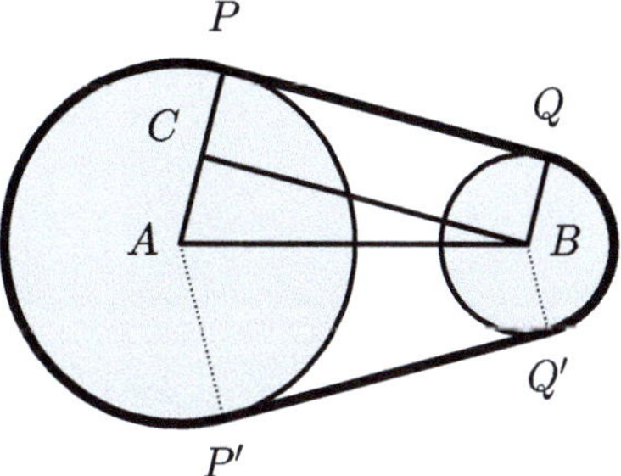

Verweise: Trigonometrische Theoreme

Lösungsskizze

Längen der Geradensegmente

Orthogonalität der Tangenten- und Radiusvektoren $\implies$

$$\overline{QP} \perp \overline{AP},\ \overline{QP} \perp \overline{BQ}, \quad \overline{QP} \parallel \overline{BC}, \quad |\overline{AC}| = |\overline{AP}| - |\overline{BQ}|$$

Satz des Pythagoras für das Dreieck $\Delta(A, B, C)$ mit rechtem Winkel bei C und $|\overline{AB}| = 40$, $|\overline{AC}| = 20 - 10 = 10$ [Einheiten: cm] $\implies$

$$|\overline{BC}| = \sqrt{|\overline{AB}|^2 - |\overline{AC}|^2} = \sqrt{40^2 - 10^2} = \sqrt{1500} = 10\sqrt{15}$$

$\rightsquigarrow$ Längen der Geradensegmente des Keilriemens:

$$L_t = |\overline{QP}| = |\overline{Q'P'}| = |\overline{BC}| = 10\sqrt{15} \approx 38.730$$

Längen der Kreisbögen

Kosinussatz im Dreieck $\Delta(A, B, C)$,

$$|\overline{BC}|^2 = |\overline{AB}|^2 + |\overline{AC}|^2 - 2|\overline{AB}||\overline{AC}| \cos \underbrace{\sphericalangle(\overrightarrow{AP}, \overrightarrow{AB})}_{\alpha}$$

mit $|\overline{BC}| = 10\sqrt{15}$, $|\overline{AB}| = 40$, $|\overline{AC}| = 10$ $\implies$

$$\cos\alpha = \frac{1600 + 100 - 1500}{2 \cdot 40 \cdot 10} = \frac{1}{4}, \quad \alpha = \arccos(1/4) \approx 1.3181$$

$\rightsquigarrow$ Längen L_P und L_Q der Kreisbögen von P nach P' (Winkel des Kreissektors $= 2\pi - 2\alpha$) und von Q' nach Q (Winkel des Kreissektors $= 2\alpha$):

$$\begin{aligned} L_P &= \text{Winkel des Kreissektors} \cdot \text{Radius} = (2\pi - 2\alpha)|\overline{AP}| \approx 72.939 \\ L_Q &= 2\alpha|\overline{BQ}| \approx 26.362 \end{aligned}$$

Gesamtlänge

Addition der Längen der Segmente $\rightsquigarrow$ Länge des Keilriemens:

$$2 \cdot L_t + L_P + L_Q \approx 77.460 + 72.939 + 26.362 = 176.761$$

4 Vektor- und Spatprodukt

Themen der Aufgaben

- Berechnung von Vektorprodukten
  → 4.1
- Konstruktion einer orthogonalen Basis und Koordinatenbestimmung
  → 4.2
- Vereinfachung mit Hilfe der Grassmann-Identität
  → 4.3
- Vereinfachung mit Hilfe der Lagrange-Identität
  → 4.4
- Inkreis eines Dreiecks
  → 4.5
- Berechnung von Spatprodukten
  → 4.6
- Gleichungen mit Skalar-, Vektor- und Spatprodukten
  → 4.7
- Fläche eines Dreiecks
  → 4.8
- Volumen und Oberfläche eines Spats
  → 4.9
- Volumen und Oberfläche eines Tetraeders
  → 4.10
- Teilvolumina eines durchgeschnittenen Tetraeders
  → 4.11
- Basisdarstellung eines Vektors
  → 4.12
- Fläche und umbauter Raum eines Walmdachs
  → 4.13
- Volumen eines aus Spaten bestehenden Polyeders
  → 4.14

K. Höllig und J. Hörner, *Aufgaben und Lösungen zur Höheren Mathematik: Vektorrechnung und Analytische Geometrie*,
https://doi.org/10.1007/978-3-662-73122-2_5

- Fläche eines polygonalen Gebiets
  → 4.15
- Entwurf einer Aufgabe mit MATLAB®
  → 4.16

4.1 Berechnung von Vektorprodukten

Berechnen Sie für $\vec{a} = (2, 1, 3)^t$ und $\vec{b} = (5, -1, 4)^t$

$$\vec{c} = \vec{a} \times \vec{b}, \quad \vec{d} = (\vec{a} + \vec{b}) \times (\vec{a} - \vec{b}), \quad \gamma = \sphericalangle(\vec{a}, \vec{b}).$$

Verweise: Vektorprodukt

Varianten

- $\vec{a} = (1, -4, 3)^t$, $\vec{b} = (-1, 5, -4)^t$, $\vec{d} = (2\vec{a} + \vec{b}) \times (\vec{a} + 2\vec{b})$, $s = \vec{c} \cdot (\vec{a} + \vec{b} + \vec{c})$
- $\vec{a} = (3, 2, 1)^t$, $\vec{b} = (4, 3, 1)^t$, $\vec{d} = \vec{a} \times \vec{c}$, $s = |\vec{b} \times \vec{c}|^2$
- $\vec{a} = (4, -1, 3)^t$, $\vec{b} = (5, -1, 4)^t$, $\vec{d} = (\vec{a} - \vec{b}) \times \vec{c}$, $s = (\vec{a} + \vec{c}) \cdot (\vec{b} + \vec{c})$

Lösungsskizze

Vektorprodukt

$$\vec{c} = \vec{a} \times \vec{b} = \begin{pmatrix} a_2 b_3 - a_3 b_2 \\ a_3 b_1 - a_1 b_3 \\ a_1 b_2 - a_2 b_1 \end{pmatrix}$$

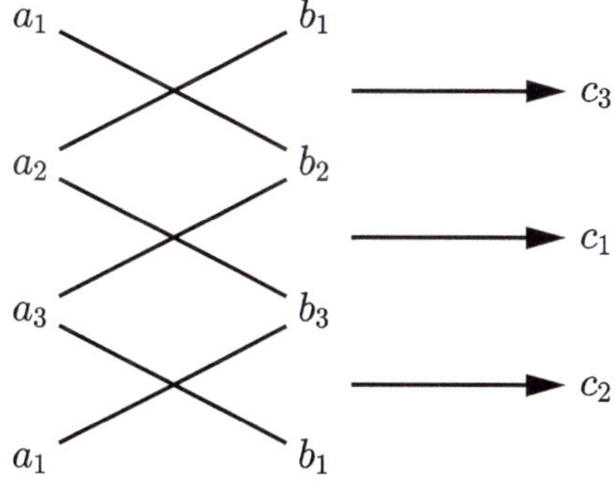

Differenz von Produkten mit zyklischer Verschiebung der Indizes

alternative Definition mit dem ε-Tensor:

$$c_j = \sum_{k,\ell} \varepsilon_{j,k,\ell}\, a_k b_\ell$$

Einsetzen der gegebenen Daten $\rightsquigarrow$

$$\vec{c} = \underbrace{\begin{pmatrix} 2 \\ 1 \\ 3 \end{pmatrix}}_{\vec{a}} \times \underbrace{\begin{pmatrix} 5 \\ -1 \\ 4 \end{pmatrix}}_{\vec{b}} = \begin{pmatrix} 1 \cdot 4 - 3 \cdot (-1) \\ 3 \cdot 5 - 2 \cdot 4 \\ 2 \cdot (-1) - 1 \cdot 5 \end{pmatrix} = \begin{pmatrix} 7 \\ 7 \\ -7 \end{pmatrix}$$

Vektorprodukt von Summen

Linearität ($(\vec{u} + \vec{v}) \times \vec{w} = \vec{u} \times \vec{w} + \vec{v} \times \vec{w}$, $(s\vec{u}) \times \vec{v} = s\vec{u} \times \vec{v}$) und Antisymmetrie ($\vec{u} \times \vec{v} = -\vec{v} \times \vec{u}$, $\vec{u} \times \vec{u} = \vec{v} \times \vec{v} = \vec{o}$) des Vektorprodukts $\implies$

$$\begin{aligned} \vec{d} &= (\vec{a} + \vec{b}) \times (\vec{a} - \vec{b}) \\ &= \vec{a} \times \vec{a} - \vec{a} \times \vec{b} + \vec{b} \times \vec{a} - \vec{b} \times \vec{b} = -2\vec{a} \times \vec{b} = (-14, -14, 14)^t \end{aligned}$$

Winkel

Anwendung der Formel $|\vec{a} \times \vec{b}| = |\vec{a}|\,|\vec{b}|\,\sin\sphericalangle(\vec{a},\vec{b}) \quad \rightsquigarrow$

$$\underbrace{\sin\sphericalangle(\vec{a},\vec{b})}_{\gamma} = \frac{|\vec{c}|}{|\vec{a}|\,|\vec{b}|} = \frac{|(7,7,-7)^{\mathrm{t}}|}{|(2,1,3)^{\mathrm{t}}|\,|(5,-1,4)^{\mathrm{t}}|} = \frac{7\sqrt{3}}{\sqrt{14}\,\sqrt{42}} = \frac{1}{2}$$

Da $s = \sin\gamma = \sin(\pi - \gamma)$, legt das Vektorprodukt den Winkel nicht eindeutig fest. Das Vorzeichen des Skalarprodukts, $\sigma = \operatorname{sign}(\vec{a}\cdot\vec{b})$, entscheidet, ob

$$\gamma = \arcsin s \in [0,\pi/2] \text{ für } \sigma \geq 0 \quad \text{oder} \quad \gamma = \pi - \arcsin s \in [\pi/2,\pi] \text{ für } \sigma \leq 0\,.$$

Einsetzen der gegebenen Daten $\quad \rightsquigarrow$

$$\sigma = \operatorname{sign}\begin{pmatrix} 2 \\ 1 \\ 3 \end{pmatrix} \cdot \begin{pmatrix} 5 \\ -1 \\ 4 \end{pmatrix} = 10 - 1 + 12 = 21 \geq 0$$

und $\gamma = \arcsin(1/2) = \pi/6$

Alternative Berechnung des Winkels

$$\cos\sphericalangle(\vec{a},\vec{b}) = \frac{\vec{a}\cdot\vec{b}}{|\vec{a}|\,|\vec{b}|} = \frac{21}{\sqrt{14}\,\sqrt{42}} = \frac{\sqrt{3}}{2}, \quad \gamma = \arccos(\sqrt{3}/2) = \pi/6 \quad \checkmark$$

4.2 Konstruktion einer orthogonalen Basis und Koordinatenbestimmung

Ergänzen Sie die orthogonalen Vektoren

$$\vec{u} = (0,1,2)^{\mathrm{t}}, \quad \vec{v} = (3,-2,1)^{\mathrm{t}}$$

durch $\vec{w} = \vec{u} \times \vec{v}$ zu einer orthogonalen Basis und berechnen Sie die Koordinaten des Vektors $\vec{a} = (1,-8,9)^{\mathrm{t}}$.

Verweise: Vektorprodukt, Orthogonale Basis

Varianten

- $\vec{u} = (-1,4,3)^{\mathrm{t}}$, $\vec{v} = (1,1,-1)^{\mathrm{t}}$, $\vec{a} = (8,9,8)^{\mathrm{t}}$
- $\vec{u} = (1,-1,-1)^{\mathrm{t}}$, $\vec{v} = (-2,-3,1)^{\mathrm{t}}$, $\vec{a} = (5,-7,3)^{\mathrm{t}}$
- $\vec{u} = (1,-1,3)^{\mathrm{t}}$, $\vec{v} = (2,-1,-1)^{\mathrm{t}}$, $\vec{a} = (3,9,-9)^{\mathrm{t}}$

Lösungsskizze

Konstruktion der Basis

Ergänzen von $\vec{u} = (0,1,2)^{\mathrm{t}}$ und $\vec{v} = (3,-2,1)^{\mathrm{t}}$ durch einen dritten Basisvektor

$$\vec{w} = \underbrace{\vec{u} \times \vec{v}}_{\perp \vec{u},\, \perp \vec{v}} = \begin{pmatrix} 1 \cdot 1 - 2 \cdot (-2) \\ 2 \cdot 3 - 0 \cdot 1 \\ 0 \cdot (-2) - 1 \cdot 3 \end{pmatrix} = \begin{pmatrix} 5 \\ 6 \\ -3 \end{pmatrix}$$

Koordinaten

Anwendung der Formel

$$\vec{a} = \frac{\vec{a} \cdot \vec{u}}{|\vec{u}|^2}\,\vec{u} + \frac{\vec{a} \cdot \vec{v}}{|\vec{v}|^2}\,\vec{v} + \frac{\vec{a} \cdot \vec{w}}{|\vec{w}|^2}\,\vec{w} \tag{1}$$

für die Darstellung des Vektors $\vec{a} = (1,-8,9)^{\mathrm{t}}$ bzgl. einer orthogonalen Basis $\{\vec{u}, \vec{v}, \vec{w}\}$:

- Koeffizient von $\vec{u} = (0,1,2)^{\mathrm{t}}$

$$\frac{(1,-8,9)^{\mathrm{t}} \cdot \vec{u}}{\vec{u} \cdot \vec{u}} = \frac{0 - 8 + 18}{0 + 1 + 4} = 2$$

- Koeffizienten von $\vec{v}$ und $\vec{w}$

$$\frac{(1,-8,9)^{\mathrm{t}} \cdot (3,-2,1)^{\mathrm{t}}}{(3,-2,1)^{\mathrm{t}} \cdot (3,-2,1)^{\mathrm{t}}} = \frac{28}{14} = 2, \quad \frac{(1,-8,9)^{\mathrm{t}} \cdot (5,6,-3)^{\mathrm{t}}}{(5,6,-3)^{\mathrm{t}} \cdot (5,6,-3)^{\mathrm{t}}} = \frac{-70}{70} = -1$$

Einsetzen in (1) $\rightsquigarrow$

$$\begin{pmatrix} 1 \\ -8 \\ 9 \end{pmatrix} = 2 \begin{pmatrix} 0 \\ 1 \\ 2 \end{pmatrix} + 2 \begin{pmatrix} 3 \\ -2 \\ 1 \end{pmatrix} - \begin{pmatrix} 5 \\ 6 \\ -3 \end{pmatrix}$$

4.3 Vereinfachung mit Hilfe der Grassmann-Identität

Berechnen Sie

$$\vec{d} = (\vec{u} \times \vec{v}) \times (\vec{v} \times \vec{w})$$

für die Vektoren $\vec{u} = (1,-1,0)^{\mathrm{t}}$, $\vec{v} = (0,-1,1)^{\mathrm{t}}$ und $\vec{w} = (1,1,1)^{\mathrm{t}}$.

Verweise: Vektorprodukt, Grassmann-Identität

Varianten

- $\vec{d} = (\vec{u} \times \vec{w}) \times (\vec{v} \times \vec{w})$ für $\vec{u} = (-2,-7,1)^{\mathrm{t}}$, $\vec{v} = (-6,7,9)^{\mathrm{t}}$, $\vec{w} = (-3,1,4)^{\mathrm{t}}$
- $\vec{d} = ((\vec{u} \times \vec{v}) \times \vec{v}) \times \vec{w}$ für $\vec{u} = (-6,5,-6)^{\mathrm{t}}$, $\vec{v} = (-1,1,-1)^{\mathrm{t}}$, $\vec{w} = (4,5,7)^{\mathrm{t}}$
- $\vec{d} = \vec{v} \times ((\vec{u} \times \vec{v}) \times \vec{w})$ für $\vec{u} = (4,7,1)^{\mathrm{t}}$, $\vec{v} = (3,5,2)^{\mathrm{t}}$, $\vec{w} = (-5,4,-2)^{\mathrm{t}}$

Lösungsskizze

Anwendung der Grassmann-Identität

$$(\vec{a} \times \vec{b}) \times \vec{c} = (\vec{a} \cdot \vec{c})\,\vec{b} - (\vec{b} \cdot \vec{c})\,\vec{a}$$

mit $\vec{a} = \vec{u}$, $\vec{b} = \vec{v}$ und $\vec{c} = \vec{v} \times \vec{w}$ $\quad\rightsquigarrow$

$$\begin{aligned}
\vec{d} &= (\vec{u} \times \vec{v}) \times (\vec{v} \times \vec{w}) = (\vec{u} \cdot (\vec{v} \times \vec{w}))\,\vec{v} - (\vec{v} \cdot \underbrace{(\vec{v} \times \vec{w})}_{\perp \vec{v}})\,\vec{u} \\
&= (\vec{u} \cdot (\vec{v} \times \vec{w}))\,\vec{v} - 0\vec{u}
\end{aligned}$$

Einsetzen von $\vec{u} = (1,-1,0)^{\mathrm{t}}$, $\vec{v} = (0,-1,1)^{\mathrm{t}}$, $\vec{w} = (1,1,1)^{\mathrm{t}}$ $\quad\rightsquigarrow$

$$\vec{v} \times \vec{w} = \begin{pmatrix} -1-1 \\ 1-0 \\ 0+1 \end{pmatrix} = \begin{pmatrix} -2 \\ 1 \\ 1 \end{pmatrix}$$

und

$$\vec{d} = \left(\begin{pmatrix} 1 \\ -1 \\ 0 \end{pmatrix} \cdot \begin{pmatrix} -2 \\ 1 \\ 1 \end{pmatrix} \right) \begin{pmatrix} 0 \\ -1 \\ 1 \end{pmatrix} = -3 \begin{pmatrix} 0 \\ -1 \\ 1 \end{pmatrix} = \begin{pmatrix} 0 \\ 3 \\ -3 \end{pmatrix}$$

4.4 Vereinfachung mit Hilfe der Lagrange-Identität

Berechnen Sie

$$s = (\vec{u} \times \vec{v}) \cdot ((\vec{w} \times \vec{v}) \times \vec{u})$$

für die Vektoren $\vec{u} = (9,4,1)^{\mathrm{t}}$, $\vec{v} = (2,5,7)^{\mathrm{t}}$ und $\vec{w} = (3,6,8)^{\mathrm{t}}$.

Verweise: Vektorprodukt, Lagrange-Identität

Varianten

- $s = (\vec{u} \times \vec{v}) \cdot (\vec{u} \times (\vec{w} \times \vec{u}))$ für $\vec{u} = (4,1,2)^{\mathrm{t}}$, $\vec{v} = (9,3,5)^{\mathrm{t}}$, $\vec{w} = (8,6,7)^{\mathrm{t}}$
- $s = (\vec{u} \times (\vec{v} + \vec{w})) \cdot (\vec{v} \times (\vec{w} - \vec{u}))$ für $\vec{u} = (3,7,6)^{\mathrm{t}}$, $\vec{v} = (1,5,9)^{\mathrm{t}}$, $\vec{w} = (2,8,4)^{\mathrm{t}}$
- $s = (\vec{u} \times \vec{v}) \cdot (\vec{v} \times (\vec{w} \times \vec{u}))$ für $\vec{u} = (3,4,5)^{\mathrm{t}}$, $\vec{v} = (2,1,8)^{\mathrm{t}}$, $\vec{w} = (6,9,7)^{\mathrm{t}}$

Lösungsskizze

Anwendung der Lagrange-Identität

$$(\vec{a} \times \vec{b}) \cdot (\vec{c} \times \vec{d}) = (\vec{a} \cdot \vec{c})(\vec{b} \cdot \vec{d}) - (\vec{a} \cdot \vec{d})(\vec{b} \cdot \vec{c})$$

mit $\vec{a} = \vec{u}$, $\vec{b} = \vec{v}$, $\vec{c} = \vec{w} \times \vec{v}$ und $\vec{d} = \vec{u}$ $\rightsquigarrow$

$$\begin{aligned} s &= (\vec{u} \times \vec{v}) \cdot ((\vec{w} \times \vec{v}) \times \vec{u}) \\ &= (\vec{u} \cdot (\vec{w} \times \vec{v}))(\vec{v} \cdot \vec{u}) - (\vec{u} \cdot \vec{u})(\vec{v} \cdot \underbrace{(\vec{w} \times \vec{v})}_{\perp \vec{v}}) \\ &= (\vec{u} \cdot (\vec{w} \times \vec{v}))(\vec{v} \cdot \vec{u}) - 0 \end{aligned}$$

Einsetzen von $\vec{u} = (9,4,1)^{\mathrm{t}}$, $\vec{v} = (2,5,7)^{\mathrm{t}}$ und $\vec{w} = (3,6,8)^{\mathrm{t}}$ $\rightsquigarrow$

$$\vec{w} \times \vec{v} = \begin{pmatrix} 6 \cdot 7 - 8 \cdot 5 \\ 8 \cdot 2 - 3 \cdot 7 \\ 3 \cdot 5 - 6 \cdot 2 \end{pmatrix} = \begin{pmatrix} 2 \\ -5 \\ 3 \end{pmatrix}$$

und

$$\begin{aligned} s &= \left(\begin{pmatrix} 9 \\ 4 \\ 1 \end{pmatrix} \cdot \begin{pmatrix} 2 \\ -5 \\ 3 \end{pmatrix} \right) \left(\begin{pmatrix} 2 \\ 5 \\ 7 \end{pmatrix} \cdot \begin{pmatrix} 9 \\ 4 \\ 1 \end{pmatrix} \right) \\ &= (18 - 20 + 3)\,(18 + 20 + 7) = 45 \end{aligned}$$

4.5 Inkreis eines Dreiecks

Bestimmen Sie den Mittelpunkt M und den Radius r des Inkreises des Dreiecks mit den Eckpunkten

$$A = (-12, -3), \quad B = (13, -3), \quad C = (4, 9)\,.$$

Verweise: Baryzentrische Koordinaten

Varianten

- $A = (0, 0)$, $B = (4, 0)$, $C = (0, 3)$
- $A = (-2, -3)$, $B = (4, 3)$, $C = (5, -4)$
- $A = (4, -20)$, $B = (2, 9)$, $C = (-8, 4)$

Lösungsskizze

Mittelpunkt

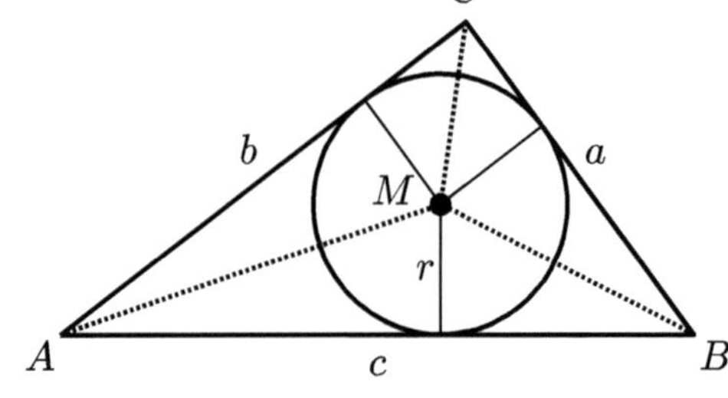

Darstellung des Mittelpunktes M in baryzentrischen Koordinaten:

$$M = \frac{\Delta_A A + \Delta_B B + \Delta_C C}{\Delta_A + \Delta_B + \Delta_C}$$

mit Δ_A, Δ_B, Δ_C den Flächen der Dreiecke $\Delta(B, C, M)$, $\Delta(C, A, M)$, $\Delta(A, B, M)$

$\Delta_A = ar/2$, $\Delta_B = br/2$, $\Delta_C = cr/2 \quad \Longrightarrow$

$$M = \frac{aA + bB + cC}{a + b + c},$$

wobei durch den Faktor $r/2$ gekürzt wurde

Einsetzen der gegebenen Daten $A = (-12, -3)$, $B = (13, -3)$, $C = (4, 9) \quad \rightsquigarrow$

$$a = |\overline{BC}| = |(4 - 13, 9 + 3)| = \sqrt{9^2 + 12^2} = 15, \quad b = |\overline{CA}| = 20, \quad c = |\overline{AB}| = 25$$

und

$$M = \frac{15(-12, -3) + 20(13, -3) + 25(4, 9)}{15 + 20 + 25} = \frac{(180, 120)}{60} = (3, 2)$$

Radius

Addieren der Flächen der Dreiecke $\Delta(A, B, M)$, $\Delta(B, C, M)$, $\Delta(C, A, M) \quad \Longrightarrow$

$$\operatorname{area} \Delta(A, B, C) = \frac{ar + br + cr}{2} \quad \Longleftrightarrow \quad r = \frac{2 \operatorname{area} \Delta(A, B, C)}{a + b + c}$$

Einsetzen der gegebenen Daten $\rightsquigarrow$

$$2 \operatorname{area} \Delta(A, B, C) = \left| \det \begin{pmatrix} -12 & -3 & 1 \\ 13 & -3 & 1 \\ 4 & 9 & 1 \end{pmatrix} \right|$$

$$\underset{\text{Sarrus}}{=} |36 - 12 + 117 + 108 + 39 + 12| = 300$$

und

$$r = \frac{300}{15 + 20 + 25} = 5$$

4.6 Berechnung von Spatprodukten

Berechnen Sie

$$[\vec{a}+2\vec{b}, 3\vec{b}+4\vec{c}, 5\vec{b}+6\vec{c}]$$

für die Vektoren $\vec{a}=(5,4,8)^t$, $\vec{b}=(1,7,3)^t$ und $\vec{c}=(6,2,9)^t$.

Verweise: Spatprodukt

Varianten

- $[\vec{a}+2\vec{b}, 4\vec{c}-2\vec{b}, 4\vec{c}-\vec{a}]$ für $\vec{a}=(2,7,1)^t$, $\vec{b}=(9,6,5)^t$, $\vec{c}=(3,8,4)^t$
- $[\vec{a}, \vec{b}+\vec{c}, \vec{a}-\vec{b}+\vec{c}]$ für $\vec{a}=(0,1,1)^t$, $\vec{b}=(1,0,1)^t$, $\vec{c}=(1,1,0)^t$
- $[\vec{a}-2\vec{b}+3\vec{c}, 4\vec{b}-5\vec{c}, \vec{c}]$ für $\vec{a}=(-1,2,2)^t$, $\vec{b}=(2,-1,2)^t$, $\vec{c}=(2,2,-1)^t$

Lösungsskizze

Entwicklung des Spatprodukts

Multilinearität $\rightsquigarrow$ 8 Spatprodukte, von denen 6 wegen paralleler Argumente null sind (z.B. $[\vec{a}, 3\vec{b}, 5\vec{b}]=0$):

$$\begin{aligned} s &= [\vec{a}+2\vec{b}, 3\vec{b}+4\vec{c}, 5\vec{b}+6\vec{c}] = [\vec{a}, 3\vec{b}, 6\vec{c}] + [\vec{a}, 4\vec{c}, 5\vec{b}] \\ &= 3\cdot 6[\vec{a},\vec{b},\vec{c}] + 4\cdot 5[\vec{a},\vec{c},\vec{b}] \underset{(\star)}{=} (18-20)\,[\vec{a},\vec{b},\vec{c}] \end{aligned}$$

($\star$) Vorzeichenänderung bei Vertauschung von Argumenten: $[\vec{a},\vec{c},\vec{b}] = -[\vec{a},\vec{b},\vec{c}]$

Berechnung des Spatprodukts

Substitution von $\vec{a}=(5,4,8)^t$, $\vec{b}=(1,7,3)^t$, $\vec{c}=(6,2,9)^t$ in die Definition des Spatprodukts $\rightsquigarrow$

$$\begin{aligned} [\vec{a},\vec{b},\vec{c}] &= \vec{a}\cdot(\vec{b}\times\vec{c}) = \begin{pmatrix}5\\4\\8\end{pmatrix}\cdot\left(\begin{pmatrix}1\\7\\3\end{pmatrix}\times\begin{pmatrix}6\\2\\9\end{pmatrix}\right) \\ &= \begin{pmatrix}5\\4\\8\end{pmatrix}\cdot\begin{pmatrix}7\cdot 9-3\cdot 2\\3\cdot 6-1\cdot 9\\1\cdot 2-7\cdot 6\end{pmatrix} = \begin{pmatrix}5\\4\\8\end{pmatrix}\cdot\begin{pmatrix}57\\9\\-40\end{pmatrix} \\ &= 285+36-320 = 1 \end{aligned}$$

und $s=-2\,[\vec{a},\vec{b},\vec{c}]=-2$

4.7 Gleichungen mit Skalar-, Vektor- und Spatprodukten

Bestimmen Sie die Lösungen $\vec{v}$ der Gleichungen

a) $\vec{a} \times \vec{v} = \vec{a} \times \vec{b}, \quad \vec{a} \cdot \vec{v} = -4$

b) $[\vec{a}, \vec{b}, \vec{v}] = 6, \quad (\vec{a} \times \vec{b}) \times \vec{v} = \vec{o}$

für $\vec{a} = (0, 1, 2)^{\mathrm{t}}$ und $\vec{b} = (2, 1, 0)^{\mathrm{t}}$. Geben Sie eine geometrische Interpretation.

Verweise: Skalarprodukt, Vektorprodukt, Spatprodukt

Varianten

- $\vec{a} \times \vec{v} = (5, 4, -2)^{\mathrm{t}}$, $\vec{a} \cdot \vec{v} = 5$
- $(\vec{a} \times \vec{v}) \times \vec{b} = \vec{o}$, $\vec{v} \cdot \vec{b} = 3$
- $(\vec{a} \times \vec{b}) \times \vec{v}) = \vec{o}$, $[a, v, b] = 6$

Lösungsskizze

a) $\vec{a} \times \vec{v} = \vec{a} \times \vec{b}$, $\vec{a} \cdot \vec{v} = -4$, $\quad \vec{a} = (0, 1, 2)^{\mathrm{t}}$, $\vec{b} = (2, 1, 0)^{\mathrm{t}}$

$\vec{a} \times (\vec{v} - \vec{b}) = \vec{o} \quad \Longleftrightarrow \quad \vec{a} \parallel (\vec{v} - \vec{b})$, d.h., der Punkt V mit Ortsvektor $\vec{v}$ liegt auf der Geraden mit Richtungsvektor $\vec{a}$ und Stützvektor $\vec{b}$:

$$\vec{v} = \vec{b} + t\vec{a} = \begin{pmatrix} 2 \\ 1 \\ 0 \end{pmatrix} + t \begin{pmatrix} 0 \\ 1 \\ 2 \end{pmatrix}$$

Einsetzen in die zweite Gleichung, $\vec{a} \cdot \vec{v} = -4$, die eine Ebene beschreibt $\quad \rightsquigarrow$

$$-4 = \vec{a} \cdot \vec{b} + t\vec{a} \cdot \vec{a} = \begin{pmatrix} 0 \\ 1 \\ 2 \end{pmatrix} \cdot \begin{pmatrix} 2 \\ 1 \\ 0 \end{pmatrix} + t \begin{pmatrix} 0 \\ 1 \\ 2 \end{pmatrix} \cdot \begin{pmatrix} 0 \\ 1 \\ 2 \end{pmatrix} = 1 + 5t\,,$$

d.h., $t = -1$ und

$$\vec{v} = \begin{pmatrix} 2 \\ 1 \\ 0 \end{pmatrix} + (-1) \begin{pmatrix} 0 \\ 1 \\ 2 \end{pmatrix} = \begin{pmatrix} 2 \\ 0 \\ -2 \end{pmatrix}$$

b) $[\vec{a}, \vec{b}, \vec{v}] = 6$, $(\vec{a} \times \vec{b}) \times \vec{v} = \vec{o}$, $\quad \vec{a} = (0, 1, 2)^{\mathrm{t}}$, $\vec{b} = (2, 1, 0)^{\mathrm{t}}$

zweite Gleichung $\quad \Longleftrightarrow$

$$\vec{v} \parallel \vec{a} \times \vec{b} = \begin{pmatrix} 0 \\ 1 \\ 2 \end{pmatrix} \times \begin{pmatrix} 2 \\ 1 \\ 0 \end{pmatrix} = \begin{pmatrix} -2 \\ 4 \\ -2 \end{pmatrix}$$

$\implies \quad \vec{v} = t(-2,4,-2)^t$, d.h., $\vec{v}$ liegt auf einer Ursprungsgeraden

Einsetzen in die erste Gleichung, die eine Ebene beschreibt $\quad\rightsquigarrow$

$$
\begin{aligned}
6 &= [\vec{a}, \vec{b}, t(-2,4,-2)^t] = t \begin{pmatrix} 0 \\ 1 \\ 2 \end{pmatrix} \cdot \left(\begin{pmatrix} 2 \\ 1 \\ 0 \end{pmatrix} \times \begin{pmatrix} -2 \\ 4 \\ -2 \end{pmatrix} \right) \\
&= t \begin{pmatrix} 0 \\ 1 \\ 2 \end{pmatrix} \cdot \begin{pmatrix} -2 \\ 4 \\ 10 \end{pmatrix} = 24t\,,
\end{aligned}
$$

d.h., $t = 1/4$ und $\vec{v} = (-1/2, 1, -1/2)^t$

4.8 Fläche eines Dreiecks

Berechnen Sie die Fläche F des Dreiecks $\Delta(A,B,C)$ mit den Seitenlängen

$$a = 9, \quad b = 10, \quad c = 11$$

auf verschiedene Arten.

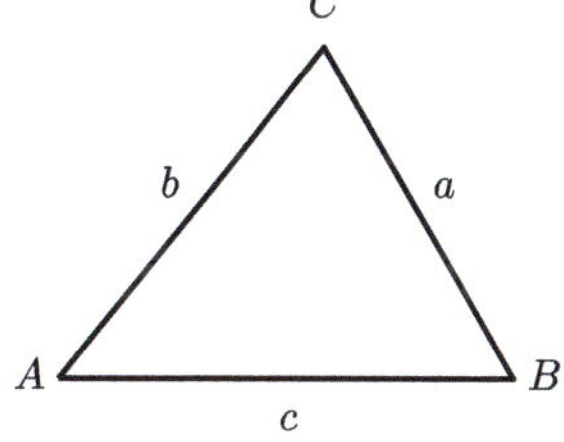

Verweise: Vektorprodukt, Trigonometrische Theoreme

Varianten

- $a = 5$, $b = 7$, $c = 8$
- $A = (0,5)$, $B = (4,3)$, $C = (2,1)$
- $c = 10$, $\sphericalangle(C,A,B) = \sphericalangle(B,C,A) = \pi/6$

Lösungsskizze

Berechnung mit dem Vektorprodukt

$$F = \frac{1}{2}\,|\overrightarrow{CB} \times \overrightarrow{CA}| = \frac{1}{2}\,ab\,\sin\gamma$$

mit $\gamma = \sphericalangle(A,C,B)$
$\sin\gamma = \sqrt{1-\cos^2\gamma}$ und Berechnung von $\cos\gamma$ mit dem Kosinussatz $\quad\rightsquigarrow$

$$F = \frac{1}{2}\,ab\sqrt{1-\left(\frac{a^2+b^2-c^2}{2ab}\right)^2} = \frac{1}{4}\sqrt{4a^2b^2-(a^2+b^2-c^2)^2} \qquad (1)$$

Einsetzen von $a = 9$, $b = 10$, $c = 11$ $\quad\rightsquigarrow\quad$ $F = 30\sqrt{2}$

Berechnung mit Hilfe einer Höhe

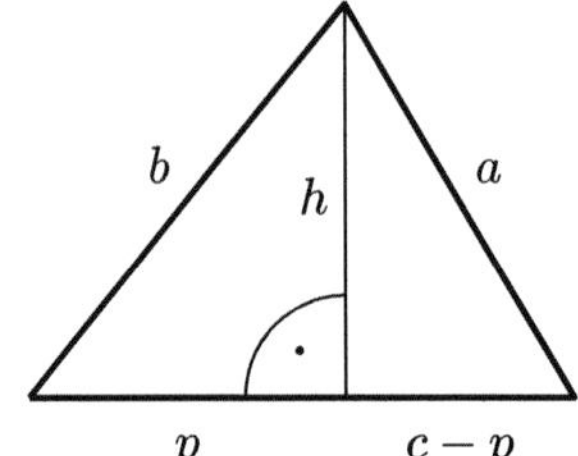

$$F = \frac{1}{2}\,\text{Grundseite} \cdot \text{Höhe} = \frac{1}{2}\,ch$$

mit h der Höhe orthogonal zu der Grundseite

Satz des Pythagoras $\quad\Longrightarrow$

$$h^2 = b^2 - p^2, \quad h^2 = a^2 - (c-p)^2$$

Subtrahieren der Gleichungen $\quad\rightsquigarrow$

$$0 = b^2 - a^2 + c^2 - 2cp, \quad \text{d.h.,}\ p = \frac{b^2 + c^2 - a^2}{2c}$$

Einsetzen von $h = \sqrt{b^2 - p^2}$ in die Formel für F $\quad\Longrightarrow$

$$F = \frac{c}{2}\sqrt{b^2 - \left(\frac{b^2 + c^2 - a^2}{2c}\right)^2} = \frac{1}{4}\sqrt{4b^2c^2 - (b^2 + c^2 - a^2)^2} \tag{2}$$

Die Äquivalenz zu der Formel (1) ist unmittelbar ersichtlich (zyklische Vertauschung der Dreiecksseiten: $a \to b \to c \to a$)

Berechnung mit der Formel von Heron

$$F = \sqrt{s(s-a)(s-b)(s-c)}, \quad s = \frac{a+b+c}{2} \tag{3}$$

Einsetzen von $a = 9$, $b = 10$, $c = 11$ $\quad\rightsquigarrow\quad$ $s = (9 + 10 + 11)/2 = 15$ und

$$F = \sqrt{15 \cdot 6 \cdot 5 \cdot 4} = \sqrt{5^2 \cdot 3^2 \cdot 2^3} = 30\sqrt{2}$$

Alternativ lässt sich die Formel von Heron nach Einsetzen der Definition von s auch in der Form

$$F = \frac{1}{4}\sqrt{(a+b+c)(a+b-c)(b+c-a)(c+a-b)}$$

schreiben (Man beachte die „zyklische Struktur“ der Formel.).

Die Äquivalenz von (3) zu (1) und (2) ist weniger offensichtlich, muss jedoch durch elementare algebraische Umformungen nachweisbar sein. Damit ist eine Überprüfung mit Maple™ möglich[1]. Das Programmsegment

[1] als Alternative zu einem etwas mühseligen Ausmultiplizieren

```
F1 := sqrt(4*a^2*b^2-(a^2+b^2-c^2)^2)/4
s := (a+b+c)/2
F3 = sqrt(s*(s-a)*(s-b)*(s-c))
Differenz := simplify(F1-F3)
```

liefert (erwartungsgemäß)

$$\textbf{Differenz} := \mathbf{0}\,.$$

Bemerkung
Es ist offensichtlich, warum die Aufgabe in dieser Form gestellt wurde: Um die Schönheit der Formel von Heron, einem Mathematiker und Ingenieur, der im ersten Jahrhundert (vor fast 2000 Jahren) in Alexandria gelebt hat, zu illustrieren,

4.9 Volumen und Oberfläche eines Spats

Berechnen Sie das Volumen V und die Oberfläche A des durch die Vektoren

$$\vec{u} = \begin{pmatrix} 1 \\ 0 \\ 0 \end{pmatrix}, \quad \vec{v} = \begin{pmatrix} 1 \\ 2 \\ 0 \end{pmatrix}, \quad \vec{w} = \begin{pmatrix} 1 \\ 3 \\ 4 \end{pmatrix}$$

aufgespannten Spats.

Verweise: Vektorprodukt, Spatprodukt

Varianten

- $\vec{u} = (1,0,0)^{\mathrm{t}}$, $\vec{v} = (0,1,0)^{\mathrm{t}}$, $\vec{w} = (0,3,4)^{\mathrm{t}}$
- $\vec{u} = (0,1,1)^{\mathrm{t}}$, $\vec{v} = (1,0,1)^{\mathrm{t}}$, $\vec{w} = (1,1,0)^{\mathrm{t}}$
- $\vec{u} = (-1,2,2)^{\mathrm{t}}$, $\vec{v} = (0,1,0)^{\mathrm{t}}$, $\vec{w} = (2,2,-1)^{\mathrm{t}}$

Lösungsskizze

Volumen

Betrag des Spatprodukts: $V = |[\vec{u}, \vec{v}, \vec{w}]| = |\vec{u} \cdot (\vec{v} \times \vec{w})|$
Einsetzen der gegebenen Daten $\rightsquigarrow$

$$V = \left| \begin{pmatrix} 1 \\ 0 \\ 0 \end{pmatrix} \cdot \left(\begin{pmatrix} 1 \\ 2 \\ 0 \end{pmatrix} \times \begin{pmatrix} 1 \\ 3 \\ 4 \end{pmatrix} \right) \right|$$

$$= \left| \begin{pmatrix} 1 \\ 0 \\ 0 \end{pmatrix} \cdot \left(\begin{pmatrix} 2 \cdot 4 - 0 \cdot 3 \\ ? \\ ? \end{pmatrix} \right) \right| = 8 + 0 + 0 = 8$$

Oberfläche

Summe der Flächen der drei Paare (Faktor 2) begrenzender Parallelogramme, deren Fläche der Betrag des Vektorprodukts der aufspannenden Vektoren ist:

$$A = 2(|\vec{u} \times \vec{v}| + |\vec{v} \times \vec{w}| + |\vec{w} \times \vec{u}|)$$

Einsetzen der gegebenen Daten $\rightsquigarrow$

$$A = 2 \left| \begin{pmatrix} 1 \\ 0 \\ 0 \end{pmatrix} \times \begin{pmatrix} 1 \\ 2 \\ 0 \end{pmatrix} \right| + 2 \left| \begin{pmatrix} 1 \\ 2 \\ 0 \end{pmatrix} \times \begin{pmatrix} 1 \\ 3 \\ 4 \end{pmatrix} \right| + 2 \left| \begin{pmatrix} 1 \\ 3 \\ 4 \end{pmatrix} \times \begin{pmatrix} 1 \\ 0 \\ 0 \end{pmatrix} \right|$$

$$= 2 \left| \begin{pmatrix} 0 \\ 0 \\ 2 \end{pmatrix} \right| + 2 \left| \begin{pmatrix} 8 \\ -4 \\ 1 \end{pmatrix} \right| + 2 \left| \begin{pmatrix} 0 \\ 4 \\ -3 \end{pmatrix} \right| = 4 + 18 + 10 = 32$$

4.10 Volumen und Oberfläche eines Tetraeders

Berechnen Sie das Volumen V und die Oberfläche A des Tetraeders mit den Eckpunkten

$$(1, 1, 1), \quad (3, 3, 2), \quad (2, 3, 3), \quad (3, 2, 3).$$

Verweise: Vektorprodukt, Spatprodukt

Varianten

- $(1,2,3)$, $(5,2,3)$, $(1,3,3)$, $(1,2,8)$
- $(1,-1,-1)$, $(-1,1,-1)$, $(-1,-1,1)$, $(1,1,1)$
- $(0,-2,1)$, $(0,-1,2)$, $(1,-2,2)$, $(1,-1,1)$

Lösungsskizze

Aufspannende Vektoren

Auswahl eines Eckpunktes, z.B. $P = (1,1,1)$ (Ausnutzung der Symmetrie) und Bilden der Differenzvektoren zu den anderen Eckpunkten $A = (3,3,2)$, $B = (2,3,3)$ und $C = (3,2,3)$ $\rightsquigarrow$

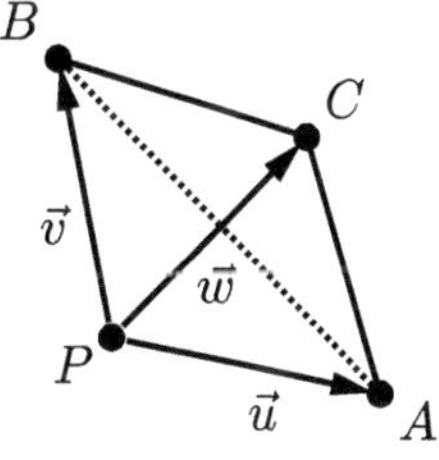

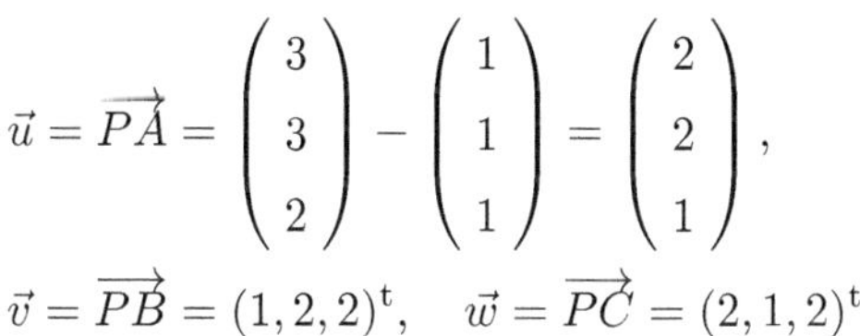

$$\vec{u} = \overrightarrow{PA} = \begin{pmatrix} 3 \\ 3 \\ 2 \end{pmatrix} - \begin{pmatrix} 1 \\ 1 \\ 1 \end{pmatrix} = \begin{pmatrix} 2 \\ 2 \\ 1 \end{pmatrix},$$

$$\vec{v} = \overrightarrow{PB} = (1,2,2)^{\mathrm{t}}, \quad \vec{w} = \overrightarrow{PC} = (2,1,2)^{\mathrm{t}}$$

Volumen

$V = |[\vec{u}, \vec{v}, \vec{w}|/6 = |\vec{u} \cdot (\vec{v} \times \vec{w})|/6$, d.h.,

$$V = \frac{1}{6} \left| \begin{pmatrix} 2 \\ 2 \\ 1 \end{pmatrix} \cdot \left(\begin{pmatrix} 1 \\ 2 \\ 2 \end{pmatrix} \times \begin{pmatrix} 2 \\ 1 \\ 2 \end{pmatrix} \right) \right| = \frac{1}{6} \left| \begin{pmatrix} 2 \\ 2 \\ 1 \end{pmatrix} \cdot \begin{pmatrix} 2 \\ 2 \\ -3 \end{pmatrix} \right| = \frac{5}{6}$$

Oberfläche

Summe der Flächen der drei kongruenten Dreiecke (aufgespannt durch die Vektoren $\vec{u}$, $\vec{v}$ und $\vec{w}$, die gleiche Winkel bilden und gleiche Länge haben) und der Fläche des Basisdreiecks, aufgespannt durch die Vektoren

$$\vec{a} = \overrightarrow{AB} = \vec{v} - \vec{u} = (-1,0,1)^{\mathrm{t}}, \quad \vec{b} = \overrightarrow{AC} = \vec{w} - \vec{u} = (0,-1,1)^{\mathrm{t}}$$

Anwendung der Formel

$$\operatorname{area} \Delta(P,Q,R) = |\overrightarrow{PQ} \times \overrightarrow{PR}| \,/\, 2$$

$\rightsquigarrow$ Oberfläche

$$\begin{aligned} A &= 3|\vec{u}\times\vec{v}|/2 + |\vec{a}\times\vec{b}|/2 \\ &= \frac{3}{2}\left|\begin{pmatrix}2\\2\\1\end{pmatrix}\times\begin{pmatrix}1\\2\\2\end{pmatrix}\right| + \frac{1}{2}\left|\begin{pmatrix}-1\\0\\1\end{pmatrix}\times\begin{pmatrix}0\\-1\\1\end{pmatrix}\right| \\ &= \frac{3}{2}\left|\begin{pmatrix}2\\-3\\2\end{pmatrix}\right| + \frac{1}{2}\left|\begin{pmatrix}1\\1\\1\end{pmatrix}\right| = \frac{3}{2}\sqrt{17} + \frac{1}{2}\sqrt{3} \approx 7.0507 \end{aligned}$$

4.11 Teilvolumina eines durchgeschnittenen Tetraeders

Die Ebene

$$E:\, f(x,y,z) = 2x - 5y + 4z = 0$$

teilt das Tetraeder T mit den Eckpunkten $A = (0,0,0)$, $B = (3,-2,0)$, $C = (0,4,3)$, $D = (-2,0,3)$ in zwei Teilkörper T_k. Berechnen Sie die Volumina von T_1 und T_2[a].

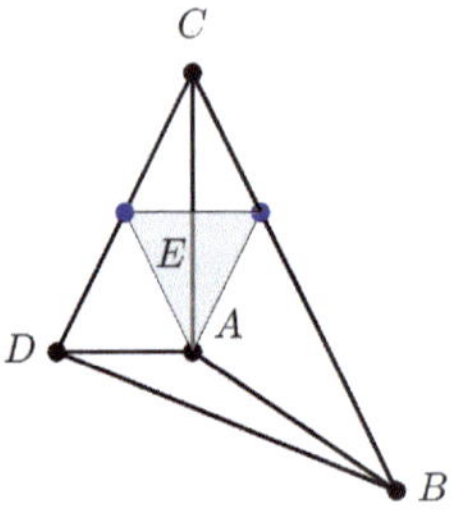

[a] Ein Teilkörper ist ein Tetraeder, da einer der Eckpunkte auf der Ebene liegt (wie auch für die Varianten). Im Allgemeinen ist die Berechnung der Schnittvolumina komplizierter.

Verweise: Spatprodukt

Varianten

- $A = (3,3,-3)$, $B = (0,3,-4)$, $C = (-1,-1,1)$, $D = (5,5,1)$, $f(x,y,z) = -2x + 2y + 2z + 2$
- $A = (-2,-4,0)$, $B = (-2,-5,-5)$, $C = (2,-4,4)$, $D(2,0,0)$, $f(x,y,z) = 3x - y - z - 4$
- $A = (-3,-5,-5)$, $B = (2,0,0)$, $C = (-1,3,-1)$, $D = (4,2,-5)$, $f(x,y,z) = -4x - 2y + 3z + 5$

Lösungsskizze

Schnittpunkte der Ebene mit den Tetraederkanten

$f(0,0,0) = 0 \quad \Longrightarrow \quad A = (0,0,0) \in T \cap E$

E schneidet $\overline{PQ} \iff$ verschiedenes Vorzeichen von $f(P)$ und $f(Q)$

$$f\underbrace{(3,-2,0)}_{B} = 2\cdot 3 - 5\cdot(-2) + 4\cdot 0 = 16, \quad f(C) = -8, \quad f(D) = 8$$

$\implies \quad \exists$ Schnittpunkte $S \in \overline{BC}$ und $R \in \overline{CD}$

Einsetzen der Parametrisierung

$$\vec{s} = \vec{b} + t(\vec{c} - \vec{b}) = \begin{pmatrix} 3 \\ -2 \\ 0 \end{pmatrix} + t \begin{pmatrix} 0-3 \\ 4-(-2) \\ 3-0 \end{pmatrix}$$

der Kante $\overline{BC}$ in die Gleichung der Ebene $E \implies$

$$0 = 2(3-3t) - 5(-2+6t) + 4(3t) = 16 - 24t, \quad \text{d.h., } t = 2/3,\ S = (1,2,2)$$

analoge Rechnung $\rightsquigarrow$ Schnittpunkt $R = (-1,2,3) \in \overline{CD}$

<u>Volumina der zwei Teilkörper T_k von T</u>

T_k: Polyeder mit Eckpunkten P_j auf einer Seite von E (gleiches Vorzeichen von $f(P_j)$ inklusive 0) $\implies$

$$\begin{aligned} T_1 &: \quad \text{Tetraeder mit Eckpunkten } A,\ C,\ S,\ R \quad (f \le 0) \\ T_2 &: \quad \text{Polyeder mit Eckpunkten } A,\ B,\ D,\ S,\ R \quad (f \ge 0) \end{aligned}$$

Berechnung des Volumens von T_1 mit dem Spatprodukt $[\vec{c},\vec{s},\vec{r}] = \vec{c}\cdot(\vec{s}\times\vec{r})$ der aufspannenden Vektoren $\overrightarrow{AC}$, $\overrightarrow{AS}$, $\overrightarrow{AR}$

$$\begin{aligned} \operatorname{vol} T_1 &= \frac{1}{6}\left|\left[\begin{pmatrix} 0 \\ 4 \\ 3 \end{pmatrix}, \begin{pmatrix} 1 \\ 2 \\ 2 \end{pmatrix}, \begin{pmatrix} -1 \\ 2 \\ 3 \end{pmatrix}\right]\right| = \frac{1}{6}\left|\begin{pmatrix} 0 \\ 4 \\ 3 \end{pmatrix}\cdot\left(\begin{pmatrix} 1 \\ 2 \\ 2 \end{pmatrix}\times\begin{pmatrix} -1 \\ 2 \\ 3 \end{pmatrix}\right)\right| \\ &= \frac{1}{6}\left|\begin{pmatrix} 0 \\ 4 \\ 3 \end{pmatrix}\cdot\begin{pmatrix} 2 \\ -5 \\ 4 \end{pmatrix}\right| = \frac{4}{3} \end{aligned}$$

Differenz zu $\operatorname{vol} T = |[\vec{b},\vec{c},\vec{d}]|/6 \quad \rightsquigarrow$

$$\begin{aligned} \operatorname{vol} T_2 &= \operatorname{vol} T - \frac{4}{3} = \frac{1}{6}\left|\left[\begin{pmatrix} 3 \\ -2 \\ 0 \end{pmatrix}, \begin{pmatrix} 0 \\ 4 \\ 3 \end{pmatrix}, \begin{pmatrix} -2 \\ 0 \\ 3 \end{pmatrix}\right]\right| - \frac{4}{3} \\ &= \frac{1}{6}\left|\begin{pmatrix} 3 \\ -2 \\ 0 \end{pmatrix}\cdot\begin{pmatrix} 12 \\ -6 \\ 8 \end{pmatrix}\right| - \frac{4}{3} = 8 - \frac{4}{3} = \frac{20}{3} \end{aligned}$$

4.12 Basisdarstellung eines Vektors

Stellen Sie den Vektor $\vec{a} = (5,9,7)^{\mathrm{t}}$ als Linearkombination der Vektoren

$$\vec{u} = (2,3,4)^{\mathrm{t}}, \quad \vec{v} = (1,0,1)^{\mathrm{t}}, \quad \vec{w} = (4,3,2)^{\mathrm{t}}$$

dar.

Verweise: Basisdarstellung

Varianten

- $\vec{a} = (-5,4,-1)^{\mathrm{t}}$, $\vec{u} = (-7,9,-2)^{\mathrm{t}}$, $\vec{v} = (2,-9,-3)^{\mathrm{t}}$, $\vec{w} = (7,-8,3)^{\mathrm{t}}$
- $\vec{a} = (7,6,5)^{\mathrm{t}}$, $\vec{u} = (4,-6,-2)^{\mathrm{t}}$ $\vec{v} = (-5,9,1)^{\mathrm{t}}$, $\vec{w} = (3,0,-1)^{\mathrm{t}}$
- $\vec{a} = (-1,4,-2)^{\mathrm{t}}$ $\vec{u} = (6,0,-5)^{\mathrm{t}}$, $\vec{v} = (2,1,-6)^{\mathrm{t}}$, $\vec{w} = (9,-4,5)^{\mathrm{t}}$

Lösungsskizze

Berechnung der Koeffizienten mit dem Spatprodukt:

$$\vec{a} = r\vec{u} + s\vec{v} + t\vec{w} \qquad \Longrightarrow \qquad [\vec{a},\vec{v},\vec{w}] = [r\vec{u} + s\vec{v} + t\vec{w}, \vec{v}, \vec{w}]$$

Multilinearität des Spatprodukts $\rightsquigarrow$

$$[\vec{a},\vec{v},\vec{w}] = r[\vec{u},\vec{v},\vec{w}] + s\underbrace{[\vec{v},\vec{v},\vec{w}]}_{=0} + t\underbrace{[\vec{w},\vec{v},\vec{w}]}_{=0}, \quad \text{d.h., } r = \frac{[\vec{a},\vec{v},\vec{w}]}{[\vec{u},\vec{v},\vec{w}]}$$

($[\ldots] = 0$ für zwei gleiche Argumente)

analog

$$s = \frac{[\vec{u},\vec{a},\vec{w}]}{[\vec{u},\vec{v},\vec{w}]}, \quad t = \frac{[\vec{u},\vec{v},\vec{a}]}{[\vec{u},\vec{v},\vec{w}]}$$

Einsetzen von $\vec{a} = (5,9,7)^{\mathrm{t}}$, $\vec{u} = (2,3,4)^{\mathrm{t}}$, $\vec{v} = (1,0,1)^{\mathrm{t}}$, $\vec{w} = (4,3,2)^{\mathrm{t}}$ $\rightsquigarrow$

$$\begin{aligned} r &= \begin{pmatrix} 5 \\ 9 \\ 7 \end{pmatrix} \cdot \left(\begin{pmatrix} 1 \\ 0 \\ 1 \end{pmatrix} \times \begin{pmatrix} 4 \\ 3 \\ 2 \end{pmatrix} \right) \Big/ \begin{pmatrix} 2 \\ 3 \\ 4 \end{pmatrix} \cdot \left(\begin{pmatrix} 1 \\ 0 \\ 1 \end{pmatrix} \times \begin{pmatrix} 4 \\ 3 \\ 2 \end{pmatrix} \right) \\ &= \begin{pmatrix} 5 \\ 9 \\ 7 \end{pmatrix} \cdot \begin{pmatrix} -3 \\ 2 \\ 3 \end{pmatrix} \Big/ \begin{pmatrix} 2 \\ 3 \\ 4 \end{pmatrix} \cdot \begin{pmatrix} -3 \\ 2 \\ 3 \end{pmatrix} = \frac{24}{12} = 2 \end{aligned}$$

und

$$s = \begin{pmatrix} 2 \\ 3 \\ 4 \end{pmatrix} \cdot \left(\begin{pmatrix} 5 \\ 9 \\ 7 \end{pmatrix} \times \begin{pmatrix} 4 \\ 3 \\ 2 \end{pmatrix} \right) \Big/ 12 = \begin{pmatrix} 2 \\ 3 \\ 4 \end{pmatrix} \cdot \begin{pmatrix} -3 \\ 18 \\ -21 \end{pmatrix} \Big/ 12 = -3$$

$$t = \begin{pmatrix} 2 \\ 3 \\ 4 \end{pmatrix} \cdot \left(\begin{pmatrix} 1 \\ 0 \\ 1 \end{pmatrix} \times \begin{pmatrix} 5 \\ 9 \\ 7 \end{pmatrix} \right) \Big/ 12 = \begin{pmatrix} 2 \\ 3 \\ 4 \end{pmatrix} \cdot \begin{pmatrix} -9 \\ -2 \\ 9 \end{pmatrix} \Big/ 12 = 1$$

4.13 Fläche und umbauter Raum eines Walmdachs ⋆

Die Abbildung zeigt ein Walmdach mit einer Dachneigung von 45 Grad von oben und von der Seite [Längen in Meter].

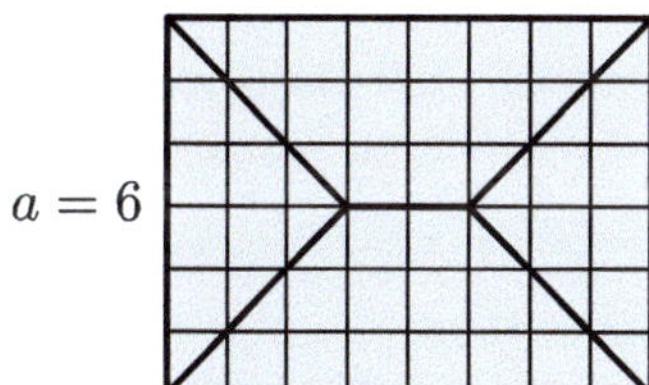

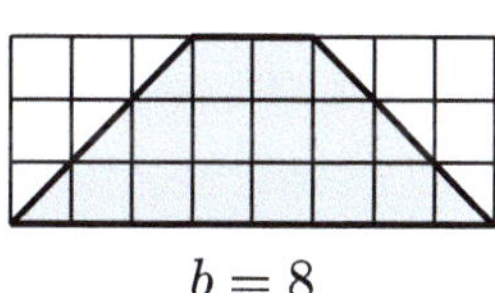

Bestimmen Sie die Dachfläche und den umbauten Raum.

Verweise: Trigonometrische Theoreme

Lösungsskizze

Querschnittsfläche in der Mitte des Dachs

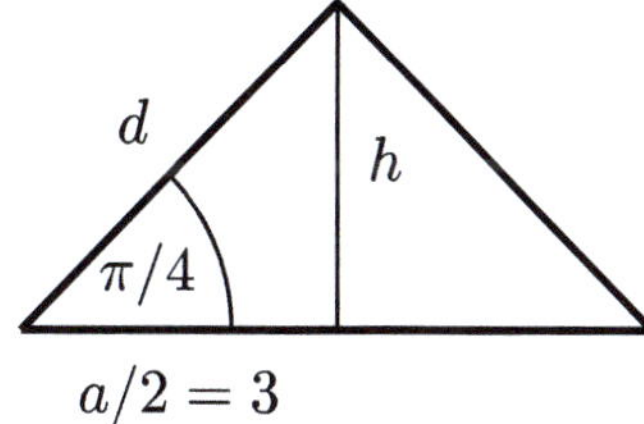

Höhe des Dachs: $h = 3$ (Seitenansicht)
gleichschenkliger rechtwinkliger Querschnitt $\implies$
Entfernung von First und Dachkante

$$d = \sqrt{(6/2)^2 + 3^2} = 3\sqrt{2} \quad \text{(Pythagoras)}$$

Dachfläche

- Dreiecke: Höhe $= d$, berechnet wie zuvor $\rightsquigarrow$

$$F_1 = \frac{\text{Grundseite} \times \text{Höhe}}{2} = \frac{a \cdot d}{2} = \frac{6 \cdot 3\sqrt{2}}{2} = 9\sqrt{2}$$

- Trapeze:

$$\begin{aligned} F_2 &= \text{mittlere Länge der horizontalen Seiten} \times \text{Höhe} = \frac{b + (b - 2 \cdot 3)}{2} \cdot d \\ &= \frac{8 + (8 - 6)}{2} \cdot 3\sqrt{2} = 15\sqrt{2} \end{aligned}$$

$\rightsquigarrow$ Dachfläche: $2F_1 + 2F_2 = 18\sqrt{2} + 30\sqrt{2} = 48\sqrt{2} \approx 67.8823$

Umbauter Raum

- Pyramiden mit rechteckiger Grundfläche:

$$V_1 = \frac{\text{Grundfläche} \cdot \text{Höhe}}{3} = \frac{(a \cdot 3) \cdot h}{3} = \frac{18 \cdot 3}{3} = 18$$

- Prisma mit dreieckiger Grundfläche (Querschnitt des Dachs):

$$V_2 = \text{Grundfläche} \cdot \text{Länge} = (a \cdot h/2) \cdot (b - 2 \cdot 3) = (6 \cdot 3/2) \cdot 2 = 18$$

$\rightsquigarrow$ Volumen: $V = 2V_1 + V_2 = 36 + 18 = 54$

4.14 Volumen eines aus Spaten bestehenden Körpers $\star$

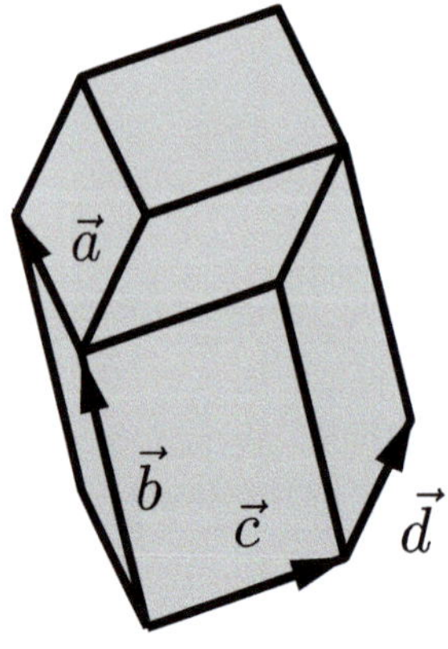

Berechnen Sie das Volumen des abgebildeten Körpers[a]

$$S : \alpha\vec{a} + \beta\vec{b} + \gamma\vec{c} + \delta\vec{d}, \quad 0 \le \alpha, \beta, \gamma, \delta \le 1\,,$$

mit Kanten bestehend aus den Vektoren $\vec{a} = (1, 3, 0)^{\mathrm{t}}$, $\vec{b} = (0, 1, 3)^{\mathrm{t}}$, $\vec{c} = (3, 0, 1)^{\mathrm{t}}$, $\vec{d} = (2, 2, 2)^{\mathrm{t}}$.

[a] Solche Körper entstehen als Träger multivariater B-Splines (s. C. de Boor, K. Höllig und S. Riemenschneider: *Box-Splines*, Springer, 1993).

Verweise: Spatprodukt

Lösungsskizze

S: Vereinigung von vier Spaten, die jeweils von drei der vier Vektoren generiert werden

Volumen: Absolutbetrag der entsprechenden Spatprodukte

- Spat, aufgespannt von $\vec{a}$, $\vec{b}$, $\vec{c}$:

$$\begin{aligned} V_d &= \left|[\vec{a},\vec{b},\vec{c}]\right| = \left|\vec{a}\cdot(\vec{b}\times\vec{c})\right| \\ &= \left|\begin{pmatrix}1\\3\\0\end{pmatrix}\cdot\left(\begin{pmatrix}0\\1\\3\end{pmatrix}\times\begin{pmatrix}3\\0\\1\end{pmatrix}\right)\right| = \left|\begin{pmatrix}1\\3\\0\end{pmatrix}\cdot\begin{pmatrix}1\\9\\-3\end{pmatrix}\right| = 28 \end{aligned}$$

- Spat, aufgespannt von $\vec{b}$, $\vec{c}$, $\vec{d}$:

$$V_a = \left|\begin{pmatrix}0\\1\\3\end{pmatrix}\cdot\left(\begin{pmatrix}3\\0\\1\end{pmatrix}\times\begin{pmatrix}2\\2\\2\end{pmatrix}\right)\right| = \left|\begin{pmatrix}0\\1\\3\end{pmatrix}\cdot\begin{pmatrix}-2\\-4\\6\end{pmatrix}\right| = 14$$

Symmetrie $\implies$ $V_a = V_b = V_c = 14$

Beispielsweise erhält man durch zyklische Permutation der Koordinaten von $\vec{b}$ und $\vec{c}$ die Vektoren $\vec{a}$ und $\vec{b}$ ($a_{k-1} = b_k$, $b_{k-1} = c_k$, Indizes modulo 3), d.h., $V_a = V_c$.

Addition der Volumina $\rightsquigarrow$

$$V = V_a + V_b + V_c + V_d = 3\cdot 14 + 28 = 70$$

4.15 Flächeninhalt eines polygonalen Bereichs $\star$

Zeigen Sie, dass der Flächeninhalt eines ebenen, durch ein Polygon begrenzten Bereichs D für einen beliebigen Punkt P mit der Formel

$$\operatorname{area} D = \frac{1}{2}\sum_{k=1}^{n} \overrightarrow{PQ_k} \times \overrightarrow{PQ_{k+1}}$$

berechnet werden kann.

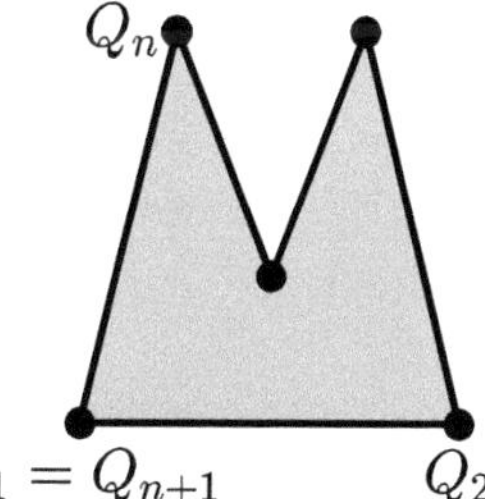

Die Punkte Q_k sind entgegen dem Uhrzeigersinn nummeriert, und für zweidimensionale Vektoren $\vec{u}$, $\vec{v}$ ist $\vec{u} \times \vec{v} = u_1 v_2 - u_2 v_1$.

Verweise: Vektorprodukt

Lösungsskizze

Motivation

Wenn für einen Punkt P in dem Bereich D keines der Geradensegmente $\overline{PQ_k}$ das Randpolygon schneidet, dann addiert die Formel die Flächen der Dreiecke $\Delta(P, Q_k, Q_{k+1})$, denn

$$\operatorname{area} \Delta(P, Q_k, Q_{k+1}) = \frac{1}{2} \overrightarrow{PQ}_k \times \overrightarrow{PQ}_{k+1} .$$

Q_{k+1} Q_k P

Aufgrund der Nummerierung der Punkte entgegen dem Uhrzeigersinn ist das (zweidimensionale) Vektorprodukt positiv, wie im nächsten Abschnitt erläutert wird.

Es bleibt zu zeigen, dass die Formel richtig bleibt, wenn Teile der Dreiecke $\Delta(P, Q_k, Q_{k+1})$ außerhalb des Bereichs D liegen.

Spezialfall $n = 3$ (Dreieck mit Eckpunkten A, B, C)

Bei einer Orientierung $A \to B \to C$ der Eckpunkte entgegen dem Uhrzeigersinn ist

$$\operatorname{area} \Delta(A, B, C) = \frac{1}{2} \underbrace{(\vec{b} - \vec{a})}_{\vec{u}} \times \underbrace{(\vec{c} - \vec{a})}_{\vec{v}}, \qquad (1)$$

denn aufgrund der *Rechten-Hand-Regel* zeigt das Vektorprodukt

$$\begin{pmatrix} u_1 \\ u_2 \\ 0 \end{pmatrix} \times \begin{pmatrix} v_1 \\ v_2 \\ 0 \end{pmatrix} = \begin{pmatrix} 0 \\ 0 \\ u_1 v_2 - u_2 v_1 \end{pmatrix}$$

in die positive z-Richtung. Um die Übereinstimmung mit der behaupteten Formel

$$2 \operatorname{area} \Delta(A, B, C) = (\vec{a} - \vec{p}) \times (\vec{b} - \vec{p}) + (\vec{b} - \vec{p}) \times (\vec{c} - \vec{p}) + (\vec{c} - \vec{p}) \times (\vec{a} - \vec{p})$$

zu zeigen, entwickelt man die Vektorprodukte ($3 \cdot 4$ Terme) und stellt fest, dass Terme, die $\vec{p}$ enthalten, entweder null sind ($\vec{p} \times \vec{p}$) oder sich gegenseitig aufheben (Antisymmetrie des Vektorprodukts). Damit reduziert sich die rechte Seite der Formel auf

$$\vec{a} \times \vec{b} + \vec{b} \times \vec{c} + \vec{c} \times \vec{a},$$

was mit dem Zweifachen der rechten Seite von (1) übereinstimmt.

Vereinigung von Dreiecken, Illustration für zwei Dreiecke

Wie in der Abbildung illustriert ist, heben sich die Beiträge einer gemeinsamen Kante der beiden Dreiecke,

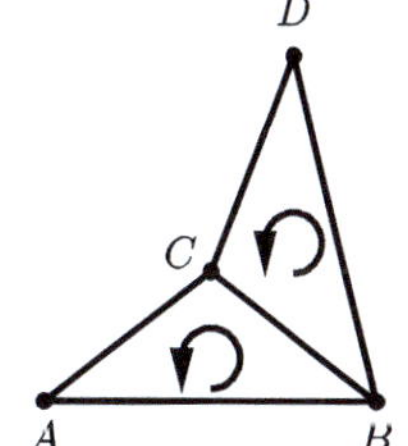

$$\begin{aligned}\Delta(A,B,C) &: (\vec{b}-\vec{p})\times(\vec{c}-\vec{p}),\\ \Delta(B,D,C) &: (\vec{c}-\vec{p})\times(\vec{b}-\vec{p}),\end{aligned}$$

wegen der Antisymmetrie des Vektorprodukts auf.

Für eine Triangulierung eines polygonalen Bereichs führt damit die Addition der Beiträge der Dreiecke aufgrund des Wegfalls der Summanden zu inneren Kanten auf die behauptete Formel.

4.16 Entwurf einer Aufgabe mit Matlab® ⋆

Schreiben Sie ein MATLAB® -Programm, das zufällig gewählte Vektoren für die folgende Aufgabe generiert:

> Bestimmen Sie die Koeffizienten $c = (c_u, c_v, c_w)$ des Vektors $\vec{x}$ bzgl. der Basis $\{\vec{u}, \vec{v}, \vec{w}\}$.

Alle beteiligten Vektoren sollten ganzzahlige Koordinaten < 10 haben, um aufwändige Rechnungen zu vermeiden[2], und keine Nullen enthalten. Darüber hinaus können weitere ästhetische Anforderungen an die Vektoren gestellt werden.

Verweise: Vektor-Operationen mit MATLAB®

Lösungsskizze

```
function problem_data(n_samples)

% Oeffnen einer Datei zum Schreiben der Daten
fid = fopen('problem_data.txt','w');
for k=1:n_samples
   % 12 zufaellig gewaehlte ganze Zahlen in {-9,-8,...,9}
```

[2]Kann ich einen Taschenrechner mit in die Prüfung nehmen? Die Antwort war: Nicht nötig: Alle auftretenden Zahlen werden KLEIN sein!

```
    R = fix(19*rand(12,1))-9;
    % Basis
    u = R(1:3); v = R(4:6); w = R(7:9);
    % Koeffizienten und zugehoeriger Vektor x
    c = R(10:12); x = [u v w]*c;
    % Determinanten in der Cramer-Regel
    D = [det([u,v,w]); det([x,u,v]); det([u,x,w]); det([u,v,x])];
    % Vermeiden von Nullen, die zur Vereinfachung fuehren wuerden
    % Beschraenken der Determinanten und Koordinaten durch 9
    if prod([D;u;v;w;c;x])~=0 & norm([D;x],inf) <= 9
       [u v w c x]
       % Schreiben von zulaessigen Daten in die Datei
       fprintf(fid,'u=[%d;%d;%d], v=[%d;%d;%d], w=[%d;%d;%d]\n',u,v,w);
       fprintf(fid,'c=[%d;%d;%d], x=[%d;%d;%d]\n\n',c,x);
    end
end
% Schliessen der Datei
fclose(fid);

end
```

Mit `n_samples = 100000` generiert das Programm die folgenden Daten.

```
u=[3;2;-1], v=[-4;-7;2], w=[-9;6;1]
c=[-6;-3;-1], x=[3;3;-1]

u=[8;2;-5], v=[-8;-7;7], w=[-6;5;1]
c=[-2;-1;-1], x=[-2;-2;2]

u=[-4;3;7], v=[-9;2;6], w=[1;2;4]
c=[-4;2;3], x=[1;-2;-4]

u=[2;4;-2], v=[6;-8;-2], w=[-8;9;3]
c=[1;3;3], x=[-4;7;1]

u=[-9;-4;-2], v=[-8;4;1], w=[-7;-7;-3]
c=[-8;3;6], x=[6;2;1]

u=[5;2;-1], v=[2;-5;-5], w=[-2;-4;-2]
c=[-1;2;-2], x=[3;-4;-5]
```

Vergrößern der Schranke 9 und Zulassen von Nullen würde die Anzahl zulässiger Daten erheblich erhöhen. Andererseits würden weitere Bedingungen die Datenauswahl einschränken. Beispielsweise kann man fordern, dass keine Zahlen doppelt auftreten. Dazu kann man die MATLAB® -Funktion `R = randperm(n)` verwenden, die eine zufällige Permutation der Zahlen $\{1, \ldots, n\}$ zurückgibt. Die Befehle

```
R = randperm(19)'; R = -9+R(1:12),
```

generieren 12 verschiedene ganze Zahlen r_k mit $|r_k| < 10$, um die Vektoren $\vec{u}$, $\vec{v}$, $\vec{w}$, $\vec{c}$ zu definieren.

5 Geraden

Themen der Aufgaben

- Darstellung von Geraden in der Ebene
  → 5.1
- Schnittpunkte von Geraden in der Ebene mit einer Geraden in parametrischer Darstellung
  → 5.2
- Schnittpunkte von Geraden in der Ebene mit einer Geraden in impliziter Darstellung
  → 5.3
- Abstand eines Punktes von einer Geraden in der Ebene
  → 5.4
- Abstand eines Punktes von einer Geraden
  → 5.5
- Spiegelung an einer Geraden
  → 5.6
- Gegenseitige Lage von Geraden
  → 5.7
- Schnittpunkt von Geraden
  → 5.8
- Schnittpunkt von Geraden mit Parameter
  → 5.9
- Teilung eines Grundstücks
  → 5.10
- Abstand zweier Geraden
  → 5.11
- Punkte mit vorgegebenem Abstand zu zwei Geraden
  → 5.12
- Geraden gleichen Abstands
  → 5.13
- Abstand von Flugkorridoren
  → 5.14

K. Höllig und J. Hörner, *Aufgaben und Lösungen zur Höheren Mathematik: Vektorrechnung und Analytische Geometrie*,
https://doi.org/10.1007/978-3-662-73122-2_6

- Kollision zweier Flugzeuge
  → 5.15
- Besteigung der Cheob-Pyramide
  → 5.16
- Fünfbänder beim Billard
  → 5.17

5.1 Darstellung von Geraden in der Ebene

Geben Sie verschiedene Darstellungen der durch die Punkte $P = (2,2)$ und $Q = (4,3)$ verlaufenden Geraden an.

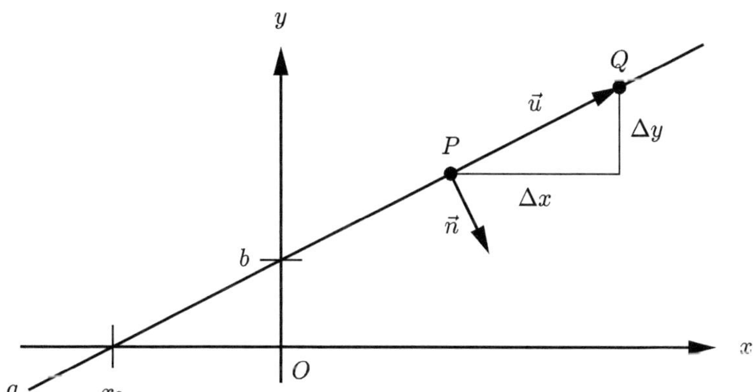

Verweise: Gerade

Varianten

- Hesse-Normalform der Gerade durch $(-1,2)$ und $(3,-1)$
- eine Punkt-Richtungs-Form der Geraden $g:\ y = 3 - 2x$
- Gerade durch $(2,3)$ mit Steigung 4, dargestellt als lineare Funktion

Lösungsskizze

Zwei-Punkte-Form, Punkt-Richtungs-Form: $g:\ \vec{p} + t(\vec{q} - \vec{p}) = \vec{p} + t\vec{u}$

Stützvektor $\vec{p}$, Richtungsvektor $\vec{u} = \vec{q} - \vec{p}$

Einsetzen: $\vec{u} = (4,3)^{\mathrm{t}} - (2,2)^{\mathrm{t}} = (2,1)^{\mathrm{t}} \quad \rightsquigarrow$

$$g:\ \begin{pmatrix} x \\ y \end{pmatrix} = \begin{pmatrix} 2 \\ 2 \end{pmatrix} + t \begin{pmatrix} 2 \\ 1 \end{pmatrix} = \begin{pmatrix} 2+2t \\ 2+t \end{pmatrix}$$

Lineare Funktion: $y = f(x) = mx + b = m(x - x_0)$

Steigung $m = \dfrac{\Delta y}{\Delta x}$, Achsenabschnitt $b = f(0)$, Nullstelle $x_0 = -\dfrac{b}{m}$

Einsetzen: $m = \dfrac{q_2 - p_2}{q_1 - p_1} = \dfrac{3-2}{4-2} = \dfrac{1}{2}$, $b = y - mx \underset{(x,y)=P}{=} 2 - (1/2)2 = 1$, $x_0 = -1/(1/2) = -2 \quad \rightsquigarrow$

$$g : y = x/2 + 1 = (x+2)/2 \tag{1}$$

⚠ Vertikale Geraden (parallel zur y-Achse, d.h., $g : x = x_0$) lassen sich nicht in dieser Form darstellen.

Hesse-Normalform: $g : n_x x + n_y y = d \geq 0$, $n_x^2 + n_y^2 = 1$

Die normierte Normale $\vec{n} = (n_x, n_y)^{\mathrm{t}}$ der Geraden ist orthogonal zum Richtungsvektor $\vec{u} = (u_1, u_2)^{\mathrm{t}}$ und hat die Länge 1, d.h.,

$$\vec{n} = \frac{\sigma}{\sqrt{u_1^2 + u_2^2}} \begin{pmatrix} u_2 \\ -u_1 \end{pmatrix}.$$

Das Vorzeichen σ ist so gewählt, dass $d \underset{(x,y)=(p_1,p_2)}{=} \vec{n} \cdot \vec{p} \geq 0$.

Einsetzen $\rightsquigarrow$ $\vec{n} = \dfrac{\sigma}{\sqrt{2^2+1^2}} \begin{pmatrix} 1 \\ -2 \end{pmatrix}$, $d = \vec{n} \cdot \begin{pmatrix} 2 \\ 2 \end{pmatrix} = \dfrac{\sigma}{\sqrt{5}}(2-4)$, d.h., $\sigma = -1$,

$d = \dfrac{2}{\sqrt{5}}$ und $\vec{n} = \begin{pmatrix} -1/\sqrt{5} \\ 2/\sqrt{5} \end{pmatrix}$ $\rightsquigarrow$ Hesse-Normalform

$$g : -\frac{1}{\sqrt{5}}x + \frac{2}{\sqrt{5}}y = \frac{2}{\sqrt{5}}$$

Die Hesse-Normalform lässt sich ebenfalls durch Skalierung der Gleichung (1) erhalten (Dividieren durch $\sqrt{5}/2$).

5.2 Schnittpunkte von Geraden in der Ebene mit einer Geraden in parametrischer Darstellung

Bestimmen Sie die Schnittpunkte der Geraden

$$g : \begin{pmatrix} 2 \\ -1 \end{pmatrix} + s \begin{pmatrix} 3 \\ 4 \end{pmatrix}$$

mit den Geraden

$$h_1 : \begin{pmatrix} 5 \\ 4 \end{pmatrix} + t \begin{pmatrix} 2 \\ 3 \end{pmatrix}, \quad h_2 : 2x - 3y = -5\,.$$

Verweise: Gerade

Varianten

- $g:\ \begin{pmatrix} 0 \\ -4 \end{pmatrix} + s \begin{pmatrix} -1 \\ 8 \end{pmatrix},\quad h:\ \begin{pmatrix} 9 \\ 2 \end{pmatrix} + t \begin{pmatrix} -5 \\ 1 \end{pmatrix}$
- $g:\ \begin{pmatrix} 6 \\ 3 \end{pmatrix} + s \begin{pmatrix} 0 \\ -1 \end{pmatrix},\quad h:\ 5x - 4y = 2$
- $g:\ \begin{pmatrix} -3 \\ -4 \end{pmatrix} + s \begin{pmatrix} 7 \\ 9 \end{pmatrix},\quad h:\ \begin{pmatrix} 4 \\ -5 \end{pmatrix} + t \begin{pmatrix} 0 \\ 2 \end{pmatrix}$

Lösungsskizze

$\underline{g \cap h_1}$

Gleichsetzen der parametrischen Darstellungen

$$\begin{pmatrix} 2 \\ -1 \end{pmatrix} + s \begin{pmatrix} 3 \\ 4 \end{pmatrix} = \begin{pmatrix} 5 \\ 4 \end{pmatrix} + t \begin{pmatrix} 2 \\ 3 \end{pmatrix}$$

$\rightsquigarrow$ lineares Gleichungssystem (je eine Gleichung für die x- und y-Koordinate)

$$\begin{aligned} 3s - 2t &= 5 - 2 = 3 \\ 4s - 3t &= 4 + 1 = 5 \end{aligned}$$

Cramer-Regel $\quad\Longrightarrow$

$$s = \begin{vmatrix} 3 & -2 \\ 5 & -3 \end{vmatrix} \Big/ \begin{vmatrix} 3 & -2 \\ 4 & -3 \end{vmatrix} = (-9 + 10)/(-9 + 8) = -1$$

Ortsvektor des Schnittpunktes P

$$\vec{p} = \begin{pmatrix} 2 \\ -1 \end{pmatrix} + (-1) \begin{pmatrix} 3 \\ 4 \end{pmatrix} = \begin{pmatrix} -1 \\ -5 \end{pmatrix}$$

Kontrolle: Berechnung von $t = -3 \quad \rightsquigarrow \quad (5,4)^{\mathrm{t}} - 3(2,3)^{\mathrm{t}} = (-1,-5)^{\mathrm{t}} \quad \checkmark$

$\underline{g \cap h_2}$

Einsetzen der parametrischen Darstellung

$$\begin{pmatrix} x \\ y \end{pmatrix} = \begin{pmatrix} 2 \\ -1 \end{pmatrix} + s \begin{pmatrix} 3 \\ 4 \end{pmatrix} = \begin{pmatrix} 2 + 3s \\ -1 + 4s \end{pmatrix}$$

von g in die implizite Darstellung von h_2 $\rightsquigarrow$

$$2(2+3s)-3(-1+4s)=-5$$

$\Longleftrightarrow$ $-6s=-12$ bzw. $s=2$

Ortsvektor des Schnittpunktes P

$$\vec{p}=\begin{pmatrix}2\\-1\end{pmatrix}+2\begin{pmatrix}3\\4\end{pmatrix}=\begin{pmatrix}8\\7\end{pmatrix}$$

Kontrolle: $P\in h_2$, da $2\cdot 8-3\cdot 7=-5$ ✓

5.3 Schnittpunkte von Geraden in der Ebene mit einer Geraden in impliziter Darstellung

Bestimmen Sie die Schnittpunkte der Geraden

$$g:\,2x-3y=1$$

mit den Geraden

$$h_1:\,3x-2y=4,\qquad h_2:\,\begin{pmatrix}2\\9\end{pmatrix}+t\begin{pmatrix}1\\-2\end{pmatrix}.$$

Verweise: Gerade

Varianten

- $g:\,3x+4y=-1$, $h:\,2x+5y=4$
- $g:\,\begin{pmatrix}-8\\-5\end{pmatrix}+t\begin{pmatrix}5\\3\end{pmatrix}$, $h:\,-4x+7y=-1$
- $g:\,-2x+3y=6$, $h:\,4x-y=8$

Lösungsskizze

$g\cap h_1$

lineares Gleichungssystem für den Schnittpunkt $P=(x,y)$

$$\begin{aligned}2x-3y&=1\\3x-2y&=4\end{aligned}$$

Auflösen der ersten Gleichung nach y und Substituieren von $y = (2x-1)/3$ in die zweite Gleichung $\implies$

$$3x - 2(2x-1)/3 = 4 \quad \iff \quad 5x + 2 = 12,\ \text{d.h.},\ x = 2$$

und $y = (2 \cdot 2 - 1)/3 = 1$

$\underline{g \cap h_2}$

Einsetzen der parametrischen Darstellung

$$\begin{pmatrix} x \\ y \end{pmatrix} = \begin{pmatrix} 2 \\ 9 \end{pmatrix} + t \begin{pmatrix} 1 \\ -2 \end{pmatrix} = \begin{pmatrix} 2+t \\ 9-2t \end{pmatrix}$$

von h_2 in die implizite Darstellung von g $\rightsquigarrow$

$$2(2+t) - 3(9-2t) = 1$$

$\iff$ $8t = 24$ bzw. $t = 3$

Ortsvektor des Schnittpunktes $P = (x, y)$

$$\vec{p} = (2,9)^{\mathrm{t}} + 3(1,-2)^{\mathrm{t}} = (5,3)^{\mathrm{t}}$$

Kontrolle: $P \in g$, da $2 \cdot 5 - 3 \cdot 3 = 1$ $\checkmark$

5.4 Abstand eines Punktes von Geraden in der Ebene

Bestimmen Sie die Abstände d des Punktes $Q = (7,6)$ von den Geraden

$$\text{a)} \quad g: 3x_1 + 4x_2 = -5 \qquad \text{b)} \quad g: \begin{pmatrix} 0 \\ 5 \end{pmatrix} + t \begin{pmatrix} -4 \\ 3 \end{pmatrix}$$

sowie den nächstgelegenen Punkt X.

Verweise: Abstand Punkt-Gerade

Varianten

- $g: 2x_1 - x_2 = -2$, $Q = (3,-2)$
- $g: (1,3)^{\mathrm{t}} + t(2,1)^{\mathrm{t}}$, $Q = (1,-2)$
- $g: x_1 - x_2 = 1$, $Q = (1,2)$

Lösungsskizze

a) Gerade in der Ebene in impliziter Darstellung

$g: \vec{x} \cdot \vec{n} = c$ mit $\vec{n} = (3,4)^{\mathrm{t}}$ der Normalen der Geraden und $c = -5$,
Abstand d zu $Q = (7,6)$

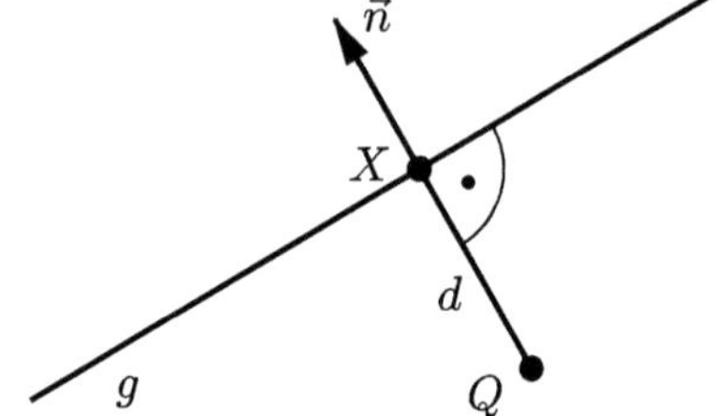

$X \in g$ nächstgelegener Punkt zu $Q \quad \Longrightarrow \quad \vec{x} - \vec{q} \parallel \vec{n}$, d.h., $\vec{x} = \vec{q} + t\vec{n}$

Einsetzen in die Gleichung der Geraden $\quad \rightsquigarrow \quad (\vec{q} + t\vec{n}) \cdot \vec{n} = c$, d.h.,

$$t = \frac{c - \vec{q} \cdot \vec{n}}{\vec{n} \cdot \vec{n}} = \frac{-5 - (7 \cdot 3 + 6 \cdot 4)}{3^2 + 4^2} = -2$$

und

$$\vec{x} = \vec{q} + t\vec{n} = \begin{pmatrix} 7 \\ 6 \end{pmatrix} + (-2) \begin{pmatrix} 3 \\ 4 \end{pmatrix} = \begin{pmatrix} 1 \\ -2 \end{pmatrix}$$

Abstand:

$$d = |\vec{x} - \vec{q}| = |t\vec{n}| = 2\sqrt{3^2 + 4^2} = 10$$

Bemerkung
normierte Normale ($|\vec{n}| = 1$, Hesse-Normalform einer Geraden in der Ebene) $\rightsquigarrow$ Vereinfachung:

$$d = |t| = |c - \vec{q} \cdot \vec{n}|\,,$$

d.h., man erhält den Abstand durch Einsetzen von $\vec{q}$ in die Geradengleichung

b) Gerade in parametrischer Darstellung

$g: \vec{p} + t\vec{u}$ mit $P = (0,5)$ und $\vec{u} = (-4,3)^{\mathrm{t}}$ dem Richtungsvektor der Geraden,
Abstand d zu $Q = (7,6)$

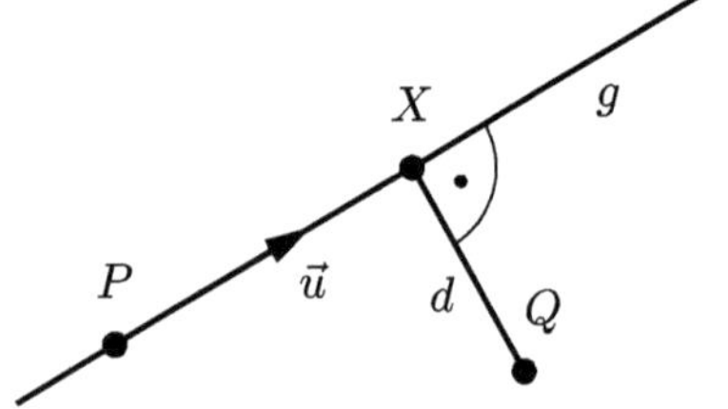

$X \in g$ nächstgelegener Punkt zu Q mit Ortsvektor $\vec{x} = \vec{p} + t\vec{u} \quad \Longrightarrow$
$\vec{x} - \vec{q} \perp \vec{u}, \quad \Longleftrightarrow \quad (\vec{p} + t\vec{u} - \vec{q}) \cdot \vec{u} = 0$, d.h.,

$$t = \frac{(\vec{q} - \vec{p}) \cdot \vec{u}}{\vec{u} \cdot \vec{u}} = \frac{\begin{pmatrix} 7-0 \\ 6-5 \end{pmatrix} \cdot \begin{pmatrix} -4 \\ 3 \end{pmatrix}}{\begin{pmatrix} -4 \\ 3 \end{pmatrix} \cdot \begin{pmatrix} -4 \\ 3 \end{pmatrix}} = \frac{7 \cdot (-4) + 1 \cdot 3}{(-4)^2 + 3^2} = -1$$

und

$$\vec{x} = \begin{pmatrix} 0 \\ 5 \end{pmatrix} + (-1)\begin{pmatrix} -4 \\ 3 \end{pmatrix} = \begin{pmatrix} 4 \\ 2 \end{pmatrix}$$

Abstand:

$$d = |\vec{x} - \vec{q}| = \left| \begin{pmatrix} 4-7 \\ 2-6 \end{pmatrix} \right| = \sqrt{(-3)^2 + (-4)^2} = 5$$

5.5 Abstand eines Punktes von einer Geraden

Bestimmen Sie den Abstand d des Punktes $Q = (6, 1, 7)$ von der Geraden

$$g : \underbrace{(5, 6, -3)^{\mathrm{t}}}_{\vec{p}} + t\,\underbrace{(0, 1, 2)^{\mathrm{t}}}_{\vec{u}}$$

und die Projektion X von Q auf g.

Verweise: Abstand Punkt-Gerade

Varianten

- $Q = (2, 5, 2), \quad g : (2, 1, -8)^{\mathrm{t}} + t(1, 0, -2)^{\mathrm{t}}$
- $Q = (4, 0, 3), \quad g : (-4, 5, -5)^{\mathrm{t}} + t(1, -4, 3)^{\mathrm{t}}$
- $Q = (-5, -3, 2), \quad g : (8, 0, 4)^{\mathrm{t}} + t(6, -3, -4)^{\mathrm{t}}$

Lösungsskizze

Abstand

Berechnung der Fläche des rechtwinkligen Dreiecks $\Delta(P, Q, X)$ auf zwei Arten: als Hälfte eines Rechtecks mit Seiten $\overline{QX}$ und $\overline{PX}$ und als Hälfte eines Parallelogramms, aufgespannt von $\overrightarrow{PQ}$ und $\overrightarrow{PX}$:

$$\operatorname{area} \Delta(P, Q, X) = \frac{1}{2}\, d \cdot |\overrightarrow{PX}| = \frac{1}{2}\, |\overrightarrow{PQ} \times \overrightarrow{PX}|$$

$\Longrightarrow \quad d = |\overrightarrow{PQ} \times \underbrace{(\overrightarrow{PX}/|\overrightarrow{PX}|)}_{\vec{u}^\circ}|$ mit $\vec{u}^\circ$ dem normierten Richtungsvektor der Geraden

Einsetzen der gegebenen Daten $\rightsquigarrow$

$$\overrightarrow{PQ} = \begin{pmatrix} 6 \\ 1 \\ 7 \end{pmatrix} - \begin{pmatrix} 5 \\ 6 \\ -3 \end{pmatrix} = \begin{pmatrix} 1 \\ -5 \\ 10 \end{pmatrix}, \quad \vec{u}^\circ = \underbrace{\frac{1}{\sqrt{0^2+1^2+2^2}}}_{1/\sqrt{5}} \begin{pmatrix} 0 \\ 1 \\ 2 \end{pmatrix}$$

und

$$d = \left| \begin{pmatrix} 1 \\ -5 \\ 10 \end{pmatrix} \times \frac{1}{\sqrt{5}} \begin{pmatrix} 0 \\ 1 \\ 2 \end{pmatrix} \right| = \frac{1}{\sqrt{5}} \left| \begin{pmatrix} -20 \\ -2 \\ 1 \end{pmatrix} \right| = \frac{\sqrt{400+4+1}}{\sqrt{5}} = 9$$

Projektion

$\vec{x} - \vec{q} \perp \vec{u},\ \vec{x} = \vec{p} + t\vec{u} \quad \Longrightarrow$

$$0 = (\vec{x} - \vec{q}) \cdot \vec{u} = (\vec{p} + t\vec{u} - \vec{q}) \cdot \vec{u}, \quad \text{d.h.},\ t = \frac{(\vec{q} - \vec{p}) \cdot \vec{u}}{\vec{u} \cdot \vec{u}}$$

und

$$\vec{x} = \vec{p} + \frac{(\vec{q} - \vec{p}) \cdot \vec{u}}{\vec{u} \cdot \vec{u}} \vec{u} = \begin{pmatrix} 5 \\ 6 \\ -3 \end{pmatrix} + \underbrace{\frac{(1,-5,10)^t \cdot (0,1,2)^t}{(0,1,2)^t \cdot (0,1,2)^t}}_{=15/5} \begin{pmatrix} 0 \\ 1 \\ 2 \end{pmatrix} = \begin{pmatrix} 5 \\ 9 \\ 3 \end{pmatrix}$$

Kontrolle des Abstands:

$$d = |\vec{x} - \vec{q}| = \left|(5,9,3)^t - (6,1,7)^t\right| = \left|(-1,8,-4)^t\right| = 9 \quad \checkmark$$

5.6 Spiegelung an einer Geraden

Spiegeln Sie das Dreieck mit den Eckpunkten

$$(6,3), \quad (9,4), \quad (6,8)$$

an der Geraden $g:\ (2,0)^t + t(1,2)^t$.

Verweise: Gerade, Abstand Punkt-Gerade

Varianten

- $(7,-2),\ (6,1),\ (9,2),\quad g:\ (2,-1)^{\mathrm{t}}+t(1,1)^{\mathrm{t}}$
- $(-3,-3),\ (2,-8),\ (7,-3),\quad g:\ (-7,-1)^{\mathrm{t}}+t(3,1)^{\mathrm{t}}$
- $(7,-2),\ (9,8),\ (4,9),\quad g:\ (6,-7)^{\mathrm{t}}+t(-2,3)^{\mathrm{t}}$

Lösungsskizze

$$\begin{aligned} X &= (6,3)\\ P &= (2,0)\\ \vec{u} &= (1,2)^{\mathrm{t}}\\ M &: \text{Projektion von } X \text{ auf } g\\ Y &: \text{gespiegelter Punkt} \end{aligned}$$

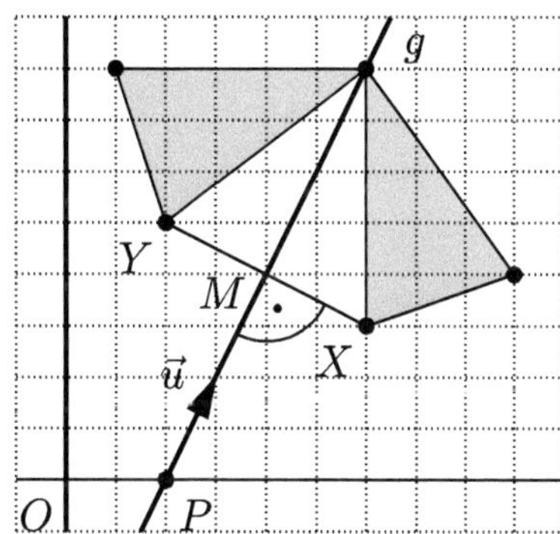

<u>Projektion auf die Gerade, $X \to M$</u>

$\vec{u} \perp \overrightarrow{XM},\ \overrightarrow{PM} = \vec{m}-\vec{p} = t\vec{u},\ \overrightarrow{XM} = \overrightarrow{XP}+\overrightarrow{PM} \quad \Longrightarrow$

$$0 = \overrightarrow{PM}\cdot\overrightarrow{XM} = \vec{u}\cdot(\underbrace{\vec{p}-\vec{x}}_{\overrightarrow{XP}}+t\vec{u}),\quad \text{d.h., } t = \frac{(\vec{x}-\vec{p})\cdot\vec{u}}{\vec{u}\cdot\vec{u}}$$

und

$$\vec{m} = \vec{p}+(\vec{m}-\vec{p}) = \vec{p}+\frac{(\vec{x}-\vec{p})\cdot\vec{u}}{\vec{u}\cdot\vec{u}}\vec{u}$$

Einsetzen der gegebenen Daten $\rightsquigarrow$

$$\begin{aligned} \vec{m} &= \begin{pmatrix}2\\0\end{pmatrix} + \frac{\left(\begin{pmatrix}6\\3\end{pmatrix}-\begin{pmatrix}2\\0\end{pmatrix}\right)\cdot\begin{pmatrix}1\\2\end{pmatrix}}{\begin{pmatrix}1\\2\end{pmatrix}\cdot\begin{pmatrix}1\\2\end{pmatrix}}\begin{pmatrix}1\\2\end{pmatrix}\\ &= \begin{pmatrix}2\\0\end{pmatrix} + \frac{(6-2)\cdot 1+(3-0)\cdot 2}{1\cdot 1+2\cdot 2}\begin{pmatrix}1\\2\end{pmatrix} = \begin{pmatrix}2\\0\end{pmatrix}+2\begin{pmatrix}1\\2\end{pmatrix} = \begin{pmatrix}4\\4\end{pmatrix} \end{aligned}$$

<u>Spiegelung an der Geraden, $X \to Y$</u>

$|\overline{XM}| = |\overline{MY}|$ (M halbiert die Strecke $\overline{XY}$) $\quad\Longrightarrow$

$$\vec{y} = \vec{m}+(\vec{m}-\vec{x}) = \begin{pmatrix}4\\4\end{pmatrix}+\begin{pmatrix}4-6\\4-3\end{pmatrix} = \begin{pmatrix}2\\5\end{pmatrix}$$

Spiegelung der beiden anderen Eckpunkte des Dreiecks

- $X = (6,8) \in g \quad \Longrightarrow \quad Y = X$
- Spiegelung von $X = (9,4)$ mit MATLAB®

```
p = [2;0]; u = [1;2]; x = [9;4];
t = dot(x-p,u)/dot(u,u);
y = p + t*u
```
$\rightsquigarrow \quad Y = (1,8)$

5.7 Gegenseitige Lage von Geraden

Entscheiden Sie für $g : (1,3,-2)^{\mathrm{t}} + s(-2,1,3)^{\mathrm{t}}$ und

$$\text{a)}\, h : \begin{pmatrix} 1 \\ 2 \\ 3 \end{pmatrix} + t \begin{pmatrix} 2 \\ -1 \\ -3 \end{pmatrix} \quad \text{b)}\, h : \begin{pmatrix} 1 \\ 2 \\ -3 \end{pmatrix} + t \begin{pmatrix} 3 \\ -2 \\ 1 \end{pmatrix} \quad \text{c)}\, h : \begin{pmatrix} 1 \\ -2 \\ -3 \end{pmatrix} + t \begin{pmatrix} -1 \\ 3 \\ 2 \end{pmatrix}$$

ob die Geraden g und h windschief, identisch oder parallel (mit positivem Abstand) sind oder ob ein (eindeutiger) Schnittpunkt existiert.

Verweise: Gerade, Spatprodukt

Varianten

- $g : (1,2,2)^{\mathrm{t}} + s(1,-2,1)^{\mathrm{t}}$, $h : (-2,2,-1)^{\mathrm{t}} + t(1,2,1)^{\mathrm{t}}$
- $g : (1,2,1)^{\mathrm{t}} + s(1,-1,-2)^{\mathrm{t}}$, $h : (2,1,-1)^{\mathrm{t}} + t(-1,1,2)^{\mathrm{t}}$
- $g : (-2,1,1)^{\mathrm{t}} + s(-1,-2,2)^{\mathrm{t}}$, $h : (2,-1,1)^{\mathrm{t}} + t(-2,-1,2)^{\mathrm{t}}$

Lösungsskizze

Um die gegenseitige Lage von zwei Geraden

$$g : \vec{p} + s\vec{u}, \quad h : \vec{q} + t\vec{u}$$

zu entscheiden, prüft man wie in der Abbildung veranschaulicht, ob die Richtungsvektoren parallel sind, und mit Hilfe des Spatprodukts, ob nicht parallele Geraden einen positiven Abstand d haben. Nur bei negativer Beantwortung beider Kriterien existiert ein eindeutiger Schnittpunkt.

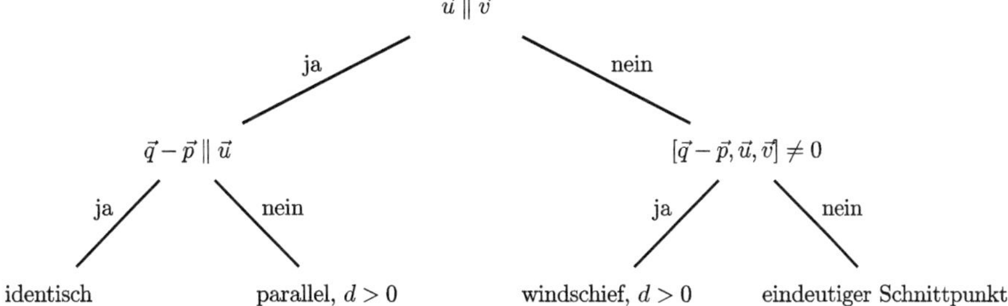

a) $g:\ (1,3,-2)^{\mathrm{t}} + s(-2,1,3)^{\mathrm{t}},\ h:\ (1,2,3)^{\mathrm{t}} + t(2,-1,-3)^{\mathrm{t}}$

parallele Richtungsvektoren,

$$\underbrace{(-2,1,3)^{\mathrm{t}}}_{\vec{u}} = (-1)\underbrace{(2,-1,-3)^{\mathrm{t}}}_{\vec{v}},$$

$\Longrightarrow$ Parallclität der Geraden

nicht identisch ($d > 0$), da

$$\vec{q}-\vec{p} = (1,2,3)^{\mathrm{t}} - (1,3,-2)^{\mathrm{t}} = (0,-1,5)^{\mathrm{t}} \nparallel \vec{u} = (-2,1,3)^{\mathrm{t}}$$

Bemerkung
Identisch wären die Geraden beispielsweise für $\vec{q} = (3,2,-5)^{\mathrm{t}}$ mit $\vec{q}-\vec{p} = (2,-1,-3)^{\mathrm{t}}$ parallel zu $\vec{u}$ und $\vec{v}$.

b) $g:\ (1,3,-2)^{\mathrm{t}} + s(-2,1,3)^{\mathrm{t}},\ h:\ (1,2,-3)^{\mathrm{t}} + t(3,-2,1)^{\mathrm{t}}$

nicht parallele Richtungsvektoren $\vec{u} = (-2,1,3)^{\mathrm{t}}$, $\vec{v} = (3,-2,1)^{\mathrm{t}}$ $\rightsquigarrow$ Klassifizierung mit Hilfe des Spatprodukts

$$\begin{aligned}
[\vec{q}-\vec{p},\vec{u},\vec{v}] &= \left(\begin{pmatrix}1\\2\\-3\end{pmatrix} - \begin{pmatrix}1\\3\\-2\end{pmatrix}\right)\cdot\left(\begin{pmatrix}-2\\1\\3\end{pmatrix}\times\begin{pmatrix}3\\-2\\1\end{pmatrix}\right)\\
&= \begin{pmatrix}0\\-1\\-1\end{pmatrix}\cdot\begin{pmatrix}?\\11\\1\end{pmatrix} = -12
\end{aligned}$$

$\neq 0$, d.h., die Geraden sind windschief (nicht parallel, $d > 0$)

c) $g:\ (1,3,-2)^{\mathrm{t}} + s(-2,1,3)^{\mathrm{t}},\ h:\ (1,-2,-3)^{\mathrm{t}} + t(-1,3,2)^{\mathrm{t}}$

Anwendung des Klassifizierungsschemas der Abbildung $\rightsquigarrow$

- $\vec{u} = (-2,1,3)^{\mathrm{t}} \nparallel \vec{v} = (-1,3,2)^{\mathrm{t}}$

- $[\vec{q}-\vec{p},\vec{u},\vec{v}] = \left(\begin{pmatrix}1\\-2\\-3\end{pmatrix} - \begin{pmatrix}1\\3\\-2\end{pmatrix}\right) \cdot \left(\begin{pmatrix}-2\\1\\3\end{pmatrix} \times \begin{pmatrix}-1\\3\\2\end{pmatrix}\right) = \cdots = 0$

$\Longrightarrow$ eindeutiger Schnittpunkt

5.8 Schnittpunkt von Geraden

Untersuchen Sie, ob sich die folgenden Geradenpaare schneiden, und bestimmen Sie gegebenenfalls den Schnittpunkt.

a) $g:\ (1,2,3)^{\mathrm{t}} + s(1,1,0)^{\mathrm{t}}, \quad h:\ (0,1,1)^{\mathrm{t}} + t(3,2,1)^{\mathrm{t}}$

b) $g:\ (9,-3,-2)^{\mathrm{t}} + s(3,-2,0)^{\mathrm{t}}, \quad h:\ (3,5,0)^{\mathrm{t}} + t(6,-2,1)^{\mathrm{t}}$

Verweise: Gerade, Spatprodukt

Varianten

- $g:\ (4,0,2)^{\mathrm{t}} + s(1,1,0)^{\mathrm{t}},\ h:\ (1,-8,-3)^{\mathrm{t}} + t(0,1,1)^{\mathrm{t}}$
- $g:\ (1,-1,3)^{\mathrm{t}} + s(-2,1,4)^{\mathrm{t}},\ h:\ (-2,2,3)^{\mathrm{t}} + t(-1,2,4)^{\mathrm{t}}$
- $g:\ (4,-7,8)^{\mathrm{t}} + s(1,-2,2)^{\mathrm{t}},\ h:\ (9,7,3)^{\mathrm{t}} + t(3,2,1)^{\mathrm{t}}$

Lösungsskizze

Abstand zweier nicht paralleler Geraden $g:\ \vec{p}+s\vec{u}$ und $h:\ \vec{q}+t\vec{v}$

$$\operatorname{dist}(g,h) = |\underbrace{[\vec{q}-\vec{p},\vec{u},\vec{v}]}_{d}|/|\vec{u}\times\vec{v}|$$

$\Longrightarrow$ Es gibt einen Schnittpunkt genau dann, wenn $d=0$

a) $g:\ (1,2,3)^{\mathrm{t}} + s(1,1,0)^{\mathrm{t}}, \quad h:\ (0,1,1)^{\mathrm{t}} + t(3,2,1)^{\mathrm{t}}$

Spatprodukt

$$\begin{aligned} d &= (0-1,1-2,1-3)^{\mathrm{t}} \cdot \left((1,1,0)^{\mathrm{t}} \times (3,2,1)^{\mathrm{t}}\right) \\ &= (-1,-1,-2)^{\mathrm{t}} \cdot (1,-1,-1)^{\mathrm{t}} = 2 \end{aligned}$$

$\Longrightarrow$ kein Schnittpunkt

b) $g:(9,-3,-2)^{\mathrm{t}}+s(3,-2,0)^{\mathrm{t}},\quad h:(3,5,0)^{\mathrm{t}}+t(6,-2,1)^{\mathrm{t}}$

Spatprodukt

$$\begin{aligned} d &= (3-9,5+3,0+2)^{\mathrm{t}}\cdot\left((3,-2,0)^{\mathrm{t}}\times(6,-2,1)^{\mathrm{t}}\right)\\ &= (-6,8,2)^{\mathrm{t}}\cdot(-2,-3,6)^{\mathrm{t}}=0 \end{aligned}$$

$\Longrightarrow$ es gibt einen Schnittpunkt X

Gleichsetzen der Geradendarstellungen $\rightsquigarrow$

$$\begin{aligned} 9+3s &= 3+6t \quad (1)\\ -3-2s &= 5-2t \quad (2)\\ -2 &= t \qquad\quad (3) \end{aligned}$$

Einsetzen von $t=-2$ in (2) $\Longrightarrow$ $s=-6$

konsistent zu (1): $9-18=3-12$ ✓

Einsetzen in eine der Geradendarstellungen, z.B. $t=-2$ in h $\rightsquigarrow$

$$\vec{x}=(3,5,0)^{\mathrm{t}}-2(6,-2,1)^{\mathrm{t}}=(-9,9,-2)^{\mathrm{t}}$$

5.9 Schnittpunkt von Geraden mit Parameter

Für welchen Wert des Parameters a haben die Geraden

$$g:\vec{x}=\begin{pmatrix}0\\1\\0\end{pmatrix}+s\begin{pmatrix}2\\-1\\3\end{pmatrix}\quad\text{und}\quad h:\vec{x}=\begin{pmatrix}1\\0\\1\end{pmatrix}+t\begin{pmatrix}-3\\2\\a\end{pmatrix}$$

einen Schnittpunkt X? Bestimmen Sie die Koordinaten x_k.

Verweise: Gerade

Varianten

- $g:\vec{x}=\begin{pmatrix}-8\\-6\\1\end{pmatrix}+s\begin{pmatrix}-a\\0\\3\end{pmatrix},\quad h:\vec{x}=\begin{pmatrix}-2\\-4\\-3\end{pmatrix}+t\begin{pmatrix}-9\\2\\a\end{pmatrix}$

- $g:\vec{x}=\begin{pmatrix}6\\4\\-1\end{pmatrix}+s\begin{pmatrix}-3\\-a\\1\end{pmatrix},\quad h:\vec{x}=\begin{pmatrix}-7\\a\\-2\end{pmatrix}+t\begin{pmatrix}8\\2\\0\end{pmatrix}$

■ $g:\vec{x}=\begin{pmatrix}-5\\7\\-4\end{pmatrix}+s\begin{pmatrix}5\\-7\\1\end{pmatrix},\quad h:\vec{x}=\begin{pmatrix}-3\\-9\\-8\end{pmatrix}+t\begin{pmatrix}8\\a\\6\end{pmatrix}$

Lösungsskizze

Gleichsetzen der Parametrisierungen

$$g:\vec{x}=\begin{pmatrix}0\\1\\0\end{pmatrix}+s\begin{pmatrix}2\\-1\\3\end{pmatrix}\quad\text{und}\quad h:\vec{x}=\begin{pmatrix}1\\0\\1\end{pmatrix}+t\begin{pmatrix}-3\\2\\a\end{pmatrix}$$

$\rightsquigarrow$ lineares Gleichungssystem

$$2s=1-3t,\quad 1-s=2t,\quad 3s=1+at \tag{1}$$

Um zu entscheiden, ob drei Gleichungen für zwei Unbekannte eine Lösung besitzen, löst man zwei der Gleichungen und prüft, ob die so bestimmten Unbekannten die dritte Gleichung erfüllen.

Anwendung auf (1):
zweite Gleichung $\implies$ $s=1-2t$
Einsetzen in die erste Gleichung $\implies$ $2-4t=1-3t$, d.h., $t=1$ und $s=-1$ aus der zweiten Gleichung

konsistent mit der dritten Gleichung, falls $-3=1+a$, d.h., ein Schnittpunkt X existiert für $a=-4$

Einsetzen von $s=-1$ in die Parametrisierung von g $\rightsquigarrow$

$$\vec{x}=\begin{pmatrix}0\\1\\0\end{pmatrix}+(-1)\begin{pmatrix}2\\-1\\3\end{pmatrix}=\begin{pmatrix}-2\\2\\-3\end{pmatrix}$$

5.10 Teilung eines Grundstücks

Zwei Brüder haben ein Grundstück mit einer Fläche von etwas mehr als einem Hektar (100m x 100m) geerbt. Sie haben den Grenzstein Q so platziert, dass das Grundstück gerecht geteilt ist. Bestimmen Sie die Koordinaten von Q und die Fläche F der beiden gleichgroßen Grundstücksteile.

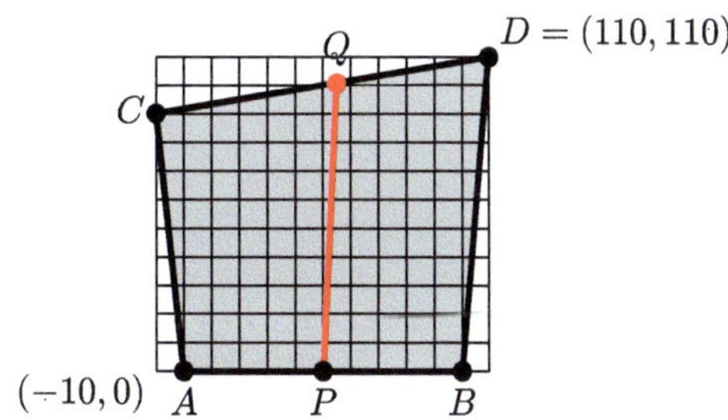

Verweise: Gerade, Vektorprodukt

Varianten

■ 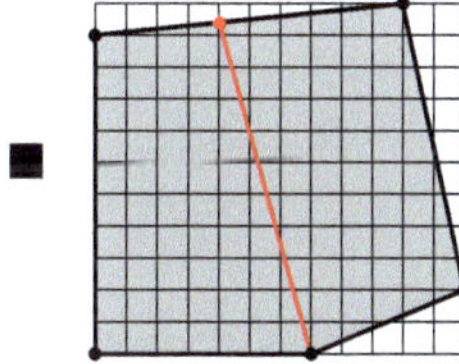 ■ 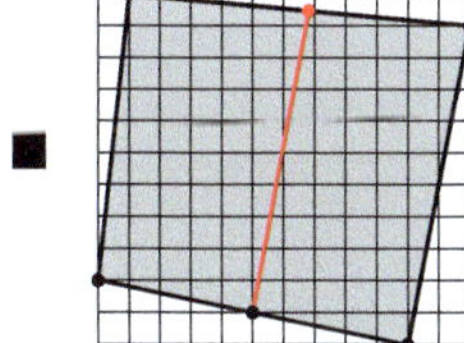 ■ 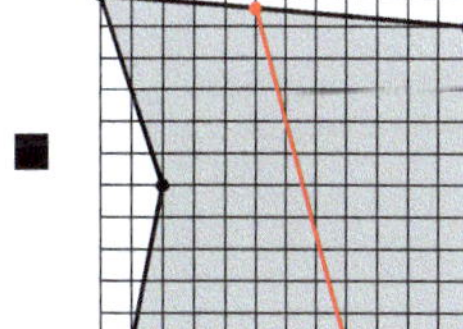

Lösungsskizze

Gesamtfläche

Die Gesamtfläche G kann berechnet werden, indem man von der Fläche des das Grundstück überdeckenden Rechtecks $[-10, 110] \times [0, 110]$ die Flächen der drei rechtwinkligen Randdreiecke abzieht [Einheiten m, m^2]:

$$G = 120 \cdot 110 - (10 \cdot 90/2 + 120 \cdot 20/2 + 10 \cdot 110/2) = 11000\,.$$

$\rightsquigarrow$ Grundstücksteile von je $F = G/2 = 5500\,\mathrm{m}^2$.

Teilposition Q

Anwendung der Formel für die Fläche eines Dreiecks $\Delta(X, Y, Z)$:

$$\operatorname{area}\Delta(X, Y, Z) = |\overrightarrow{XY} \times \overrightarrow{XZ}|/2 = |(y_1 - x_1)(z_2 - x_2) - (y_2 - x_2)(z_1 - x_1)|/2\,,$$

wobei der Absolutbetrag weggelassen werden kann, wenn die Anordnung der Eckpunkte X, Y, Z des Dreiecks entgegen dem Uhrzeigersinn gewählt ist.

Fläche F des linken viereckigen Grundstückteils als Summe von zwei Dreiecksflächen:

$$F = \overrightarrow{PC} \times \overrightarrow{PA}/2 + \overrightarrow{PQ} \times \overrightarrow{PC}/2$$

Vereinfachung mit Hilfe der Eigenschaften des Vektorprodukts $\rightsquigarrow$

$$F = -\overrightarrow{PA} \times \overrightarrow{PC}/2 + \overrightarrow{PQ} \times \overrightarrow{PC}/2 = \left[\overrightarrow{PQ} - \overrightarrow{PA}\right] \times \overrightarrow{PC}/2 = \vec{q} \times \overrightarrow{PC}/2\,, \quad (1)$$

da $[\ldots] = \overrightarrow{AP} + \overrightarrow{PQ} = \overrightarrow{AQ} \underset{A=(0,0)}{=} \vec{q}$

Punkt-Richtungsform der Geraden durch die Punkte C und D, auf der der Punkt Q liegt $\rightsquigarrow$

$$\vec{q} = \vec{c} + t(\vec{d} - \vec{c}) = \begin{pmatrix} -10 \\ 90 \end{pmatrix} + t \begin{pmatrix} 120 \\ 20 \end{pmatrix}$$

Einsetzen in (1) $\rightsquigarrow$

$$\begin{aligned} F &= \left(\begin{pmatrix} -10 \\ 90 \end{pmatrix} + t \begin{pmatrix} 120 \\ 20 \end{pmatrix} \right) \times \begin{pmatrix} -60 \\ 90 \end{pmatrix} \Big/ 2 \\ &= (-10 \cdot 90 + 90 \cdot 60)/2 + t(120 \cdot 90 + 20 \cdot 60)/2 = 2250 + 6000t \end{aligned}$$

$F = 5500$ (Halbierung der Gesamtfläche) $\implies$ $t = \frac{5500-2250}{6000} = \frac{13}{24}$ und

$$\vec{q} = \begin{pmatrix} -10 \\ 90 \end{pmatrix} + \frac{13}{24} \begin{pmatrix} 120 \\ 20 \end{pmatrix} = \begin{pmatrix} 55 \\ 100\frac{5}{6} \end{pmatrix}, \quad \text{d.h., } Q \approx (55, 100.8333)$$

5.11 Abstand zweier Geraden

Bestimmen Sie den Abstand d der Geraden

$$g: \begin{pmatrix} 5 \\ 8 \\ 4 \end{pmatrix} + s \begin{pmatrix} 1 \\ 2 \\ 1 \end{pmatrix}, \quad h: \begin{pmatrix} 6 \\ 3 \\ 7 \end{pmatrix} + t \begin{pmatrix} 2 \\ 1 \\ 2 \end{pmatrix}$$

sowie die nächstgelegenen Punkte $X \in g$ und $Y \in h$.

Verweise: Abstand zweier Geraden

Varianten

- $g: \begin{pmatrix} 0 \\ -1 \\ 9 \end{pmatrix} + s \begin{pmatrix} 1 \\ -8 \\ 3 \end{pmatrix}, \quad h: \begin{pmatrix} -5 \\ 2 \\ 8 \end{pmatrix} + t \begin{pmatrix} -2 \\ -4 \\ 4 \end{pmatrix}$
- $g: \begin{pmatrix} -3 \\ 5 \\ 7 \end{pmatrix} + s \begin{pmatrix} -5 \\ -2 \\ 6 \end{pmatrix}, \quad h: \begin{pmatrix} -4 \\ 8 \\ 2 \end{pmatrix} + t \begin{pmatrix} -9 \\ 0 \\ 9 \end{pmatrix}$

■ $g: \begin{pmatrix} -5 \\ 3 \\ -4 \end{pmatrix} + s \begin{pmatrix} -1 \\ 4 \\ -3 \end{pmatrix}, \quad h: \begin{pmatrix} -8 \\ -9 \\ 8 \end{pmatrix} + t \begin{pmatrix} 0 \\ -2 \\ 1 \end{pmatrix}$

Lösungsskizze

Abstand

Für die Ortsvektoren der nächstgelegenen Punkte X und Y zweier Geraden,

$$\vec{x} = \vec{p} + s\vec{u}, \quad \vec{y} = \vec{q} + t\vec{v},$$

gilt aufgrund der Orthogonalität des Abstandsvektors

$$\underbrace{\vec{y} - \vec{x}}_{=\vec{w}} \perp \vec{u}, \vec{v} \quad \Longleftrightarrow \quad \vec{w} \parallel \vec{u} \times \vec{v}$$

$\rightsquigarrow$ Formel für den Abstand:

$$d = |\vec{w}| = \vec{w} \cdot \vec{w}/|\vec{w}| = \vec{w} \cdot \vec{w}^\circ = |\vec{w} \cdot (\vec{u} \times \vec{v})^\circ|,$$

da aufgrund der Parallelität die normierten Vektoren $\vec{w}^\circ$ und $(\vec{u}\times\vec{v})^\circ = (\vec{u}\times\vec{v})/|\vec{u}\times\vec{v}|$ bis auf Vorzeichen übereinstimmen

Einsetzen der Parametrisierungen $\rightsquigarrow$

$$\begin{aligned} d &= |\vec{w} \cdot (\vec{u} \times \vec{v})^\circ| = \frac{|(\vec{p} + s\vec{u} - \vec{q} - t\vec{v}) \cdot (\vec{u} \times \vec{v})|}{|\vec{u} \times \vec{v}|} \\ &= \frac{[\vec{p} + s\vec{u} - \vec{q} - t\vec{v}, \vec{u}, \vec{v}]}{|\vec{u} \times \vec{v}|} = \frac{[\vec{p} - \vec{q}, \vec{u}, \vec{v}]}{|\vec{u} \times \vec{v}|} \end{aligned}$$

aufgrund der Definition und der Multilinearität des Spatprodukts $[\ldots]$ und da $[\ldots]$ bei zwei gleichen Argumenten verschwindet

Einsetzen von $\vec{p} = (5,8,4)^\mathrm{t}$, $\vec{u} = (1,2,1)^\mathrm{t}$ und $\vec{q} = (6,3,7)^\mathrm{t}$, $\vec{v} = (2,1,2)^\mathrm{t}$ $\rightsquigarrow$

$$\begin{aligned} d &= \Bigg| \underbrace{\begin{pmatrix} 5-6 \\ 8-3 \\ 4-7 \end{pmatrix} \cdot \left(\begin{pmatrix} 1 \\ 2 \\ 1 \end{pmatrix} \times \begin{pmatrix} 2 \\ 1 \\ 2 \end{pmatrix} \right)}_{\text{Spatprodukt}} \Bigg| \Bigg/ \left| \left(\begin{pmatrix} 1 \\ 2 \\ 1 \end{pmatrix} \times \begin{pmatrix} 2 \\ 1 \\ 2 \end{pmatrix} \right) \right| \\ &= \left| \begin{pmatrix} -1 \\ 5 \\ -3 \end{pmatrix} \cdot \begin{pmatrix} 3 \\ 0 \\ -3 \end{pmatrix} \right| \Bigg/ (3\sqrt{2}) = \sqrt{2} \end{aligned}$$

Nächstgelegene Punkte

$(\vec{x}-\vec{y}) \perp \vec{u},\vec{v} \quad \rightsquigarrow \quad$ lineares Gleichungssystem

$$\Big[\underbrace{(5,8,4)^{\mathrm{t}}+s(1,2,1)^{\mathrm{t}}}_{\vec{x}}-\underbrace{((6,3,7)^{\mathrm{t}}+t(2,1,2)^{\mathrm{t}})}_{\vec{y}}\Big]\cdot(1,2,1)^{\mathrm{t}} = 0$$

$$\Big[\ldots\Big]\cdot(2,1,2)^{\mathrm{t}} = 0$$

Vereinfachung $\rightsquigarrow$

$$6+6s-6t=0, \quad -3+6s-9t=0$$

mit der Lösung $s=-4$, $t=-3$
Einsetzen in die Parametrisierungen $\rightsquigarrow$

$$\vec{x}=\begin{pmatrix}5\\8\\4\end{pmatrix}+(-4)\begin{pmatrix}1\\2\\1\end{pmatrix}=\begin{pmatrix}1\\0\\0\end{pmatrix},\quad \vec{y}=\begin{pmatrix}6\\3\\7\end{pmatrix}+(-3)\begin{pmatrix}2\\1\\2\end{pmatrix}=\begin{pmatrix}0\\0\\1\end{pmatrix}$$

Kontrolle

$$d=\sqrt{2}\overset{!}{=}|\vec{x}-\vec{y}|=\left|\begin{pmatrix}1\\0\\-1\end{pmatrix}\right| \quad \checkmark$$

$$\vec{x}-\vec{y}\perp\vec{u}=\begin{pmatrix}1\\2\\1\end{pmatrix},\quad \vec{x}-\vec{y}\perp\vec{v}=\begin{pmatrix}2\\1\\2\end{pmatrix} \quad \checkmark$$

5.12 Punkte mit vorgegebenem Abstand zu zwei Geraden

Bestimmen Sie die Punkte P, die den Abstand $d=1$ von den Geraden

$$g_a:\ t\begin{pmatrix}0\\1\end{pmatrix},\quad g_b:\ s\begin{pmatrix}3\\4\end{pmatrix}$$

haben.

Verweise: Abstand Punkt-Gerade

Varianten

- $g_a : t\begin{pmatrix} 4 \\ -3 \end{pmatrix}, \quad g_b : s\begin{pmatrix} 1 \\ 0 \end{pmatrix}, d = 3$
- $g_a : t\begin{pmatrix} -5 \\ 12 \end{pmatrix}, \quad g_b : s\begin{pmatrix} 12 \\ 5 \end{pmatrix}, d = 13$
- $g_a : t\begin{pmatrix} 3 \\ 4 \end{pmatrix}, \quad g_b : s\begin{pmatrix} 4 \\ 3 \end{pmatrix}, d = 7$

Lösungsskizze

Allgemeine Überlegungen

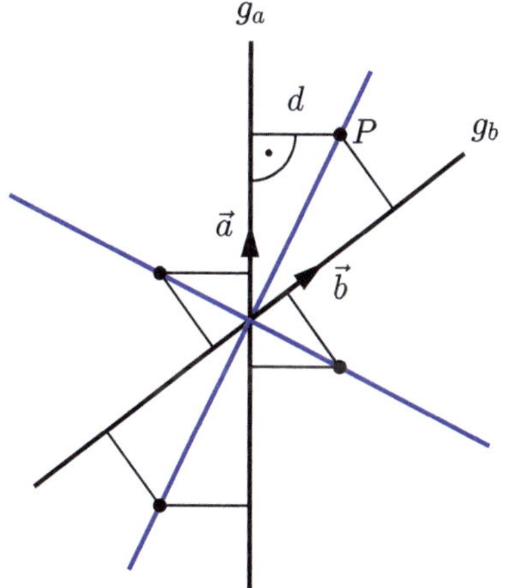

Abstand eines Punktes P von der Ursprungsgeraden $g_a : t\vec{a}$ mit normiertem Richtungsvektor ($|\vec{a}| = 1$):

$$d = |\vec{p}| \sin \sphericalangle(\vec{p}, \vec{a}) = |\vec{p} \times \vec{a}|$$

mit $\vec{p} \times \vec{a} = \det(\vec{p}, \vec{a}) = p_1 a_2 - p_2 a_1$

Gleichsetzen der Abstände zu den Geraden g_a und g_b $\quad\rightsquigarrow$

$$|\vec{p} \times \vec{a}| \underset{(1)}{=} |\vec{p} \times \vec{b}| \underset{(2)}{=} d$$

Gleichung (1) $\quad\Longleftrightarrow$

$$\vec{p} \times (\vec{a} - \sigma\vec{b}) = 0,\ \sigma \in \{\pm 1\} \quad\Longleftrightarrow\quad \vec{p} \parallel \vec{a} - \sigma\vec{b} \quad\Longleftrightarrow\quad \vec{p} = r(\vec{a} - \sigma\vec{b}),\ r \in \mathbb{R},$$

d.h., P liegt auf einer der Winkelhalbierenden (blau in der Abbildung) mit Richtungsvektoren $\vec{a} + \vec{b}$ oder $\vec{a} - \vec{b}$

Gleichung (2) $\quad\Longrightarrow$

$$d = |r(\vec{a} - \sigma\vec{b}) \times \vec{b}| = \pm r\vec{a} \times \vec{b},$$

da $\vec{b} \times \vec{b} = 0$

$\rightsquigarrow\quad$ 4 Punkte mit Abstand d:

$$\vec{p} = \underbrace{\pm \frac{d}{\vec{a} \times \vec{b}}}_{r} (\vec{a} \pm \vec{b}) \qquad \text{(P)}$$

Anwendung auf die gegebenen Daten

Normierung der Richtungsvektoren der Geraden g_a und g_b $\leadsto$

$$\vec{a} = \begin{pmatrix} 0 \\ 1 \end{pmatrix}, \quad \vec{b} = \begin{pmatrix} 3/5 \\ 4/5 \end{pmatrix}$$

Einsetzen in (P) mit

$$\vec{a} + \vec{b} = \begin{pmatrix} 3/5 \\ 9/5 \end{pmatrix}, \quad \vec{a} - \vec{b} = \begin{pmatrix} -3/5 \\ 1/5 \end{pmatrix}, \quad \vec{a} \times \vec{b} = 0 \cdot \frac{4}{5} - 1 \cdot \frac{3}{5} = -\frac{3}{5}$$

$\leadsto$ 4 Punkte P mit Abstand $d = 1$ von g_a und g_b:

$$\vec{p} = \pm\frac{5}{3} \begin{pmatrix} 3/5 \\ 9/5 \end{pmatrix} = \pm \begin{pmatrix} 1 \\ 3 \end{pmatrix} \quad \text{oder} \quad \vec{p} = \pm\frac{5}{3} \begin{pmatrix} -3/5 \\ 1/5 \end{pmatrix} = \pm \begin{pmatrix} -1 \\ 1/3 \end{pmatrix}$$

5.13 Geraden gleichen Abstands $\star$

Bestimmen Sie die Punkte P (Vereinigung von vier Geraden), die von den Geraden

$$g_a : t \begin{pmatrix} 0 \\ 1 \\ 2 \end{pmatrix}, \quad g_b : t \begin{pmatrix} 2 \\ 0 \\ 1 \end{pmatrix}, \quad g_c : t \begin{pmatrix} 1 \\ 2 \\ 0 \end{pmatrix}$$

den gleichen Abstand haben.

Verweise: Abstand Punkt-Gerade

Lösungsskizze

Abstand eines Punktes P von der Gerade $g_a : t\,\vec{a}$ mit normiertem Richtungsvektor ($|\vec{a}| = 1$):

$$d_a = |\vec{p} \times \vec{a}| = |\vec{p}|\, \sin\sphericalangle(\vec{p}, \vec{a})$$

aufgrund der Definition des Vektorprodukts

$\sin^2 + \cos^2 = 1$, Berechnung des Kosinus mit Hilfe des Skalarprodukts $\leadsto$

$$d_a = |\vec{p}|\, \sqrt{1 - (\vec{p} \cdot \vec{a}/|\vec{p}|)^2} = \sqrt{|\vec{p}|^2 - (\vec{p} \cdot \vec{a})^2}$$

Folglich erfüllen die Ortsvektoren der Punkte P mit gleichem Abstand $d_a = d_b = d_c$ von den drei Geraden g_a, g_b, g_c mit normierten Richtungsvektoren $\vec{a}$, $\vec{b}$, $\vec{c}$ die Gleichungen

$$\sqrt{|\vec{p}|^2 - (\vec{p}\cdot\vec{a})^2} = \sqrt{|\vec{p}|^2 - (\vec{p}\cdot\vec{b})^2} = \sqrt{|\vec{p}|^2 - (\vec{p}\cdot\vec{c})^2}\,.$$

Quadrieren und Vereinfachen $\rightsquigarrow$

$$(\vec{p}\cdot\vec{a})^2 = (\vec{p}\cdot\vec{b})^2 = (\vec{p}\cdot\vec{c})^2 \quad\Longleftrightarrow\quad \vec{p}\cdot\vec{a} = \sigma_b\,\vec{p}\cdot\vec{b} = \sigma_c\,\vec{p}\cdot\vec{c}$$

Je nach Wahl der Vorzeichen $\sigma \in \{-1,+1\}$ erhält man vier Paare linearer Gleichungen für $\vec{p}$.

- $\sigma_b = \sigma_c = -1$:

  $$\vec{p}\cdot(\vec{a}+\vec{b}) = 0,\quad \vec{p}\cdot(\vec{a}+\vec{c}) = 0 \quad\Longleftrightarrow\quad \vec{p}\parallel(\vec{a}+\vec{b})\times(\vec{a}+\vec{c})\,,$$

  d.h., P liegt auf der Geraden $g_{--} : t\,(\vec{a}+\vec{b})\times(\vec{a}+\vec{c})$
- $\sigma_b = -1$, $\sigma_c = 1$ $\rightsquigarrow$ $g_{-+} : t\,(\vec{a}+\vec{b})\times(\vec{a}-\vec{c})$
- $\sigma_b = 1$, $\sigma_c = -1$ $\rightsquigarrow$ $g_{+-} : t\,(\vec{a}-\vec{b})\times(\vec{a}+\vec{c})$
- $\sigma_b = \sigma_c = 1$ $\rightsquigarrow$ $g_{++} : t\,(\vec{a}-\vec{b})\times(\vec{a}-\vec{c})$

Berechnung des Vektorprodukts mit den normierten Richtungsvektoren

$$\vec{a} = \frac{1}{\sqrt{5}}\begin{pmatrix}0\\1\\2\end{pmatrix},\quad \vec{b} = \frac{1}{\sqrt{5}}\begin{pmatrix}2\\0\\1\end{pmatrix},\quad \vec{c} = \frac{1}{\sqrt{5}}\begin{pmatrix}1\\2\\0\end{pmatrix}$$

für die erste Vorzeichenwahl $\sigma_b = \sigma_c = -1$ $\rightsquigarrow$

$$\begin{aligned}(\vec{a}+\vec{b})\times(\vec{a}+\vec{c}) &= \left(\frac{1}{\sqrt{5}}\begin{pmatrix}0\\1\\2\end{pmatrix} + \frac{1}{\sqrt{5}}\begin{pmatrix}2\\0\\1\end{pmatrix}\right)\times\left(\frac{1}{\sqrt{5}}\begin{pmatrix}0\\1\\2\end{pmatrix} + \frac{1}{\sqrt{5}}\begin{pmatrix}1\\2\\0\end{pmatrix}\right)\\ &= \frac{1}{5}\begin{pmatrix}2\\1\\3\end{pmatrix}\times\begin{pmatrix}1\\3\\2\end{pmatrix} = \frac{1}{5}\begin{pmatrix}-7\\-1\\5\end{pmatrix}\end{aligned}$$

$\rightsquigarrow$ Gerade gleichen Abstands $g_{--} : t\,(-1.4, -0.2, 1)^{\mathrm{t}}$ bzw. $g_{--} : t\,(7, 1, -5)^{\mathrm{t}}$

Die anderen Geraden gleichen Abstands sind

$$g_{-+} : t\begin{pmatrix}-5\\7\\1\end{pmatrix},\quad g_{+-} : t\begin{pmatrix}1\\-5\\7\end{pmatrix},\quad g_{++} : t\begin{pmatrix}1\\1\\1\end{pmatrix}.$$

5.14 Abstand von Flugkorridoren $\star$

Ein Flugzeug startet in nordöstlicher Richtung; ein zweites in östlicher Richtung von einem 50 km nördlich auf gleicher Höhe gelegenen Flugplatz. Beide Flugzeuge haben die gleiche Geschwindigkeit und eine Steigrate von 10 %.

Bestimmen Sie den kleinsten Abstand der Flugzeuge für

a) gleiche b) beliebige

Startzeiten.

Verweise: Gerade, Abstand zweier Geraden

Lösungsskizze

Koordinaten der Flugplätze und Flugrichtungen

y-Achse in nördlicher Richtung $\rightsquigarrow$

$$P = (0,0,0),\ \vec{u} = (\sqrt{2}/2, \sqrt{2}/2, 1/10)^{\mathrm{t}}, \quad Q = (0,50,0),\ \vec{v} = (1,0,1/10)^{\mathrm{t}}$$

Bei einer Steigrate von 10 % nimmt die z-Koordinate um $1/10$ zu bei einer Änderung der horizontalen Position um 1 (Nordosten: $|(\sqrt{2}/2, \sqrt{2}/2)^{\mathrm{t}}| = 1$, Osten: $|(1,0)^{\mathrm{t}}| = 1$).

Flugbahnen (Punkt-Richtungsform der Geraden):

$$\vec{x}(t) = \vec{p} + t\vec{u}, \quad \vec{y}(s) = \vec{q} + s\vec{v}$$

Die (gleiche) Geschwindigkeit der zwei Flugzeuge ist irrelevant für die Abstandsberechnung, und man wählt $|\vec{u}| = |\vec{v}|$.

Gleiche Startzeiten

Abstand der Flugzeuge:

$$\begin{aligned} d(t)^2 &= |\vec{p} - \vec{q} + t(\vec{u} - \vec{v})|^2 = \left| \begin{pmatrix} 0 \\ -50 \\ 0 \end{pmatrix} + t \begin{pmatrix} \sqrt{2}/2 - 1 \\ \sqrt{2}/2 \\ 0 \end{pmatrix} \right|^2 \\ &= (t\sqrt{2}/2 - t)^2 + (t\sqrt{2}/2 - 50)^2 \end{aligned}$$

quadratische Funktion von t, die minimal ist, wenn

$$0 = \frac{\mathrm{d}}{\mathrm{d}t} d(t)^2 = 2t(\sqrt{2}/2 - 1)^2 + t - 50\sqrt{2} \quad \Longrightarrow \quad t_{\min} = \frac{50\sqrt{2}}{4 - 2\sqrt{2}} = 25(\sqrt{2} + 1)$$

Einsetzen von $t_{\min}$ in den Ausdruck für $d(t)^2$ $\rightsquigarrow$

$$d_{\min}^2 = \left(25(\sqrt{2}+1)(\sqrt{2}/2-1)\right)^2 + \left(25(\sqrt{2}+1)\sqrt{2}/2-50\right)^2$$

und nach Vereinfachung

$$d_{\min} = 25\sqrt{2-\sqrt{2}} \approx 19.1342$$

Kontrolle mit Maple^{TM}

```
F1 := t*<sqrt(2)/2,sqrt(2)/2,1/10>
F2 := <0,50,0>+t*<1,0,1/10>

# Minimum der 2-Norm (Abstand) von F1-F2
simplify(minimize(norm(F1-F2,2)))
```

Beliebige Startzeiten

Berechnung des (minimalen) Abstands der Geraden g und h mit Hilfe des Spatprodukts $\rightsquigarrow$

$$d = \frac{|[\vec{p}-\vec{q},\vec{u},\vec{v}]|}{|\vec{u}\times\vec{v}|} = \frac{|(\vec{p}-\vec{q})\cdot\vec{n}|}{|\vec{n}|}, \quad \vec{n} = \vec{u}\times\vec{v}$$

Einsetzen der gegebenen Werte $\rightsquigarrow$

$$\vec{p}-\vec{q} = \begin{pmatrix} 0 \\ -50 \\ 0 \end{pmatrix}, \quad \vec{n} = \begin{pmatrix} \sqrt{2}/2 \\ \sqrt{2}/2 \\ 1/10 \end{pmatrix} \times \begin{pmatrix} 1 \\ 0 \\ 1/10 \end{pmatrix} = \frac{\sqrt{2}}{20}\begin{pmatrix} 1 \\ \sqrt{2}-1 \\ -10 \end{pmatrix}$$

und

$$d \underset{(1)}{=} \frac{50(\sqrt{2}-1)}{\sqrt{1+(\sqrt{2}-1)^2+100}} \underset{(2)}{=} \frac{50}{\sqrt{304+202\sqrt{2}}} \approx 2.0590$$

(1) Kürzen durch $\sqrt{2}/20$
(2) Erweitern mit $\sqrt{2}+1$, d.h., Multiplikation des Arguments der Wurzel mit $(\sqrt{2}+1)^2$ im Nenner, Berücksichtigung von $(\sqrt{2}-1)(\sqrt{2}+1) = 1$ in Zähler und Nenner

5.15 Kollision zweier Flugzeuge

Ein Flugzeug startet von dem Flugplatz P in Richtung Westnordwesten mit der Geschwindigkeit $v = 800\,\mathrm{km/h}$ und einem Steigwinkel $\gamma = 15°$. Noch im Steigflug stößt es mit einem Flugzeug zusammen, das von dem Flugplatz Q in Richtung Südwesten gestartet ist. Nach wie vielen Flugminuten T und in welcher Höhe h kommt es zu dem Unfall?

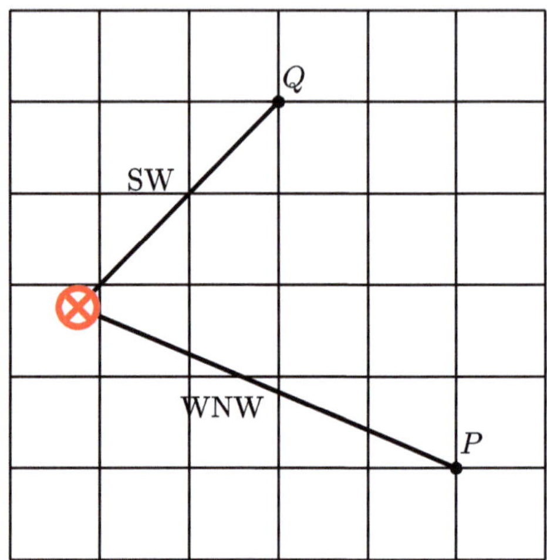

Verweise: Gerade

Varianten

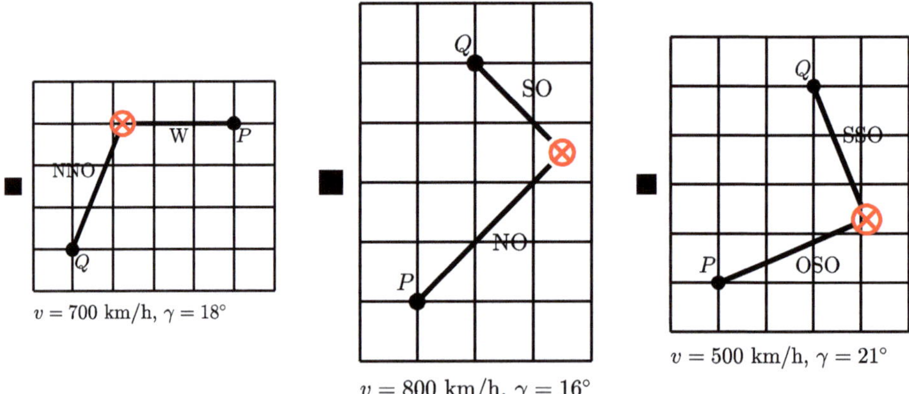

Lösungsskizze

Koordinaten der Unfallstelle

Für die Koordinaten (x_1, x_2) der Unfallstelle sind nur die horizontalen Komponenten der Flugbahnen maßgebend.

- WNW, $292.5° \mathrel{\hat{=}} \alpha = \pi - (\pi/2)/4 \approx 2.7489 \quad \rightsquigarrow \quad$ Richtung

$$\vec{a} = \begin{pmatrix} \cos\alpha \\ \sin\alpha \end{pmatrix} \approx \begin{pmatrix} -0.9239 \\ 0.3827 \end{pmatrix}$$

■ SW, 225° $\widehat{=}\ \beta = -3\pi/4 \approx -2.3562 \quad \rightsquigarrow \quad$ Richtung

$$\vec{b} = \begin{pmatrix} \cos\beta \\ \sin\beta \end{pmatrix} \approx \begin{pmatrix} -0.7071 \\ -0.7071 \end{pmatrix}$$

Gleichsetzen der Parametrisierungen

$$(1)\,\vec{x} = \vec{p} + s\vec{a} \quad \text{und} \quad (2)\,\vec{x} = \vec{q} + t\vec{b}$$

der Projektionen der Flugbahnen auf die x_1x_2-Ebene und Einsetzen der Koordinaten der Flugplätze $P = (0,0)$ (als Ursprung gewählt) und $Q = (-20,40) \quad \rightsquigarrow$ lineares Gleichungssystem für s und t:

$$s\,\cos\alpha = -20 + t\cos\beta, \quad s\,\sin\alpha = -40 + t\sin\beta$$

numerische Lösung, beispielsweise mit den Maple™ -Befehlen[1]

```
alpha := Pi-Pi/8; beta := -3*Pi/4
e1 := s*cos(alpha) = -20+t*cos(beta)
e2 := s*sin(alpha) = -40+t*sin(beta)
fsolve({e1,e2},{s,t})
```

$\rightsquigarrow \quad s \approx 45.9220,\ t \approx 31.7157$

Einsetzen in eine der Parametrisierungen $\quad \rightsquigarrow \quad$ Koordinaten der Unfallstelle

$$\begin{pmatrix} x_1 \\ x_2 \end{pmatrix} \underset{(1)}{\approx} -42.4264 \begin{pmatrix} -0.9239 \\ 0.3827 \end{pmatrix} \approx \begin{pmatrix} -42.4264 \\ 17.5736 \end{pmatrix}$$

<u>Flugzeit und Höhe des Kollisionspunktes</u>

horizontale Distanz

$$d = \sqrt{x_1^2 + x_2^2} = |s\vec{a}| \underset{|\vec{a}|=1}{=} s \approx 45.9220$$

Steigwinkel im Bogenmaß

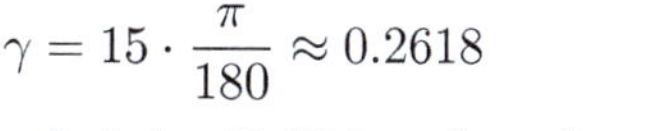

$$\gamma = 15 \cdot \frac{\pi}{180} \approx 0.2618$$

Flughöhe bei der Kollision: $h = d\ \tan\gamma \approx 12.3048\,\text{km}$
zurückgelegte Entfernung: $e = \sqrt{d^2 + h^2} \approx 47.5420$
Flugzeit (Entfernung/Geschwindigkeit): $T = e/800 \approx 0.0594\,\text{h} \approx 3.5656\,\text{Minuten}$

[1] MATLAB® : `[cos(alpha) -cos(beta); sin(alpha) -sin(beta)] \ [-20; 40]`

5.16 Besteigung der Cheob-Pyramide ⋆

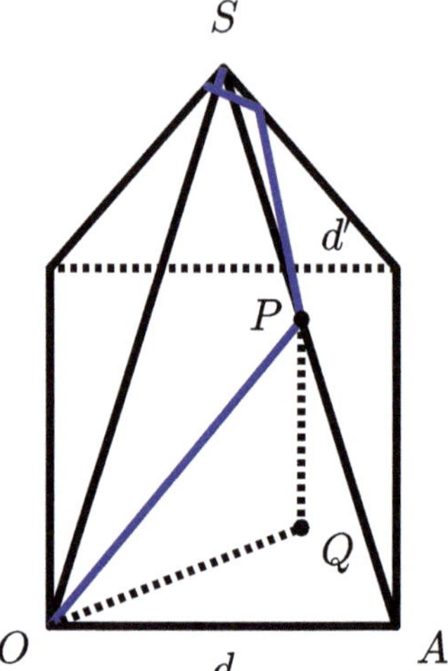

Bestimmen Sie die Länge L des stückweise geraden Wegs (blaue Geradensegmente), der mit einer konstanten Steigung von 50%[a] von einer Ecke der quadratischen Pyramide (Kantenlänge $d = 223\,\mathrm{m}$) zu ihrer Spitze führt.

[a] definiert als $|\overline{QP}|/|\overline{OQ}|$ mit Q der Projektion von P auf die Grundfläche der Pyramide

Verweise: Gerade, Trigonometrische Theoreme

Lösungsskizze

Höhe H der Pyramide

$A = (d,0,0)$, $S = (d/2, d/2, H)$, $|\overline{AS}| = d \quad \Longrightarrow$

$$\underbrace{(d/2-d)^2 + (d/2)^2 + H^2}_{|\overline{AS}|^2} = d^2 \quad \Longleftrightarrow \quad d^2/2 + H^2 = d^2\,,$$

d.h., $H = d/\sqrt{2}$

Erstes Segment $\overline{OP}$ des Wegs

$P \in \overline{AS} \quad \Longrightarrow$

$$\vec{p} = \vec{a} + t(\vec{s} - \vec{a}) = \begin{pmatrix} d \\ 0 \\ 0 \end{pmatrix} + t \begin{pmatrix} -d/2 \\ d/2 \\ d/\sqrt{2} \end{pmatrix} = \begin{pmatrix} d - td/2 \\ td/2 \\ td/\sqrt{2} \end{pmatrix}$$

Steigung $= 50\,\%$ $\Longleftrightarrow$ (erreichte Höhe):(horizontale Entfernung) $= 50 : 100$, d.h.,

$$|\overline{QP}| : |\overline{OQ}| = 1 : 2 \tag{1}$$

mit $Q = (d - td/2, td/2, 0)$ der Projektion von P auf die xy-Ebene

resultierende Gleichung:

$$\frac{1}{2} = \frac{|\overline{QP}|}{|\overline{OQ}|} = \frac{td/\sqrt{2}}{\sqrt{(d-td/2)^2 + (td/2)^2}} = \frac{t}{\sqrt{2(1-t/2)^2 + 2(t/2)^2}}$$

Quadrieren und Vereinfachen $\rightsquigarrow$

$$3t^2 + 2t - 2 = 0$$

mit der relevanten positiven Lösung $t = (\sqrt{7} - 1)/3$

erreichte Höhe am Ende des ersten Wegsegments:

$$h_1 = |\overline{QP}| = \frac{t}{\sqrt{2}}\, d = \frac{\sqrt{7} - 1}{3\sqrt{2}}\, d$$

(1) $\implies$ $|\overline{OQ}| = 2\, h_1$

Anwenden des Satzes des Pythagoras auf das rechtwinklige Dreieck $\Delta(O, Q, P)$ $\rightsquigarrow$ Länge des ersten Wegsegments

$$L_1 = |\overline{OP}| = \sqrt{(2h_1)^2 + h_1^2} = \sqrt{5}\, h_1 = \frac{\sqrt{5}(\sqrt{7} - 1)}{3\sqrt{2}}\, d$$

Gesamtlänge

Die Länge des zweiten Segments kann in der gleichen Weise berechnet werden, ausgehend von einer Pyramide mit Höhe

$$H' = H - h_1 = \frac{1}{\sqrt{2}}\, d - \frac{\sqrt{7} - 1}{3\sqrt{2}}\, d = \underbrace{\frac{4 - \sqrt{7}}{3}}_{=:q}\, \underbrace{\frac{1}{\sqrt{2}}\, d}_{H}\, .$$

Entsprechend dem Verhältnis der Höhen, $H : H'$, werden alle Längen um den gleichen Faktor q reduziert. Insbesondere ist $d' = qd$, und $L_2 = qL_1$ ist die Länge des zweiten Wegsegments.

Formel für eine geometrische Reihe $\rightsquigarrow$ Gesamtlänge

$$\begin{aligned} L &= L_1 + qL_1 + q^2 L_1 + \cdots = L_1 \sum_{k=0}^{\infty} q^k = \frac{L_1}{1 - q} \\ &= \frac{\sqrt{5}(\sqrt{7} - 1)}{3\sqrt{2}}\, d \Big/ \underbrace{\left(1 - \frac{4 - \sqrt{7}}{3}\right)}_{\frac{\sqrt{7}-1}{3}} = \frac{\sqrt{5}}{\sqrt{2}}\, d \end{aligned}$$

Einsetzen von $d = 223\,\mathrm{m}$ $\rightsquigarrow$ Weglänge $L \approx 352.59\,\mathrm{m}$

5.17 Geschlossene Fünfbänder beim Billard $\star$

Bestimmen Sie, wo die vom Tischmittelpunkt gestoßene Billardkugel bei dem abgebildeten „Fünfbänder" auf die Banden trifft. Wie viele verschiedene solcher Fünfbänder sind möglich?

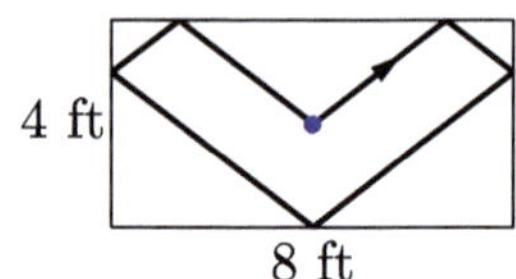

Verweise: Gerade

Lösungsskizze

Verblüffend einfach: Anstatt die Bahn der Billardkugel an den Banden zu spiegeln, wird der Billardtisch an den Banden gespiegelt und die Bahn geradlinig fortgesetzt.

Für den abgebildeten Fünfbänder führt das so gewonnene Geradensegment zur Mitte des 5-fach gespiegelten Billardtisches $[16, 24] \times [12, 16]$ (Einheiten in Fuß [ft]). Die Schnittpunkte mit dem Rechteckgitter entsprechen den Auftreffpunkten an den Banden.

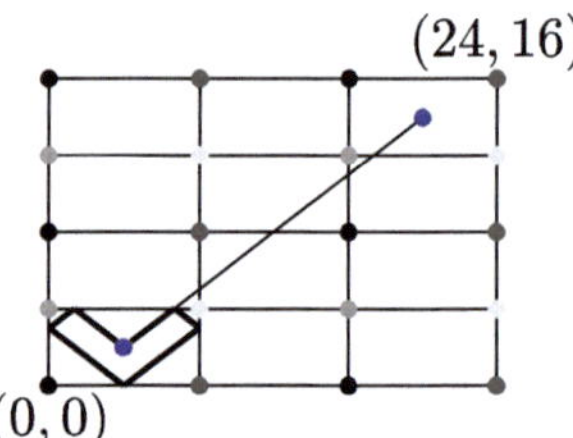

Punkt-Steigungsform des Geradensegments, beginnend am Tischmittelpunkt $(4, 2)$:

$$g : y = 2 + \frac{14-2}{20-4}(x-4) = -1 + 3x/4$$

- Schnittpunkt mit der horizontalen Gitterlinie $h : y = 4$:

$$4 = -1 + 3x/4, \quad \text{d.h.}, \; x = 20/3$$

  $\rightsquigarrow$ Auftreffpunkt $(20/3, 4)$ an der oberen Bande
- Schnittpunkt mit der vertikalen Gitterlinie $v : x = 8$: $y = -1 + 3 \cdot 8/4 = 5$
  Spiegelung an h $\rightsquigarrow$ Auftreffpunkt $(8, 3)$ an der rechten Bande
- Symmetrie $\rightsquigarrow$ weitere Auftreffpunkte an der unteren, linken und oberen Bande: $(4, 0)$, $(0, 3)$, $(4/3, 4)$

Alle möglichen, vom Tischmittelpunkt aus gestoßenen Fünfbänder:
Bestimmung durch Verbindung mit den Mittelpunkten der in Frage kommenden mehrfach gespiegelten Tische ohne Berücksichtigung der Stoßrichtung und von Stößen in Ecken

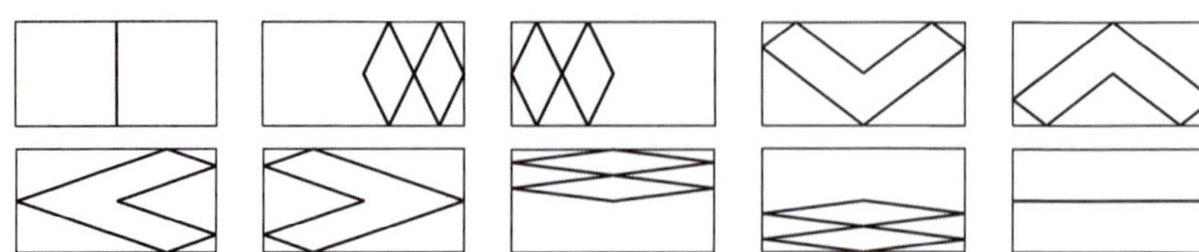

6 Ebenen

Themen der Aufgaben

- Hesse-Normalform einer Ebene durch drei Punkte
  → 6.1
- Punkte auf einer Ebene
  → 6.2
- Spurpunkte und Spurgeraden einer Ebene
  → 6.3
- Hesse-Normalform einer Ebene durch einen Punkt und eine Gerade
  → 6.4
- Hesse-Normalform einer Ebene durch zwei Punkte und parallel zu einer Geraden
  → 6.5
- Gleichung einer Ebene durch einen Punkt und parallel zu zwei Geraden
  → 6.6
- Ebene, aufgespannt durch zwei sich schneidende Geraden
  → 6.7
- Abstand eines Punktes von einer Ebene
  → 6.8
- Ebenen, die drei Kugeln berühren
  → 6.9
- Schnittpunkt einer Geraden und einer Ebene
  → 6.10
- Spiegelung einer Geraden an einer Ebene
  → 6.11
- Orthogonale Basis für eine Ebene
  → 6.12
- Rollen einer Kugel auf einer schiefen Ebene
  → 6.13
- Perspektivische Projektion eines Würfels
  → 6.14
- Fluchtpunkte bei einer perspektivischen Projektion
  → 6.15

K. Höllig und J. Hörner, *Aufgaben und Lösungen zur Höheren Mathematik: Vektorrechnung und Analytische Geometrie,*
https://doi.org/10.1007/978-3-662-73122-2_7

- Schnittfläche einer Ebene mit einem Würfel
  → 6.16
- Schnitt zweier Ebenen
  → 6.17
- Winkel zwischen Kanten und Flächen einer Pyramide
  → 6.18
- Schnittpunkt dreier Ebenen
  → 6.19
- GPS mit MATLAB®
  → 6.20

6.1 Hesse-Normalform einer Ebene durch drei Punkte

Bestimmen Sie die Hesse-Normalform der Ebene E, die die Punkte $(3, 2, 1)$, $(7, 3, 2)$, $(7, 2, 0)$ enthält.

Verweise: Ebene

Varianten

- $(1, -8, -2)$, $(2, 4, 3)$, $(3, -2, -1)$
- $(1, -4, -5)$, $(2, -8, 4)$, $(0, -6, -5)$
- $(2, -1, -2)$, $(-2, 5, -3)$, $(6, -3, 3)$

Lösungsskizze

Bilden von Differenzen der Ortsvektoren der Punkte $(3, 2, 1)$, $(7, 3, 2)$, $(7, 2, 0)$ $\rightsquigarrow$ aufspannende Vektoren

$$\vec{u} = \begin{pmatrix} 7 \\ 3 \\ 2 \end{pmatrix} - \begin{pmatrix} 3 \\ 2 \\ 1 \end{pmatrix} = \begin{pmatrix} 4 \\ 1 \\ 1 \end{pmatrix}, \quad \vec{v} = \begin{pmatrix} 7-3 \\ 2-2 \\ 0-1 \end{pmatrix} = \begin{pmatrix} 4 \\ 0 \\ -1 \end{pmatrix}$$

Normale (Vektor, senkrecht zur Ebene E):

$$\vec{n} = \vec{u} \times \vec{v} = \begin{pmatrix} -1 \\ 8 \\ -4 \end{pmatrix}, \quad |\vec{n}| = \sqrt{1 + 64 + 16} = 9, \quad \vec{n}^\circ = \vec{n}/|\vec{n}| = \begin{pmatrix} -1/9 \\ 8/9 \\ -4/9 \end{pmatrix}$$

$\rightsquigarrow$ Hesse-Normalform

$$E : \vec{x} \cdot \sigma\vec{n}^\circ = \vec{p} \cdot \sigma\vec{n}^\circ$$

mit P einem Punkt in E und dem Vorzeichen $\sigma \in \{-1, 1\}$ so gewählt, dass die rechte Seite nicht negativ ist

Wahl von $P = (3, 2, 1)$ $\rightsquigarrow$

$$E : \sigma\left(-\frac{1}{9}x_1 + \frac{8}{9}x_2 - \frac{4}{9}x_3\right) = \underbrace{\sigma\left(-\frac{1}{9} \cdot 3 + \frac{8}{9} \cdot 2 - \frac{4}{9} \cdot 1\right)}_{=\sigma \cdot 1}$$

$\sigma \cdot 1 \overset{!}{\geq} 0 \quad \Longrightarrow \quad \sigma = 1$, d.h., keine Vorzeichenkorrektur; eine Änderung der Orientierung der Normalen $\vec{n}$, $\vec{n} \to -\vec{n}$, ist nicht notwendig

Bemerkung
Mit Hilfe von Determinanten kann eine Gleichung für die Ebene unmittelbar angegeben werden:

$$E: \begin{vmatrix} p_1 & q_1 & r_1 & x_1 \\ p_2 & q_2 & r_2 & x_2 \\ p_3 & q_3 & r_3 & x_3 \\ 1 & 1 & 1 & 1 \end{vmatrix} = 0\,.$$

Entwickeln nach der letzten Spalte, Normieren der resultierenden Gleichung und eventuelle Vorzeichenkorrektur führen zu der Hesse-Normalform.

6.2 Punkte auf einer Ebene

Entscheiden Sie, welcher der Punkte $Y = (1, 3, -4)$ und $Z = (-1, 3, 4)$ auf der Ebene durch die Punkte

$$P = (4, 1, 2), \quad Q = (-4, 0, -3), \quad R = (-1, -2, 3)$$

liegt.

Verweise: Ebene

Varianten

- $Y = (-1, 4, -4)$, $Z = (-3, 1, 3)$: $P = (-2, 4, -4)$, $Q = (3, 0, -1)$, $R = (1, 2, -3)$
- $Y = (-4, 1, -3)$, $Z = (4, -1, 3)$: $P = (-1, 2, -2)$, $Q = (-3, 4, -4)$, $R = (3, 0, 1)$
- $Y = (-1, -4, 1)$, $Z = (4, -3, 3)$: $P = (3, -1, 1)$, $Q = (-4, 0, 2)$, $R = (-3, -2, 4)$

Lösungsskizze

Ein Punkt X liegt in einer Ebene durch drei Punkte P, Q, R, wenn das Dreieck $\Delta(P, Q, R)$ mit X als Spitze keinen echten Tetraeder bildet, d.h., dass das Spatprodukt (6-faches Volumen des Tetraeders), gebildet durch drei den Tetraeder aufspannenden Vektoren, null ist:

$$s(X) = [\vec{x} - \vec{p}, \vec{x} - \vec{q}, \vec{x} - \vec{r}] = 0\,.$$

Einsetzen von $P = (4, 1, 2)$, $Q = (-4, 0, -3)$, $R = (-1, -2, 3)$ und der gegebenen Punkte $X = Y$ und $X = Z$:

- $X = Y = (1, 3, -4)$:

$$s(Y) = \left[\begin{pmatrix}4\\1\\2\end{pmatrix} - \begin{pmatrix}1\\3\\-4\end{pmatrix}, \begin{pmatrix}-4\\0\\-3\end{pmatrix} - \begin{pmatrix}1\\3\\-4\end{pmatrix}, \begin{pmatrix}-1\\-2\\3\end{pmatrix} - \begin{pmatrix}1\\3\\-4\end{pmatrix}\right]$$

$$= \begin{pmatrix}3\\-2\\6\end{pmatrix} \cdot \left(\begin{pmatrix}-5\\-3\\1\end{pmatrix} \times \begin{pmatrix}-2\\-5\\7\end{pmatrix}\right) = \begin{pmatrix}3\\-2\\6\end{pmatrix} \cdot \begin{pmatrix}-16\\33\\19\end{pmatrix} = 0,$$

  d.h., $Y \in E$
- $X = Z = (-1, 3, 4)$:
  Berechnung von $s(Z)$ mit MATLAB®

```
z = [-1;3;4];
p = [4;1;2]; q = [-4;0;-3]; r = [-1;-2;3];
pz = p-z; qz = q-z; rz = r-z;
s = dot(pz,cross(qz,rz))    % aequivalent: s = det(pz,qz,rz)

s = -184
```

  $\implies \quad Z \notin E$
  alternativ (kürzer!):

```
s = det([p q r z; 1 1 1 1])
```

6.3 Spurpunkte und Spurgeraden einer Ebene

Bestimmen Sie die Spurpunkte und Spurgeraden der durch

a) $3x + 2y + 6z = 6$ b) $y + 2z = 4$ c) $3y = 4$

definierten Ebenen E und visualisieren Sie die Ergebnisse in einem Schrägbild des Koordinatensystems.

Verweise: Ebene

Varianten

- $E : 2y = -3$
- $E : x - 5y - z = 4$
- $E : x - z = 1$

Lösungsskizze

a) $E : 3x + 2y + 6z = 6$

- Spurpunkt P_x: Schnittpunkt von E mit der x-Achse, d.h., $y = z = 0$
  Einsetzen in die Ebenengleichung $\implies$ $x = 6/3 = 2$, d.h., $P_x = (2, 0, 0)$
- Spurgerade g_{xy}: Schnittgerade von E mit der xy-Ebene, d.h., $z = 0$
  Einsetzen in die Ebenengleichung $\implies$ $g_{x,y} : 2x + 3y = 6,\ z = 0$, eine Gerade, die durch die Punkte P_x und P_y verläuft

restliche Spurpunkte und Spurgeraden (grün bzw. blau in der Abbildung)
$x = z = 0 \rightsquigarrow y = 6/2,\ P_y = (0, 3, 0)$
$x = y = 0 \rightsquigarrow z = 6/6,\ P_z = (0, 0, 1)$
$y = 0 \rightsquigarrow g_{xz} : 3x + 6z = 6$
$x = 0 \rightsquigarrow g_{yz} : 2y + 6z = 6$

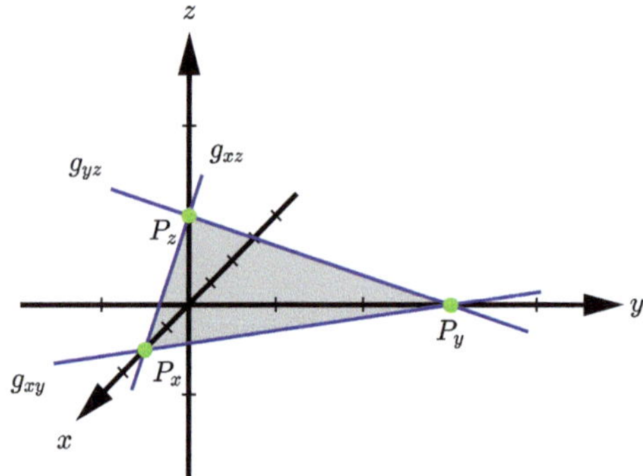

Wie in der Abbildung illustriert, können die Spurpunkte und Spurgeraden zur Visualisierung der Ebene verwendet werden. Man schraffiert das dadurch definierte Dreieck.

b) $E : y + 2z = 4$

Ist einer der Koeffizienten in der Ebenengleichung null, so existieren nur zwei Spurpunkte. Im betrachteten Fall existiert kein Schnittpunkt mit der x-Achse, denn $y = z = 0$ führt zu dem Widerspruch $0 = 4$. Die Schnittpunkte mit den anderen Achsen sind

$$P_y \underset{x=z=0}{=} (0, 4, 0), \quad P_z \underset{x=y=0}{=} (0, 0, \underbrace{4/2}_{2}).$$

Drei Spurgeraden existieren, bilden aber kein Dreieck.

- Schnitt mit der xy-Ebene ($z = 0$): $g_{xy} : y = 4$, eine Gerade parallel zur x-Achse
- Schnitt mit der xz-Ebene ($y = 0$): $g_{xz} : z = 4/2 = 2$, eine Gerade, die ebenfalls parallel zur x-Achse ist
- Schnitt mit der yz-Ebene ($x = 0$): $g_{yz} : y + 2z = 4$

Die linke nachfolgende Abbildung veranschaulicht die Ergebnisse. Die Ebene wird durch ein Rechteck zwischen den parallelen Geraden g_{xy} und g_{xz} visualisiert.

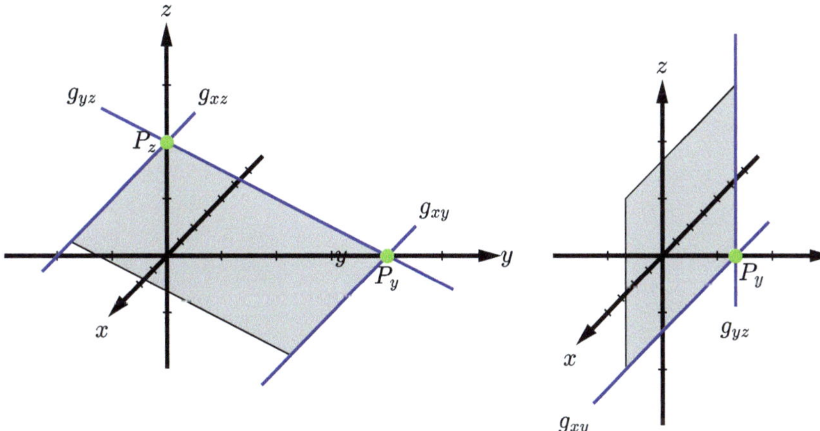

c) $E:\ 3y = 4$

Sind zwei Koeffizienten null, so ist die Ebene parallel zu einer der Koordinatenebenen. Die rechte obige Abbildung illustriert diesen (trivialen) Fall für das betrachtete Beispiel einer Ebene parallel zur xz-Ebene im Abstand $4/3$ mit dem (einzigen) Spurpunkt $P_y = (0, 4/3, 0)$. Die beiden Spurgeraden

$$g_{xy} : (t, 4/3, 0), \quad g_{yz} : (0, 4/3, t)$$

sind (notwendigerweise) ebenfalls parallel zur xz-Ebene.

6.4 Hesse-Normalform einer Ebene durch einen Punkt und eine Gerade

Bestimmen Sie die Hesse-Normalform der Ebene E, die den Punkt $P = (1, 3, 1)$ und die Gerade

$$g : \begin{pmatrix} -4 \\ 7 \\ 4 \end{pmatrix} + t \begin{pmatrix} -1 \\ 4 \\ 1 \end{pmatrix}$$

enthält.

Verweise: Ebene

Varianten

- $P = (3, 2, 7)$, $g : \begin{pmatrix} 4 \\ 1 \\ 3 \end{pmatrix} + t \begin{pmatrix} 1 \\ 3 \\ 4 \end{pmatrix}$

- $P = (4, 5, 6)$, $g : \begin{pmatrix} 4 \\ 0 \\ 1 \end{pmatrix} + t \begin{pmatrix} 0 \\ 1 \\ 1 \end{pmatrix}$

- $P = (1, 2, -5)$, $g : \begin{pmatrix} 3 \\ -2 \\ -2 \end{pmatrix} + t \begin{pmatrix} 4 \\ -5 \\ -3 \end{pmatrix}$

Lösungsskizze

aufspannende Vektoren für die Ebene E: Richtungsvektor $\vec{u}$ der Geraden g und ein Vektor $\vec{v} = \overrightarrow{QP}$ mit $\vec{q}$ dem Ortsvektor eines beliebigen Punktes von g, z.B. dem Stützvektor $(-4, 7, 4)^{\mathrm{t}}$, d.h.,

$$\vec{u} = \begin{pmatrix} -1 \\ 4 \\ 1 \end{pmatrix}, \quad \vec{v} = \vec{p} - \vec{q} = \begin{pmatrix} 1 \\ 3 \\ 1 \end{pmatrix} - \begin{pmatrix} -4 \\ 7 \\ 4 \end{pmatrix} = \begin{pmatrix} 5 \\ -4 \\ -3 \end{pmatrix}$$

Normale von E

$$\vec{n} \parallel \vec{u} \times \vec{v} = \begin{pmatrix} -1 \\ 4 \\ 1 \end{pmatrix} \times \begin{pmatrix} 5 \\ -4 \\ -3 \end{pmatrix} = \begin{pmatrix} -8 \\ 2 \\ -16 \end{pmatrix}, \quad \vec{n}^\circ = \frac{1}{9} \begin{pmatrix} -4 \\ 1 \\ -8 \end{pmatrix}$$

Hesse-Normalform

$$E : \sigma\,(x, y, z) \cdot \vec{n}^\circ = \sigma\,\vec{q} \cdot \vec{n}^\circ$$

mit dem Vorzeichen $\sigma \in \{-1, 1\}$ so gewählt, dass die rechte Seite nicht negativ ist:

$$\vec{q} \cdot \vec{n}^\circ = \begin{pmatrix} -4 \\ 7 \\ 4 \end{pmatrix} \cdot \begin{pmatrix} -4 \\ 1 \\ -8 \end{pmatrix} \Big/ 9 = -1 \quad \Longrightarrow \quad \sigma = -1$$

und

$$E : \frac{4}{9}x - \frac{1}{9}y + \frac{8}{9}z = 1$$

6.5 Hesse-Normalform einer Ebene durch zwei Punkte und parallel zu einer Geraden

Bestimmen Sie die Hesse-Normalform der Ebene E, die die Punkte $P = (1,3,2)$ und $Q = (2,3,1)$ enthält, und die zu der Geraden

$$g : \begin{pmatrix} 2 \\ 1 \\ 0 \end{pmatrix} + t \begin{pmatrix} 0 \\ 1 \\ 2 \end{pmatrix}$$

parallel ist.

Verweise: Ebene

Varianten

- $P = (1,-2,0)$, $Q = (1,1,6)$, $g : (1,2,3)^{\mathrm{t}} + t(3,0,-2)^{\mathrm{t}}$
- $P = (1,-1,4)$, $Q = (0,-5,-2)$, $g : (2,3,1)^{\mathrm{t}} + t(-1,4,8)^{\mathrm{t}}$
- $P = (2,-1,1)$, $Q = (0,-1,3)$, $g : (3,1,2)^{\mathrm{t}} + t(3,-6,4)^{\mathrm{t}}$

Lösungsskizze

aufspannende Richtungen der Ebene

- Richtungsvektor der Geraden g, der aufgrund der Parallelität in der Ebene liegen muss

$$\vec{u} = \begin{pmatrix} 0 \\ 2 \\ 1 \end{pmatrix}$$

- Differenzvektor der zwei Punkte P und Q in der Ebene

$$\vec{v} = \vec{q} - \vec{p} = \begin{pmatrix} 2 \\ 3 \\ 1 \end{pmatrix} - \begin{pmatrix} 1 \\ 3 \\ 2 \end{pmatrix} = \begin{pmatrix} 1 \\ 0 \\ -1 \end{pmatrix}$$

Normale der Ebene (orthogonal zu $\vec{u}$ und $\vec{v}$)

$$\vec{n} = \vec{u} \times \vec{v} = \begin{pmatrix} 0 \\ 2 \\ 1 \end{pmatrix} \times \begin{pmatrix} 1 \\ 0 \\ -1 \end{pmatrix} = \begin{pmatrix} -2 \\ 1 \\ -2 \end{pmatrix}$$

Normieren $\rightsquigarrow$

$$\vec{n}^\circ = \vec{n}/|\vec{n}| = \begin{pmatrix} -2 \\ 1 \\ -2 \end{pmatrix} \Big/ \sqrt{(-2)^2 + 1^2 + (-2)^2} = \begin{pmatrix} -2/3 \\ 1/3 \\ -2/3 \end{pmatrix}$$

Hesse-Normalform: $E : \vec{x} \cdot (\sigma\vec{n}^\circ) = \underbrace{\vec{p} \cdot (\sigma\vec{n}^\circ)}_{d}$ mit dem Vorzeichen σ so gewählt, dass $d \geq 0$

$\vec{p} \cdot \vec{n}^\circ = (1,3,2)^\mathrm{t} \cdot (-2/3, 1/3, -2/3)^\mathrm{t} = -2/3 + 1 - 4/3 = -1 < 0 \quad \Longrightarrow \quad \sigma = -1$

und

$$E : \frac{2}{3}x_1 - \frac{1}{3}x_2 + \frac{2}{3}x_3 = 1$$

Alternative Lösung

Gleichung für die Ebene als Spatprodukt bzw. Determinante

$$E : 0 = [\vec{x} - \vec{p}, \vec{x} - \vec{q}, \vec{u}] = \begin{vmatrix} x_1 - 1 & x_1 - 2 & 0 \\ x_2 - 3 & x_2 - 3 & 2 \\ x_3 - 2 & x_3 - 1 & 1 \end{vmatrix}$$

anschließende Normierung $\rightsquigarrow$ Hesse-Normalform

6.6 Gleichung einer Ebene durch einen Punkt und parallel zu zwei Geraden

Bestimmen Sie eine implizite Darstellung der Ebene E, die den Punkt $P = (1, -3, 2)$ enthält und die zu den Geraden

$$g : \begin{pmatrix} -2 \\ 3 \\ 0 \end{pmatrix} + t \begin{pmatrix} 0 \\ -2 \\ 3 \end{pmatrix}, \quad h : \begin{pmatrix} 0 \\ 1 \\ -2 \end{pmatrix} + t \begin{pmatrix} 1 \\ -2 \\ 0 \end{pmatrix}$$

parallel ist.

Verweise: Ebene

Varianten

- $P = (-1,1,1)$, $g:\ (1,1,-1)^{\mathrm{t}} + t(3,0,-1)^{\mathrm{t}}$, $h:\ (3,0,-1)^{\mathrm{t}} + t(1,1,-1)^{\mathrm{t}}$
- $P = (1,2,1)$, $g:\ (1,0,0)^{\mathrm{t}} + t(1,1,0)^{\mathrm{t}}$, $h:\ (0,0,1)^{\mathrm{t}} + t(0,1,1)^{\mathrm{t}}$
- $P = (1,1,1)$, $g:\ t(3,3,-2)^{\mathrm{t}}$, $h:\ (0,1,0)^{\mathrm{t}} + t(1,-1,-2)^{\mathrm{t}}$

Lösungsskizze

Aufgrund der Parallelität sind die Richtungsvektoren $\vec{u}$ und $\vec{v}$ der Geraden aufspannende Vektoren für die Ebene E, und mit dem Punkt $P \in E$ erhält man die parametrische Darstellung

$$E:\ \vec{x} - \vec{p} = s\vec{u} + t\vec{v}, \qquad s,t \in \mathbb{R}\,.$$

Der Vektor $\vec{x} - \vec{p}$ ist genau dann als Linearkombination von den nicht parallelen Vektoren $\vec{u}$ und $\vec{v}$ darstellbar, wenn das Spatprodukt $[\vec{x} - \vec{p}, \vec{u}, \vec{v}]$ null ist.

Einsetzen des gegebenen Punktes und der Richtungsvektoren in das Spatprodukt $\rightsquigarrow$ implizite Darstellung (Gleichung) für E:

$$0 = \left[\begin{pmatrix} x_1 - 1 \\ x_2 + 3 \\ x_3 - 2 \end{pmatrix}, \begin{pmatrix} 0 \\ -2 \\ 3 \end{pmatrix}, \begin{pmatrix} 1 \\ -2 \\ 0 \end{pmatrix}\right] = \begin{pmatrix} x_1 - 1 \\ x_2 + 3 \\ x_3 - 2 \end{pmatrix} \cdot \underbrace{\left(\begin{pmatrix} 0 \\ -2 \\ 3 \end{pmatrix} \times \begin{pmatrix} 1 \\ -2 \\ 0 \end{pmatrix}\right)}_{\text{Normale von } E}$$

$$= \left(\begin{pmatrix} x_1 \\ x_2 \\ x_3 \end{pmatrix} - \begin{pmatrix} 1 \\ -3 \\ 2 \end{pmatrix}\right) \cdot \begin{pmatrix} 6 \\ 3 \\ 2 \end{pmatrix} = 6x_1 + 3x_2 + 2x_3 - 1$$

6.7 Ebene, aufgespannt durch zwei sich schneidende Geraden

Bestimmen Sie den Schnittpunkt der Geraden

$$g:\ \begin{pmatrix} 3 \\ 2 \\ 1 \end{pmatrix} + t\begin{pmatrix} 1 \\ 2 \\ 0 \end{pmatrix}, \quad h:\ \begin{pmatrix} 1 \\ 6 \\ 5 \end{pmatrix} + s\begin{pmatrix} 0 \\ 2 \\ 1 \end{pmatrix}$$

und die Hesse-Normalform der Ebene E, die g und h enthält.

Verweise: Gerade, Ebene

Varianten

- $g: \begin{pmatrix} -3 \\ 2 \\ 4 \end{pmatrix} + t \begin{pmatrix} -1 \\ 4 \\ 1 \end{pmatrix}, \quad h: \begin{pmatrix} 5 \\ 2 \\ 0 \end{pmatrix} + s \begin{pmatrix} 2 \\ 0 \\ -1 \end{pmatrix}$
- $g: \begin{pmatrix} 1 \\ 4 \\ 1 \end{pmatrix} + t \begin{pmatrix} -3 \\ 4 \\ -4 \end{pmatrix}, \quad h: \begin{pmatrix} 9 \\ -4 \\ 7 \end{pmatrix} + s \begin{pmatrix} 1 \\ 0 \\ -1 \end{pmatrix}$
- $g: \begin{pmatrix} 1 \\ -1 \\ 2 \end{pmatrix} + t \begin{pmatrix} 0 \\ 1 \\ -3 \end{pmatrix}, \quad h: \begin{pmatrix} 3 \\ 0 \\ 8 \end{pmatrix} + s \begin{pmatrix} 2 \\ 4 \\ -3 \end{pmatrix}$

Lösungsskizze

Schnittpunkt

Gleichsetzen der Parametrisierungen $\rightsquigarrow$ lineares Gleichungssystem für den Schnittpunkt $P = g \cap h$:

$$\begin{pmatrix} 3 \\ 2 \\ 1 \end{pmatrix} + t \begin{pmatrix} 1 \\ 2 \\ 0 \end{pmatrix} = \vec{p} = \begin{pmatrix} 1 \\ 6 \\ 5 \end{pmatrix} + s \begin{pmatrix} 0 \\ 2 \\ 1 \end{pmatrix}$$

Vergleich der Komponenten $\rightsquigarrow$ drei Gleichungen

$$3 + t = 1, \quad 2 + 2t = 6 + 2s, \quad 1 = 5 + s$$

erste und dritte Gleichung $\implies$ $t = -2$, $s = -4$, konsistent mit der zweiten Gleichung

Einsetzen in die Parametrisierung von g (oder von h) $\rightsquigarrow$

$$\vec{p} = \begin{pmatrix} 3 \\ 2 \\ 1 \end{pmatrix} - 2 \begin{pmatrix} 1 \\ 2 \\ 0 \end{pmatrix} = \vec{p} = \begin{pmatrix} 1 \\ -2 \\ 1 \end{pmatrix}$$

Ebene, aufgespannt von g und h

Normale (orthogonal zu den Richtungsvektoren der Geraden)

$$\vec{n} \parallel \begin{pmatrix} 1 \\ 2 \\ 0 \end{pmatrix} \times \begin{pmatrix} 0 \\ 2 \\ 1 \end{pmatrix} = \begin{pmatrix} 2 \\ -1 \\ 2 \end{pmatrix}, \quad \vec{n}^{\circ} = \begin{pmatrix} 2/3 \\ -1/3 \\ 2/3 \end{pmatrix},$$

Hesse-Normalform:

$$E:\, \sigma\,(x,y,z)\cdot\vec{n}^{\circ} = \sigma\,\vec{p}\cdot\vec{n}^{\circ}$$

mit dem Vorzeichen $\sigma \in \{-1,1\}$ so gewählt, dass die rechte Seite nicht negativ ist:

$$\vec{p}\cdot\vec{n}^{\circ} = \begin{pmatrix}1\\-2\\1\end{pmatrix}\cdot\begin{pmatrix}2/3\\-1/3\\2/3\end{pmatrix} = 2 \geq 0 \quad\Longrightarrow\quad \sigma = 1$$

und

$$E:\, \frac{2}{3}x - \frac{1}{3}y + \frac{2}{3}z = 2$$

6.8 Abstand eines Punktes von einer Ebene

Bestimmen Sie den Abstand d des Punktes $Q = (4,1,9)$ von der Ebene

$$E:\, 2x_1 - x_2 + 2x_3 = -2$$

sowie den nächstgelegenen Punkt P.

Verweise: Abstand Punkt-Ebene

Varianten

- $E:\, 3x_1 - 6x_2 + 2x_3 = -6$, $Q = (8,-9,7)$
- $E:\, 9x_1 + 6x_2 + 2x_3 = 2$, $Q = (7,9,3)$
- $E:\, -4x_1 + 7x_2 - 4x_3 = 0$, $Q = (-3,7,-5)$

Lösungsskizze

Nächstgelegener Punkt

Normale der Ebene $E:\, 2x_1 - x_2 + 2x_3 = d$, $d = -2$:

$$\vec{n} = (2,-1,2)^{\mathrm{t}}$$

$\vec{p}-\vec{q} \perp E \iff \vec{p}-\vec{q} \parallel \vec{n}$ für den Punkt $P \in E$ am nächsten zu $Q = (4,1,9) \quad\Longrightarrow$

$$\vec{p} = \vec{q} + t\vec{n} = \begin{pmatrix}4\\1\\9\end{pmatrix} + t\begin{pmatrix}2\\-1\\2\end{pmatrix} \tag{1}$$

Einsetzen von $\vec{x} = \vec{p}$ in die Gleichung $\vec{x} \cdot \vec{n} = d$ der Ebene und Auflösen nach t $\rightsquigarrow$

$$d = \vec{q} \cdot \vec{n} + t\vec{n} \cdot \vec{n}, \quad t = \frac{d - \vec{q} \cdot \vec{n}}{\vec{n} \cdot \vec{n}} = \frac{-2 - (4 \cdot 2 + 1 \cdot (-1) + 9 \cdot 2)}{2^2 + (-1)^2 + 2^2} = -3$$

und

$$\vec{p} = \begin{pmatrix} 4 \\ 1 \\ 9 \end{pmatrix} - 3 \begin{pmatrix} 2 \\ -1 \\ 2 \end{pmatrix} = \begin{pmatrix} -2 \\ 4 \\ 3 \end{pmatrix}$$

Abstand

$$\operatorname{dist}(Q, E) = |\vec{p} - \vec{q}| = \left| \begin{pmatrix} -2 - 4 \\ 4 - 1 \\ 3 - 9 \end{pmatrix} \right| = \sqrt{(-6)^2 + 3^2 + (-6)^2} = 9$$

alternativ: (1) $\implies$

$$\operatorname{dist}(Q, E) = |t\vec{n}| = |-3| \, |(2, -1, 2)^{\mathrm{t}}| = 3 \cdot 3 = 9 \quad \checkmark$$

Bemerkung

Verwenden einer Ebenengleichung $E: d^\circ - \vec{x} \cdot \vec{n}^\circ = 0$ mit einer normierten Normale $\vec{n}^\circ = \vec{n}/|\vec{n}|$ (Hesse-Normalform für $d^\circ \geq 0$) vereinfacht die Formeln:

$$t^\circ = d^\circ - \vec{q} \cdot \vec{n}^\circ, \quad \operatorname{dist}(Q, E) = |t^\circ| \,.$$

Man erhält den Abstand in diesem Fall also durch Einsetzen von $\vec{q}$ in die Ebenengleichung.

6.9 Ebenen, die drei Kugeln berühren $\star$

Bestimmen Sie alle Ebenen, die die Kugeln mit Radius 1 und Mittelpunkten $(2, 0, 0)$, $(0, 2, 0)$, $(0, 0, 2)$ berühren.

Verweise: Ebene, Abstand Punkt-Ebene

Lösungsskizze

Bedingungen für ein Berühren der Ebenen

Eine Ebene $E : \vec{x}\cdot\vec{n} = \underbrace{\vec{p}\cdot\vec{n}}_{d}$ mit Normale $\vec{n}$ und $P \in E$ berührt eine Sphäre $S : |\vec{x}-\vec{m}| = r$ mit Mittelpunkt M und Radius r, wenn M den Abstand r von E hat, d.h.,

$$r = \frac{|\vec{m}\cdot\vec{n}-d|}{|\vec{n}|} \quad \Longleftrightarrow \quad \vec{m}\cdot\vec{n}-d = \sigma r|\vec{n}|, \quad \sigma \in \{-1,1\}\,.$$

Einsetzen der Mittelpunkte

$$(2,0,0), \quad (0,2,0), \quad (0,0,2)$$

der gegebenen Kugeln und deren Radius $r = 1 \quad \rightsquigarrow \quad$ Gleichungssystem

$$2n_1 - d = \sigma_1|\vec{n}|, \quad 2n_2 - d = \sigma_2|\vec{n}|, \quad 2n_3 - d = \sigma_3|\vec{n}| \qquad (1)$$

Lösung des Gleichungssystems (1)

Wegen $|n_k| \le |\vec{n}|$ ist $d = 0$ nicht möglich, und wegen der Invarianz der Gleichungen unter Skalierung $((n,d) \to (sn,sd))$ kann man $d = 1$ setzen.
Quadrieren $\rightsquigarrow$

$$\begin{aligned} (G1): &\quad (2n_1-1)^2 = n_1^2+n_2^2+n_3^2 \\ (G2): &\quad (2n_2-1)^2 = n_1^2+n_2^2+n_3^2 \\ (G3): &\quad (2n_3-1)^2 = n_1^2+n_2^2+n_3^2 \end{aligned}$$

Bilden der Differenzen $(G2)-(G1)$ und $(G3)-(G1) \quad \rightsquigarrow$

$$(4n_2^2-4n_2+1)-(4n_1^2-4n_1+1) = 0, \quad (4n_3^2-4n_3+1)-(4n_1^2-4n_1+1) = 0$$

bzw. nach Vereinfachung mit der dritten binomischen Formel $(a^2-b^2 = (a-b)(a+b))$

$$(n_2-n_1)(n_2+n_1-1) = 0, \quad (n_3-n_1)(n_3+n_1-1) = 0$$

Je nachdem, welche der Faktoren null sind, gibt es vier Fälle.

- $n_2 = n_1$, $n_3 = n_1$:
  Einsetzen in Gleichung $(G1) \quad \rightsquigarrow$

  $$(2n_1-1)^2 = 3n_1^2 \quad \Longleftrightarrow \quad n_1^2-4n_1+1 = 0$$

  mit den Lösungen $n_1 = 2\pm\sqrt{3} \quad \rightsquigarrow \quad$ zwei Ebenen, deren Gleichungen $n_1x_1 + n_1x_2 + n_1x_3 = 1$ sich nach Division durch n_1 und Berücksichtigung von $\frac{1}{2\pm\sqrt{3}} = 2\mp\sqrt{3}$ in der folgenden Form schreiben lassen:

  $$E_+ : x_1+x_2+x_2 = 2-\sqrt{3}, \quad E_- : x_1+x_2+x_2 = 2+\sqrt{3}$$

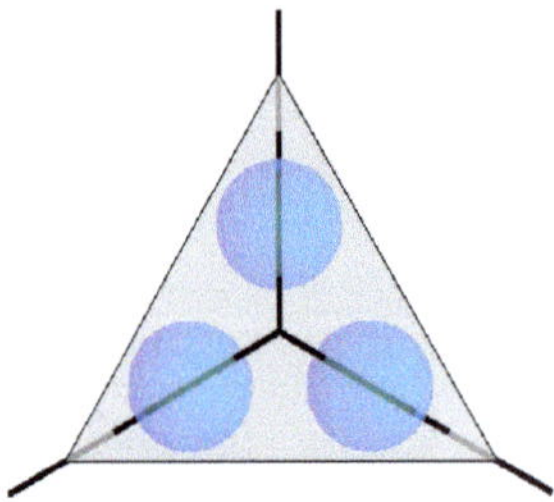

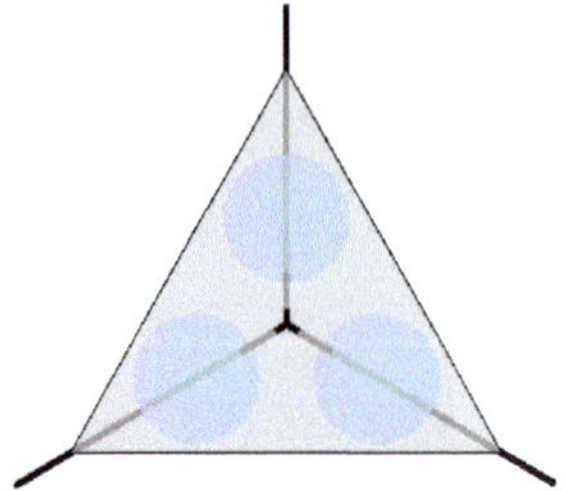

Bei der für die Abbildung verwendeten Blickrichtung $(-1,-1,-1)^{\mathrm{t}}$ wird die Ebene E_+, die zwischen dem Ursprung $(0,0,0)$ und den Kugeln liegt, teilweise durch die Kugeln verdeckt (linkes Bild). Die Ebene E_- hingegen verdeckt die Kugeln, da sie diese an der vom Ursprung abgewandten Seite berührt (rechtes Bild).

- $n_2 + n_1 - 1 = 0$, $n_3 + n_1 - 1 = 0$:
  Einsetzen von $n_2 = n_3 = 1 - n_1$ in Gleichung $(G1)$ $\rightsquigarrow$

$$(2n_1 - 1)^2 = n_1^2 + 2(1 - n_1)^2 \quad \Longleftrightarrow \quad n_1^2 = 1$$

mit den Lösungen $n_1 = \pm 1$
$\rightsquigarrow$ 2 Ebenen mit den Normalen $\vec{n} = (1,0,0)$ und $\vec{n} = (-1,2,2)$, d.h.,

$$E_{1,+}: x_1 = 1 \,(\text{linkes Bild}), \quad E_{1,-} = -x_1 + 2x_2 + 2x_3 = 1 \,(\text{rechtes Bild})$$

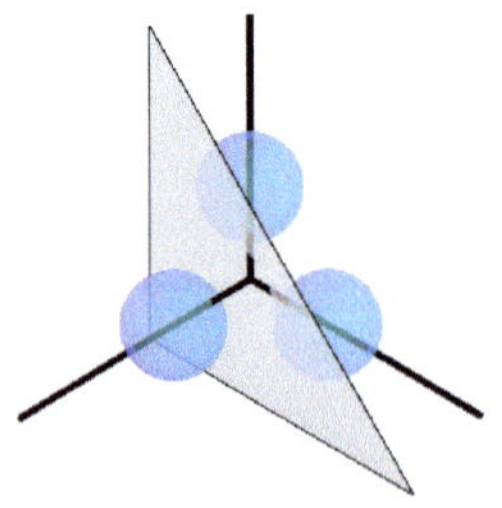

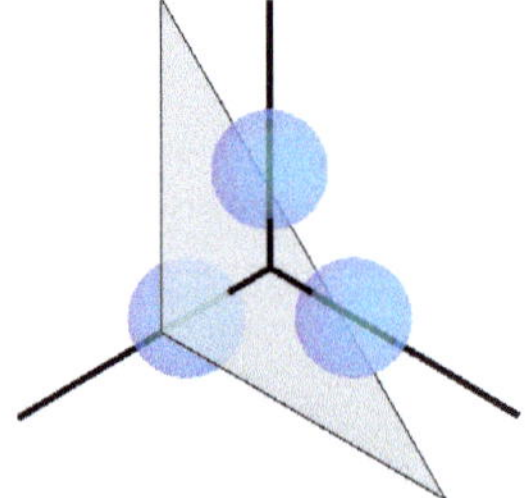

Anstatt die restlichen zwei anderen Fälle zu betrachten, kann man aus der Symmetrie des Problems folgern, dass die folgenden vier berührenden Ebenen existieren, bei denen die Komponenten der Normalen permutiert sind:

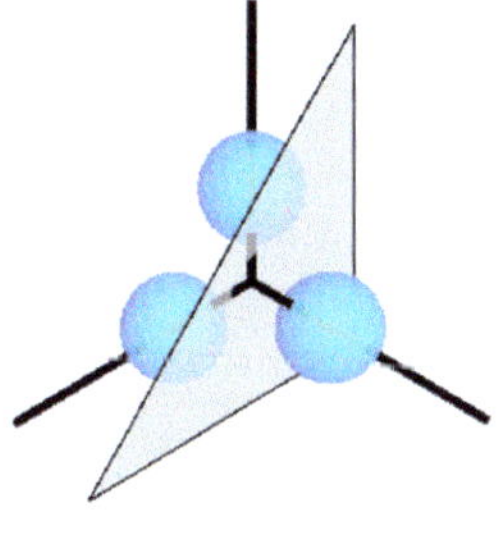

$E_{2,+} : x_2 = 1$

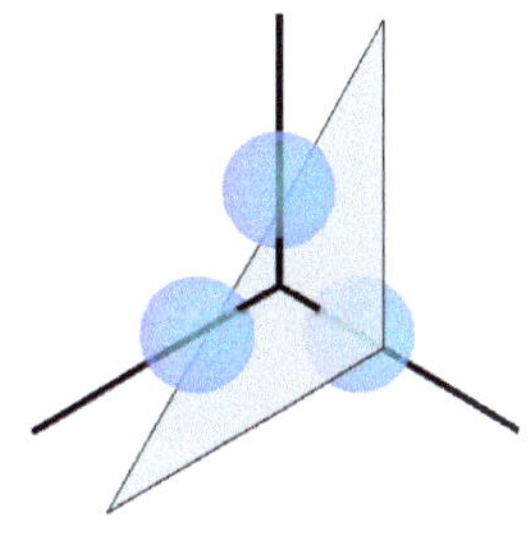

$E_{2,-} = 2x_1 - x_2 + 2x_3 = 1$

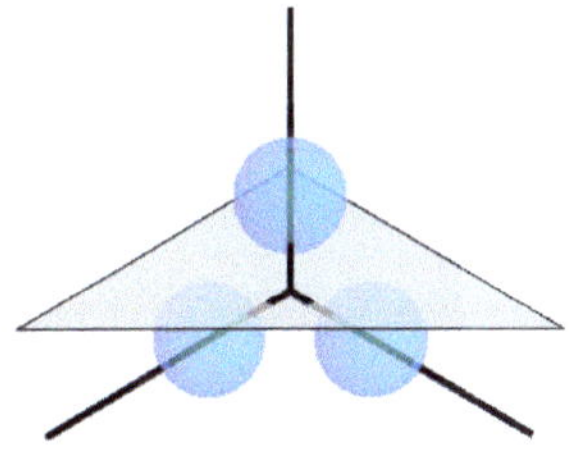

$E_{3,+} : x_3 = 1$

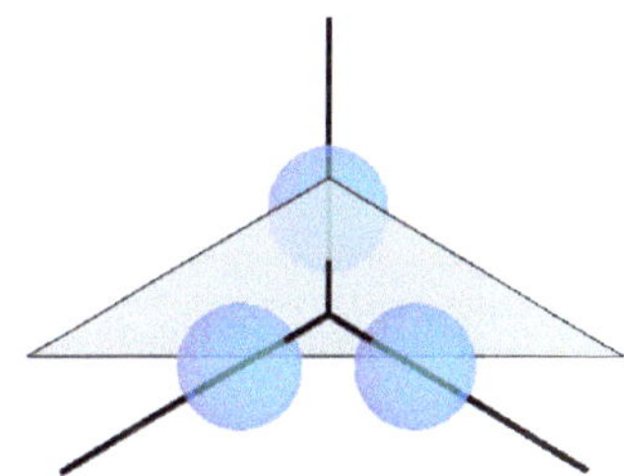

$E_{3,-} = 2x_1 + 2x_2 - x_3 = 1$

Bemerkung
Eine analytische Lösung war nur aufgrund der äußerst günstigen Parameterwahl möglich. Bei verschiedenen Radien und asymmetrischen Kugelpositionen lassen sich berührende Ebenen im Allgemeinen nur numerisch bestimmen.

6.10 Schnittpunkt einer Geraden und einer Ebene

Bestimmen Sie den Schnittpunkt Q der Gerade

$$g : \begin{pmatrix} -6 \\ 7 \\ -2 \end{pmatrix} + t \begin{pmatrix} 2 \\ -1 \\ 1 \end{pmatrix}$$

mit der Ebene $E : x - 3y + 2z = 4$.

Verweise: Ebene

Varianten

- $g:\ (7,7,9)^{\mathrm{t}} + t(0,-4,-6)^{\mathrm{t}},\quad E:\ -2x - 8y + 2z = 8$
- $g:\ (-4,-9,-8)^{\mathrm{t}} + t(1,3,0)^{\mathrm{t}},\quad E:\ -6x + 6y - z = 2$
- $g:\ (-4,3,-9)^{\mathrm{t}} + t(-2,1,-3)^{\mathrm{t}},\quad E:\ -5x + 6z = -2$

Lösungsskizze

Einsetzen des Ortsvektors eines Punktes $Q = (x,y,z)$ auf der Geraden g,

$$\vec{q} = \begin{pmatrix} x \\ y \\ z \end{pmatrix} = \begin{pmatrix} -6 \\ 7 \\ -2 \end{pmatrix} + t \begin{pmatrix} 2 \\ -1 \\ 1 \end{pmatrix},$$

in die Gleichung der Ebene, $E:\ x - 3y + 2z = 4 \quad \rightsquigarrow$

$$(-6 + 2t) - 3(7 - t) + 2(-2 + t) = 4$$

Einsetzen der Lösung $t = 5$ in die Parametrisierung von $g \quad \rightsquigarrow \quad$ Ortsvektor des Schnittpunktes

$$\vec{q} = \begin{pmatrix} -6 \\ 7 \\ -2 \end{pmatrix} + 5 \begin{pmatrix} 2 \\ -1 \\ 1 \end{pmatrix} = \begin{pmatrix} 4 \\ 2 \\ 3 \end{pmatrix}$$

6.11 Spiegelung einer Geraden an einer Ebene

Spiegeln Sie die Gerade $g:\ (9,-5,7)^{\mathrm{t}} + t(-3,3,-1)^{\mathrm{t}}$ an der Ebene $E:\ 3x_1 - x_2 + 2x_3 = 4$.

Verweise: Ebene, Abstand Punkt-Ebene

Varianten

- $E:\ x_1 - x_2 + x_3 = 2,\quad g:\ (4,-3,4)^{\mathrm{t}} + t(1,1,3)^{\mathrm{t}}$
- $E:\ x_1 + 2x_2 + x_3 = 0,\quad g:\ (1,3,-1)^{\mathrm{t}} + t(2,1,2)^{\mathrm{t}}$
- $E:\ 2x_1 - x_3 = 1,\quad g:\ (5,1,-1)^{\mathrm{t}} + t(3,1,-4)^{\mathrm{t}}$

Lösungsskizze

Schematische Darstellung der Ebene und der gespiegelten Geraden

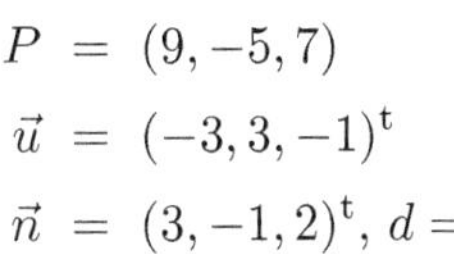

$$\begin{aligned} P &= (9,-5,7) \\ \vec{u} &= (-3,3,-1)^{\mathrm{t}} \\ \vec{n} &= (3,-1,2)^{\mathrm{t}},\ d=4 \end{aligned}$$

M : Projektion von P auf E

Q : gespiegelter Punkt

$\vec{v}$: gespiegelter Richtungsvektor

h : Spiegelung von g

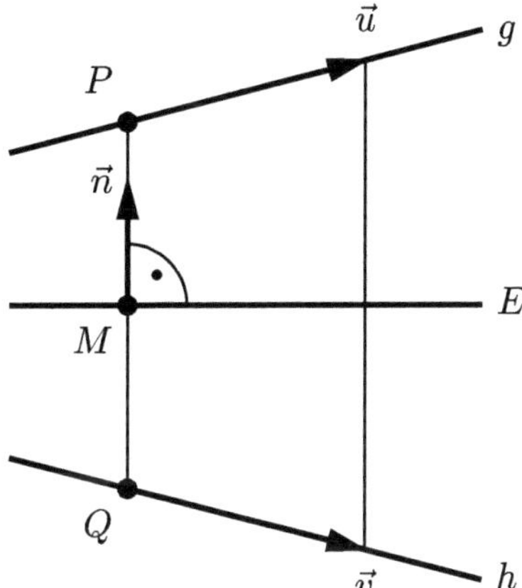

Projektion und Spiegelung von P

- Projektion $P \to M$:
  $\vec{m} = \vec{p} + t\vec{n}$, $\vec{m} \in E : \vec{x} \cdot \vec{n} = d \quad \underset{\vec{x}=\vec{m}}{\Longrightarrow}$

$$(\vec{p} + t\vec{n}) \cdot \vec{n} = d, \quad \text{d.h., } t = \frac{d - \vec{p} \cdot \vec{n}}{\vec{n} \cdot \vec{n}}$$

  Einsetzen der gegebenen Daten $\rightsquigarrow$

$$t = \frac{4 - \begin{pmatrix} 9 \\ -5 \\ 7 \end{pmatrix} \cdot \begin{pmatrix} 3 \\ -1 \\ 2 \end{pmatrix}}{\begin{pmatrix} 3 \\ -1 \\ 2 \end{pmatrix} \cdot \begin{pmatrix} 3 \\ -1 \\ 2 \end{pmatrix}} = \frac{4 - (27 + 5 + 14)}{9 + 1 + 4} = -3$$

$$\vec{m} \underset{(\star)}{=} \vec{p} + t\vec{n} = \begin{pmatrix} 9 \\ -5 \\ 7 \end{pmatrix} - 3 \begin{pmatrix} 3 \\ -1 \\ 2 \end{pmatrix} = \begin{pmatrix} 0 \\ -2 \\ 1 \end{pmatrix}$$

- Spiegelung $P \to Q$:
  $\vec{m} - \vec{p} = \vec{q} - \vec{m} \quad \Longrightarrow$

$$\vec{q} = 2\vec{m} - \vec{p} \underset{(\star)}{=} \vec{p} + 2t\vec{n} = \begin{pmatrix} 9 \\ -5 \\ 7 \end{pmatrix} - 2 \cdot 3 \begin{pmatrix} 3 \\ -1 \\ 2 \end{pmatrix} = \begin{pmatrix} -9 \\ 1 \\ -5 \end{pmatrix}$$

Spiegelung des Richtungsvektors: $\vec{u} \to \vec{v}$

Spiegelung eines zweiten Punktes der Geraden, z.B. des Punktes mit dem Ortsvektor $\vec{p} + \vec{u} = (6, -2, 6)^{\mathrm{t}}$

analoge Rechnung, deshalb Verwendung von MATLAB® als Alternative

```
p_plus_u = [6;-2;6]; n = [3;-1;2]; d = 4;
% Anwendung der Formel p -> q = p + 2t n fuer die Spiegelung
t = (d-dot(p_plus_u,n))/dot(n,n);
q_plus_v = p_plus_u + 2*t*n
```

$\rightsquigarrow \quad \vec{q} + \vec{v} = (-6, 2, -2)^{\mathrm{t}}$ und

$$\vec{v} = \begin{pmatrix} -6 \\ 2 \\ -2 \end{pmatrix} - \underbrace{\begin{pmatrix} -9 \\ 1 \\ -5 \end{pmatrix}}_{\vec{q}} = \begin{pmatrix} 3 \\ 1 \\ 3 \end{pmatrix}$$

als Richtungsvektor der gespiegelten Geraden

6.12 Orthogonale Basis für eine Ebene

Ergänzen Sie $\vec{u} = (1, 2, -1)^{\mathrm{t}}$ durch einen Vektor $\vec{w}$ zu einer orthogonalen Basis für die durch $\vec{u}$ und $\vec{v} = (4, 3, -2)^{\mathrm{t}}$ aufgespannte Ebene E mit $(0, 0, 0) \in E$. Bestimmen Sie die Koordinaten des Vektors $\vec{a} = (-1, 8, -3)^{\mathrm{t}}$ bzgl. der Basis $\{\vec{u}, \vec{w}\}$.

Verweise: Skalarprodukt, Orthogonale Basis

Varianten

- $\vec{u} = (1, 1, 1)^{\mathrm{t}}$, $\vec{v} = (1, 0, 2)^{\mathrm{t}}$, $\vec{a} = (-1, -3, 1)^{\mathrm{t}}$
- $\vec{u} = (1, 3, 2)^{\mathrm{t}}$, $\vec{v} = (1, -7, -4)^{\mathrm{t}}$, $\vec{a} = (5, 5, 4)^{\mathrm{t}}$
- $\vec{u} = (3, 0, -2)^{\mathrm{t}}$, $\vec{v} = (8, 5, -1)^{\mathrm{t}}$, $\vec{a} = (-8, -5, 1)^{\mathrm{t}}$

Lösungsskizze

Orthogonale Basis

Orthogonalisierung der aufspannenden Vektoren $\{\vec{u}, \vec{v}\}$ der Ebene mit dem Gram-Schmidt-Verfahren:

$$\vec{v} \to \vec{w} = \vec{v} - \underbrace{\frac{\vec{v}\cdot\vec{u}}{\vec{u}\cdot\vec{u}}\vec{u}}_{\text{Projektion } \vec{p}}$$

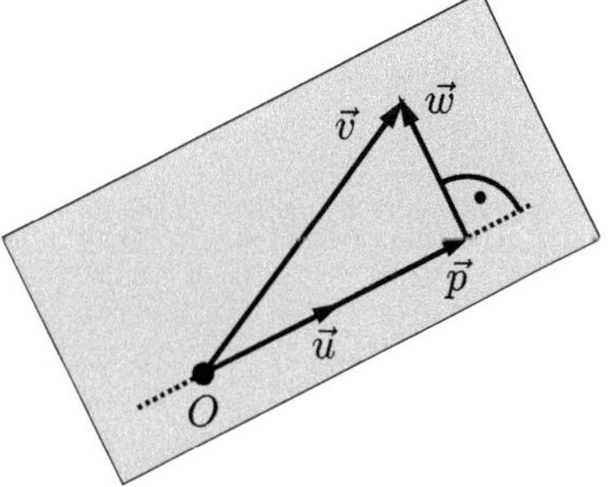

$\rightsquigarrow$ orthogonaler zweiter Basis-Vektor $\vec{w} \perp \vec{u}$

Einsetzen der gegebenen Daten $\rightsquigarrow$

$$\vec{w} = \begin{pmatrix} 4 \\ 3 \\ -2 \end{pmatrix} - \frac{(4,3,-2)^{\mathrm{t}} \cdot (1,2,-1)^{\mathrm{t}}}{(1,2,-1)^{\mathrm{t}} \cdot (1,2,-1)^{\mathrm{t}}} \begin{pmatrix} 1 \\ 2 \\ -1 \end{pmatrix} = \begin{pmatrix} 4 \\ 3 \\ -2 \end{pmatrix} - \frac{12}{6} \begin{pmatrix} 1 \\ 2 \\ -1 \end{pmatrix} = \begin{pmatrix} 2 \\ -1 \\ 0 \end{pmatrix}$$

Alternative Methode
Vektorprodukt von $\vec{u}$ mit der Normalen der Ebene

$$\vec{w} \parallel \underbrace{(\vec{u} \times \vec{v})}_{\text{Normale } \vec{n}} \times \vec{u}$$

$\Longrightarrow \quad \vec{w} \perp \vec{n}$, d.h., $\vec{w} \in E$, und $\vec{w} \perp \vec{u}$

Koordinaten von $\vec{a} = (-1, 8, -3)^{\mathrm{t}}$

Addition der Projektionen auf die Achsen $t\vec{u}$, $t\vec{w}$ $\rightsquigarrow$

$$\begin{aligned}
\vec{a} &= \frac{\vec{a}\cdot\vec{u}}{\vec{u}\cdot\vec{u}}\vec{u} + \frac{\vec{a}\cdot\vec{w}}{\vec{w}\cdot\vec{w}}\vec{w} \\
&= \frac{(-1,8,-3)^{\mathrm{t}} \cdot (1,2,-1)^{\mathrm{t}}}{(1,2,-1)^{\mathrm{t}} \cdot (1,2-1)^{\mathrm{t}}} \begin{pmatrix} 1 \\ 2 \\ -1 \end{pmatrix} + \frac{(-1,8,-3)^{\mathrm{t}} \cdot (2,-1,0)^{\mathrm{t}}}{(2,-1,0)^{\mathrm{t}} \cdot (2,-1,0)^{\mathrm{t}}} \begin{pmatrix} 2 \\ -1 \\ 0 \end{pmatrix} \\
&= \frac{18}{6} \begin{pmatrix} 1 \\ 2 \\ -1 \end{pmatrix} + \frac{-10}{5} \begin{pmatrix} 2 \\ -1 \\ 0 \end{pmatrix} = 3 \begin{pmatrix} 1 \\ 2 \\ -1 \end{pmatrix} - 2 \begin{pmatrix} 2 \\ -1 \\ 0 \end{pmatrix}
\end{aligned}$$

6.13 Rollen einer Kugel auf einer schiefen Ebene

In welchem Punkt Q trifft eine Kugel, die im Punkt $P = (-1, -2, 3)$ der Ebene $E : x_1 + 2x_2 + 5x_3 = 10$ losgelassen wird, auf die x_1x_2-Ebene (Gravitation in negativer x_3-Richtung, Einheiten in [m])?

Verweise: Ebene, Gerade, Abstand Punkt-Gerade

Varianten

- $P = (6, 3, 6)$, $E : -3x_1 + x_2 + 5x_3 = 15$
- $P = (-4, -6, 3)$, $E : x_1 + x_2 + 2x_3 = -4$
- $P = (0, 5, 8)$, $E : 2x_1 - 4x_2 + 5x_3 = 20$

Lösungsskizze

Rollrichtung

Zerlegung der Gewichtskraft $\vec{f} = (0, 0, -G)^t$ mit G dem Gewicht der Kugel in die Normalkraft $\vec{u}$ (Projektion von $\vec{f}$ auf die Normale $\vec{n} = (1, 2, 5)^t$ der Ebene) und die Hangabtriebskraft $\vec{v}$ (Rollrichtung in der Ebene, orthogonal zu $\vec{n}$ bzw. $\vec{u}$)

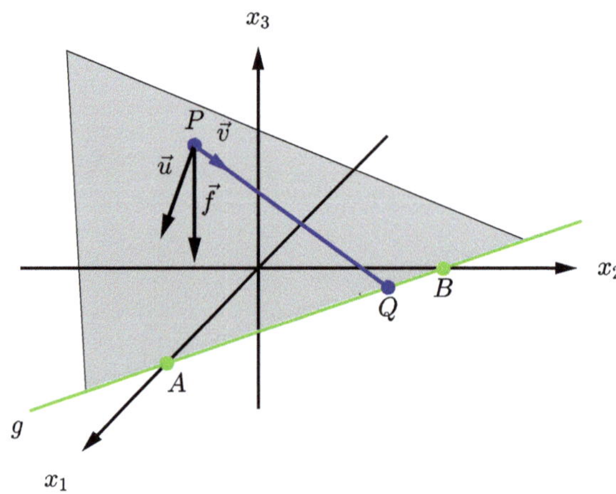

Formel für die Projektion $\implies$

$$\vec{u} \underset{(\star)}{=} \frac{\vec{f} \cdot \vec{n}}{\vec{n} \cdot \vec{n}} \vec{n} = \frac{(0, 0, -G)^t \cdot (1, 2, 5)^t}{(1, 2, 5)^t \cdot (1, 2, 5)^t} \begin{pmatrix} 1 \\ 2 \\ 5 \end{pmatrix} = \frac{-5G}{1 + 4 + 25} \begin{pmatrix} 1 \\ 2 \\ 5 \end{pmatrix} = G \begin{pmatrix} -1/6 \\ -2/6 \\ -5/6 \end{pmatrix}$$

$(\vec{f}-\vec{u}) \perp \vec{n}$ (Eigenschaft der orthogonalen Projektion, unmittelbare Konsequenz der Formel $(\star)$) $\quad\Longrightarrow$

$$\vec{v} = \vec{f} - \vec{u} = G\begin{pmatrix} 0 \\ 0 \\ -1 \end{pmatrix} - G\begin{pmatrix} -1/6 \\ -2/6 \\ -5/6 \end{pmatrix} = G\begin{pmatrix} 1/6 \\ 2/6 \\ -1/6 \end{pmatrix},$$

d.h., $\vec{v}^\circ = (1,2,-1)^{\mathrm{t}}/s$, $s=\sqrt{6}$, ist die normierte Rollrichtung

Auftreffpunkt

von der Kugel durchlaufene Gerade:

$$h:\, \vec{x} = \vec{p} + t\vec{v}^\circ = \begin{pmatrix} -1 \\ -2 \\ 3 \end{pmatrix} + t\,\frac{1}{s}\begin{pmatrix} 1 \\ 2 \\ -1 \end{pmatrix}$$

$x_3 = 0$ für den Auftreffpunkt $X = Q$ auf der x_1x_2-Ebene $\quad\Longrightarrow$

$$0 = 3 + (t/s)(-1), \quad \text{d.h., } t = 3s,\ \vec{q} = \begin{pmatrix} -1 \\ -2 \\ 3 \end{pmatrix} + 3\begin{pmatrix} 1 \\ 2 \\ -1 \end{pmatrix} = \begin{pmatrix} 2 \\ 4 \\ 0 \end{pmatrix}$$

Alternative Lösung

Der Punkt Q liegt auf der Schnittgeraden h von E und der x_1x_2-Ebene $E_{1,2}: x_3 = 0$, d.h., $Q \in h: x_1 + 2x_2 = 10$. Diese Gerade verläuft durch die Spurpunkte (grün markierte Schnittpunkte mit den Koordinatenachsen) $A = (10,0,0)$, $B = (0,5,0)$ und hat somit die parametrische Darstellung (Zwei-Punkte-Form)

$$h:\, \vec{x} = \vec{a} + t\underbrace{(\vec{b}-\vec{a})}_{\vec{d}} = \begin{pmatrix} 10 \\ 0 \\ 0 \end{pmatrix} + t\begin{pmatrix} -10 \\ 5 \\ 0 \end{pmatrix}.$$

Der Richtungsvektor $\vec{d}$ ist orthogonal zu $\vec{n} \parallel \vec{u}$ sowie zu $\vec{f}$ und damit ebenfalls orthogonal zu $(\vec{q}-\vec{p}) \parallel \vec{v} = \vec{f} - \vec{u}$. Einsetzen der Darstellung von Q als Punkt auf der Geraden $h \quad\leadsto$

$$0 = \vec{d}\cdot(\vec{q}-\vec{p}) = \begin{pmatrix} -10 \\ 5 \\ 0 \end{pmatrix} \cdot \left(\underbrace{\begin{pmatrix} 10 \\ 0 \\ 0 \end{pmatrix} + t\begin{pmatrix} -10 \\ 5 \\ 0 \end{pmatrix}}_{\vec{q}} - \begin{pmatrix} -1 \\ -2 \\ 3 \end{pmatrix} \right) = -100 + 125t\,,$$

d.h., $t = 4/5$ und $Q = (2,4,0)$ ✓

⚠ Die Schrägbilddarstellung eines Koordinatensystems ist nicht winkeltreu. Insbesondere ist das Bild der Wegstrecke der Kugel (blau) nicht orthogonal zum Bild der Geraden h (grün).

6.14 Perspektivische Projektion eines Würfels

Geben Sie eine Formel für die perspektivische Projektion auf eine Ebene $E : \vec{x} \cdot \vec{n} = d$ an. Bilden Sie damit für den Blickpunkt $V = (-1, 2, 3)$ die Ecken P des Würfels $[0, 1]^3$ auf Punkte Q in der x_1x_2-Ebene ab.

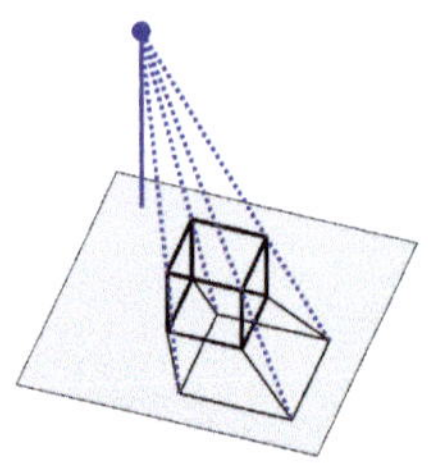

Verweise: Ebene

Varianten

- $P = (6, -1, 3)$, $V = (4, 2, 5)$, $\vec{n} = (1, 0, 0)^t$, $d = 0$
- $P = (-9, -7, 6)$, $V = (3, -5, -4)$, $\vec{n} = (2, -2, -6)^t$, $d = 0$
- $P = (-4, 8, 1)$, $V = (2, -1, -2)$, $\vec{n} = (7, 6, 3)^t$, $d = 9$

Lösungsskizze

Perspektivische Projektion

Das Bild Q eines Punktes P ist der Schnittpunkt der Geraden g durch den Punkt P und den Blickpunkt V mit der Ebene E, d.h.,

$$Q \in g \iff \vec{q} = \vec{v} + t(\vec{p} - \vec{v}) \quad \text{und} \quad Q \in E \iff \vec{q} \cdot \vec{n} = d\,.$$

Einsetzen der Darstellung von $\vec{q}$ in die Gleichung der Ebene und Auflösen nach t $\rightsquigarrow$

$$t = \frac{d - \vec{v} \cdot \vec{n}}{(\vec{p} - \vec{v}) \cdot \vec{n}}, \quad \vec{q} = \vec{v} + \frac{d - \vec{v} \cdot \vec{n}}{(\vec{p} - \vec{v}) \cdot \vec{n}}(\vec{p} - \vec{v}) \tag{1}$$

Projektion des Würfels

Anwenden der Formel (1) mit $\vec{n} = (0, 0, 1)^t$, $d = 0$, $\vec{v} = (-1, 2, 3)^t$ $\rightsquigarrow$

$$\vec{q} = \begin{pmatrix} -1 \\ 2 \\ 3 \end{pmatrix} - \frac{3}{p_3 - 3} \begin{pmatrix} p_1 + 1 \\ p_2 - 2 \\ p_3 - 3 \end{pmatrix}$$

Die Punkte in der x_1x_2-Ebene bleiben unverändert. Nur die vier Ecken P mit $p_3 = 1$ müssen projiziert werden:

$$\begin{pmatrix} 0 \\ 0 \\ 1 \end{pmatrix} \mapsto \begin{pmatrix} -1 \\ 2 \\ 3 \end{pmatrix} - \frac{3}{1-3} \begin{pmatrix} 0+1 \\ 0-2 \\ 1-3 \end{pmatrix} = \begin{pmatrix} 1/2 \\ -1 \\ 0 \end{pmatrix}.$$

analoge Rechnung $\rightsquigarrow$ Bilder der restlichen drei Ecken:

$$\begin{pmatrix} 1 \\ 0 \\ 1 \end{pmatrix} \mapsto \begin{pmatrix} 2 \\ -1 \\ 0 \end{pmatrix}, \quad \begin{pmatrix} 0 \\ 1 \\ 1 \end{pmatrix} \mapsto \begin{pmatrix} 1/2 \\ 1/2 \\ 0 \end{pmatrix}, \quad \begin{pmatrix} 1 \\ 1 \\ 1 \end{pmatrix} \mapsto \begin{pmatrix} 2 \\ 1/2 \\ 0 \end{pmatrix}$$

6.15 Fluchtpunkte bei einer perspektivischen Projektion

Bestimmen Sie die Fluchtpunkte der Kanten der Quader

$$Q: \vec{x} = \vec{p} + r\vec{a} + s\vec{b} + t\vec{c}, \quad 0 \le r, s, t \le 1,$$

für

a) $P = (2, 1, 0)$, $\vec{a} = (1, 0, 0)^{\mathrm{t}}$, $\vec{b} = (0, 1, 0)^{\mathrm{t}}$, $\vec{c} = (0, 0, 1)^{\mathrm{t}}$ (Würfel)
b) $P = (1, -1, 0)$, $\vec{a} = (0, 2, 0)^{\mathrm{t}}$, $\vec{b} = (1, 0, 1)^{\mathrm{t}}$, $\vec{c} = (-1, 0, 1)^{\mathrm{t}}$
c) $P = (1, -1, 0)$, $\vec{a} = (-2, 1, -1)^{\mathrm{t}}$, $\vec{b} = (1, 1, -1)^{\mathrm{t}}$, $\vec{c} = (0, 2, 2)^{\mathrm{t}}$

unter der perspektivischen Abbildung mit Blickpunkt $V = (0, 0, 5)$ auf die x_1x_2-Ebene.

Verweise: Ebene, Schnittpunkt Gerade-Ebene

Varianten

- $P = (0, 0, -3)$, $\vec{a} = (-1, 2, 2)^{\mathrm{t}}$, $\vec{b} = (2, -1, 2)^{\mathrm{t}}$, $\vec{c} = (2, 2, -1)^{\mathrm{t}}$
- $P = (2, -2, 1)$, $\vec{a} = (2, 1, 0)^{\mathrm{t}}$, $\vec{b} = (-1, 2, 0)^{\mathrm{t}}$, $\vec{c} = (0, 0, 1)^{\mathrm{t}}$
- $P = (1, 1, 0)$, $\vec{a} = (1, 1, 0)^{\mathrm{t}}$, $\vec{b} = (1, -1, 2)^{\mathrm{t}}$, $\vec{c} = (-1, 1, -1)^{\mathrm{t}}$

Lösungsskizze

Perspektivische Projektion auf die x_1x_2-Ebene

Das Bild Y eines Punktes X ist der Schnittpunkt der Geraden durch den Blickpunkt $V = (0, 0, 5)$ und X mit der x_1x_2-Ebene $E: x_3 = 0$, d.h.,

$$\vec{y} = \vec{v} + t(\vec{x} - \vec{v}), \quad y_3 = 0.$$

Verschwinden der dritten Komponente von $\vec{y}$ $\implies$ $5 + t(x_3 - 5) = 0$, d.h., $t = \dfrac{5}{5 - x_3}$ und

$$\begin{pmatrix} y_1 \\ y_2 \end{pmatrix} \underset{v_1 = v_2 = 0}{=} \frac{5}{5 - x_3} \begin{pmatrix} x_1 \\ x_2 \end{pmatrix} \tag{1}$$

ist der Ortsvektor des Bildes Y von X

Bild einer Geraden

$$g : \vec{p} + t\vec{u} \quad \mapsto \quad h : \frac{5}{5 - p_3 - tu_3} \begin{pmatrix} p_1 + tu_1 \\ p_2 + tu_2 \end{pmatrix} \tag{2}$$

- Für Geraden parallel zur x_1x_2-Ebene (Bildebene), d.h., für $u_3 = 0$, ist das Bild eine Gerade mit dem gleichen Richtungsvektor. Daraus folgt insbesondere, dass die Bildgeraden paralleler Geraden mit $u_3 = 0$ ebenfalls parallel sind.
- Die Bilder von Geraden mit $u_3 \neq 0$ (nicht parallel zur Bildebene) sind ebenfalls Geraden (eine allgemeine Eigenschaft perspektivischer Projektionen). Für $t \to \infty$ (Bilden des Grenzwerts in (2)) nähern sich die Punkte auf der Geraden dem sogenannten *Fluchtpunkt*

  $$F_g = (-(5/u_3)u_1, -(5/u_3)u_2)\,. \tag{3}$$

  Da die Koordinaten von F_g nur vom Richtungsvektor $\vec{u}$ von g abhängen, schneiden sich alle Geraden, die zu g parallel sind, d.h., den gleichen Richtungsvektor haben, in diesem Punkt.

Anwendung auf die perspektivischen Projektionen der drei Quader:

a) $P = (2, 1, 0), \quad \vec{a} = (1, 0, 0)^{\mathrm{t}}, \vec{b} = (0, 1, 0)^{\mathrm{t}}, \vec{c} = (0, 0, 1)^{\mathrm{t}}$

Das Bild des Würfels erhält man durch Transformation der Eckpunkte. Beispielsweise ergibt (1) für $\vec{x} = \vec{p} + \vec{a} + \vec{b} + \vec{c} = (3, 2, 1)^{\mathrm{t}}$

$$\vec{y} = \frac{5}{5 - 1} \begin{pmatrix} 3 \\ 2 \end{pmatrix} = \begin{pmatrix} 3.75 \\ 2.5 \end{pmatrix}.$$

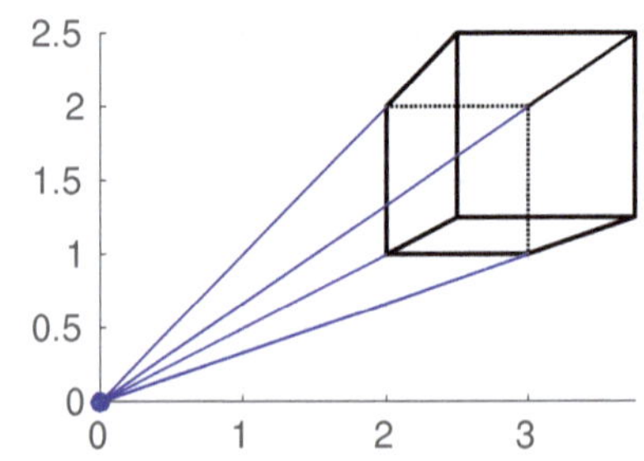

Die Kanten in Richtung $\vec{a}$ oder $\vec{b}$ sind parallel zur Bildebene ($a_3 = b_3 = 0$) und besitzen folglich keinen Fluchtpunkt.

Formel (3), angewandt auf die Kantenrichtung $\vec{u} = \vec{c}$ $\rightsquigarrow$ Fluchtpunkt (blau)

$$F = ((-5/1) \cdot 0, (-5/1) \cdot 0) = (0, 0)$$

Die Abbildung illustriert, wie die Geraden (blau), die die Kanten in Richtung $\vec{c}$ verlängern, in den Fluchtpunkt münden.

b) $P = (1, -1, 0)$, $\vec{a} = (0, 2, 0)^{\mathrm{t}}$, $\vec{b} = (1, 0, 1)^{\mathrm{t}}$, $\vec{c} = (-1, 0, 1)^{\mathrm{t}}$

Die Kanten in Richtung $\vec{b}$ und $\vec{c}$ haben Fluchtpunkte:

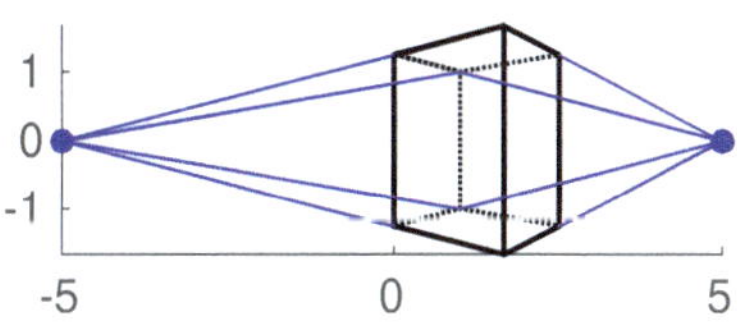

$$F_b \underset{(3)}{=} (-(5/1) \cdot 1, -5 \cdot 0) = (-5, 0)$$
$$F_c = (-(5/1) \cdot (-1), -5 \cdot 0) = (5, 0)$$

c) $P = (1, -1, 0)$, $\vec{a} = (-2, 1, -1)^{\mathrm{t}}$, $\vec{b} = (1, 1, -1)^{\mathrm{t}}$, $\vec{c} = (0, 2, 2)^{\mathrm{t}}$

Für alle den Quader aufspannenden Richtungen ist die dritte Komponente ungleich 0 (keine Richtung parallel zur x_1x_2-Ebene), und somit existieren 3 Fluchtpunkte:

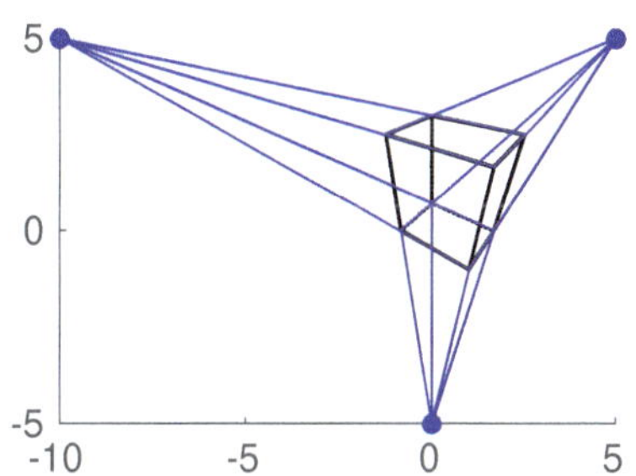

$$F_a \underset{(3)}{=} (-(5/(-1)) \cdot (-2), 5 \cdot 1) = (-10, 5)$$
$$F_b = (-(5/(-1)) \cdot 1, 5 \cdot 1) = (5, 5)$$
$$F_c = (-(5/2) \cdot 0, -(5/2) \cdot 2) = (0, -5)$$

6.16 Schnittfläche einer Ebene mit einem Würfel $\star$

Berechnen Sie die Fläche des Sechsecks, das durch Schneiden der Ebene

$$E: x_1 + x_2 + x_3 = 3/2$$

mit dem Würfel $[0, 1]^3$ mit den Eckpunkten $P_{jk\ell} = (j, k, \ell)$ entsteht.

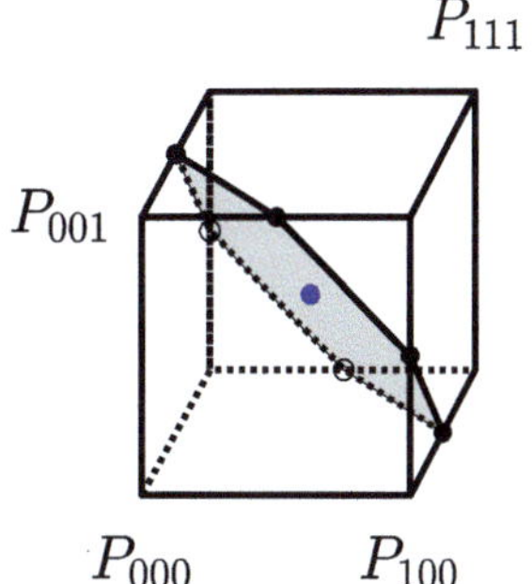

Verweise: Ebene, Vektorprodukt

Varianten

- Berechnen Sie

$$B(t) = \operatorname{area}(\underbrace{E \cap [0, 1]^3}_{\text{Schnittfläche}}), \quad E: x_1 + x_2 + x_3 = t$$

in Abhängigkeit von $t \in [0, 3]$.

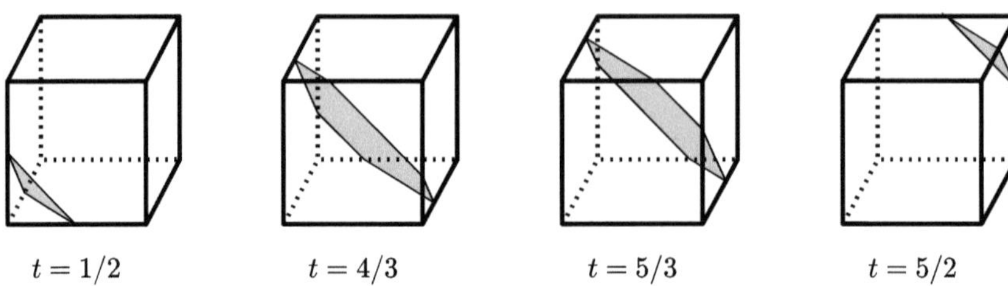

Sie erhalten den abgebildeten B-Spline[1].

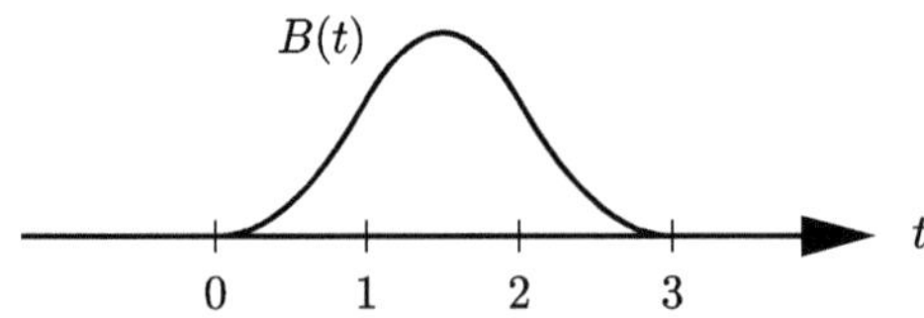

Lösungsskizze

Eckpunkte des Sechsecks

Die Ebene E ist orthogonal zu der Raumdiagonale des Würfels mit Richtungsvektor $(1,1,1)^{\mathrm{t}}$ (Normale der Ebene) und enthält den Mittelpunkt $(1/2,1/2,1/2)$ des Würfels. Damit ist geometrisch plausibel, dass die Schnittpunkte S_k von E mit den Kanten des Würfels (Eckpunkte des Sechsecks) diese halbieren.

Rechnerische Bestätigung

- Kante $\overline{P_{001}P_{101}}$, $P_{001} = (0,0,1)$, $P_{101} = (1,0,1)$:
  Einsetzen der Parametrisierung $g : (s,0,1)$, $0 \leq s \leq 1$, in die Ebenengleichung $x_1 + x_2 + x_3 = 3/2 \quad \rightsquigarrow$
  $$s + 0 + 1 = 3/2, \quad \text{d.h.}, \; s = 1/2, \; S_1 = (1/2,0,1)$$
- Kante $\overline{P_{101}P_{100}}$:
  $g : (1,0,s) \quad \rightsquigarrow \quad S_2 = (1,0,1/2)$

analoge Bestätigung für die anderen Schnittpunkte $\rightsquigarrow$ Eckpunkte des Sechsecks:

$$S_1 = (1/2,0,1) \;\; S_2 = (1,0,1/2) \;\; S_3 = (1,1/2,0)$$
$$S_4 = (1/2,1,0) \;\; S_5 = (0,1,1/2) \;\; S_6 = (0,1/2,1)$$

[1]siehe K. Höllig und J. Hörner: *Approximation and Modeling with B-Splines*, SIAM, Other Titles in Applied Mathematics 132, für die allgemeine Definition von B-Splines und deren Anwendungen

Fläche des Sechsecks

Das Sechseck besteht aus den 6 kongruenten Dreiecken $\Delta(S_k, M, S_{k+1})$ mit $M = (1/2, 1/2, 1/2) \in E$ dem Mittelpunkt des Würfels (blau).

Flächeninhalt A von $\Delta(S_1, M, S_2)$:
aufspannende Vektoren $\vec{u} = \vec{s}_1 - \vec{m} = (1/2, 0, 1)^{\mathrm{t}} - (1/2, 1/2, 1/2)^{\mathrm{t}} = (0, -1/2, 1/2)^{\mathrm{t}}$ und $\vec{v} = \vec{s_2} - \vec{m} = (1/2, -1/2, 0)$ $\rightsquigarrow$

$$A = \frac{1}{2}\,|\vec{u} \times \vec{v}| = \frac{1}{2}\left(\frac{1}{2} \cdot \frac{1}{2}\right)\left|\begin{pmatrix} 0 \\ -1 \\ 1 \end{pmatrix} \times \begin{pmatrix} 1 \\ -1 \\ 0 \end{pmatrix}\right| = \frac{1}{8}\left|\begin{pmatrix} 1 \\ 1 \\ 1 \end{pmatrix}\right| = \frac{\sqrt{3}}{8}$$

$\rightsquigarrow$ $6A = 3\sqrt{3}/4$ als Fläche des Sechsecks

Bemerkung
Der Inkreis des Sechsecks mit Radius $\sqrt{6}/4$ ist der größte Kreis, der in den Würfel passt.

6.17 Schnitt zweier Ebenen

Bestimmen Sie den Schnittwinkel φ der Ebenen

$$E : x + y - 2z = 1, \quad E' : -y + z = 3$$

sowie die Schnittgerade g.

Verweise: Schnitt zweier Ebenen

Varianten

- $E: -2x + 6y + 3z = 0, \quad E' : 4x + 9y + z = 7$
- $E: 5x + 2y - 5z = -6, \quad E' : 7x + y + 2z = 6$
- $E: -x + 2y + 2z = 1, \quad E' : 2x + 1y - z = -1$

Lösungsskizze

Schnittwinkel

Der Schnittwinkel φ zweier Ebenen ist der kleinere der beiden durch die Normalen $\vec{n} = (1, 1, -2)^{\mathrm{t}}$ und $\vec{n}' = (0, -1, 1)^{\mathrm{t}}$, gebildete Winkel, d.h.,

$$\cos\varphi = \frac{|\vec{n} \cdot \vec{n}'|}{|\vec{n}|\,|\vec{n}'|} = \frac{3}{\sqrt{6}\sqrt{2}} = \frac{\sqrt{3}}{2}, \quad \varphi = \frac{\pi}{6}\,.$$

⚠ Der Absolutbetrag im Zähler ist notwendig, damit unabhängig von der Orientierung der Normalen der Kosinus positiv ist (Berechnung des kleineren Winkels).

Schnittgerade

$g: \vec{p} + t\vec{u}$:

- $P \in E \cap E' \quad \Longrightarrow$

$$p_1 + p_2 - 2p_3 = 1, \quad -p_2 + p_3 = 3\,,$$

  ein unterbestimmtes Gleichungssystem, bei dem eine Komponente p_k vorgegeben werden kann

  $p_2 = 0 \quad \rightsquigarrow \quad p_3 = 3,\ p_1 = 7$
- $\vec{u} \parallel \vec{n} \times \vec{n}' \quad \Longrightarrow$

$$\vec{u} \parallel \begin{pmatrix} 1 \\ 1 \\ -2 \end{pmatrix} \times \begin{pmatrix} 0 \\ -1 \\ 1 \end{pmatrix} = \begin{pmatrix} -1 \\ -1 \\ -1 \end{pmatrix}$$

6.18 Winkel zwischen den Kanten und Flächen einer Pyramide

Bestimmen Sie die Winkel zwischen den Kanten und den Flächen einer symmetrischen Pyramide mit Höhe 1 und quadratischer Grundfläche mit Seitenlänge 2.

Verweise: Skalarprodukt, Schnitt zweier Ebenen

Varianten

- symmetrische Pyramide mit quadratischer Grundfläche (Ansicht von oben) und Kantenlänge 1

- reguläres Tetraeder (Ansicht von oben) mit Kantenlänge 1

- symmetrisches Tetraeder mit Höhe 1 (Ansicht von oben) und gleichseitigem Grunddreieck mit Seitenlänge 1

Lösungsskizze

Wahl geeigneter Koordinaten

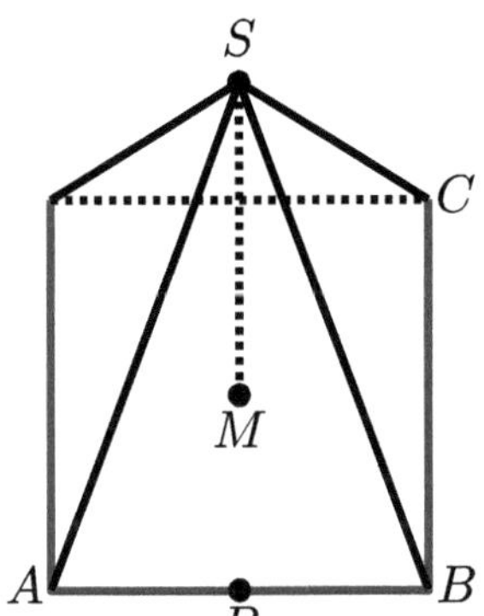

$$A = (-1,-1,0),\quad B = (1,-1,0),\quad C = (1,1,0)$$
$$S = (0,0,1),\quad M = (0,0,0),\quad P = (0,-1,0)$$

Winkel zwischen den Kanten

Winkel $\alpha = \sphericalangle(BAS)$ zwischen $\overline{AB}$ und $\overline{AS}$:
$\overrightarrow{AB} = (2,0,0)^{\mathrm{t}}$, $\overrightarrow{AS} = (1,1,1)^{\mathrm{t}}$ $\quad\rightsquigarrow$

$$\cos\alpha = \frac{\overrightarrow{AB}\cdot\overrightarrow{AS}}{|\overrightarrow{AB}|\,|\overrightarrow{AS}|} = \frac{2}{2\sqrt{3}} = \frac{\sqrt{3}}{3},\quad \alpha = \arccos(\sqrt{3}/3) \approx 0.9553$$

Winkelsumme im Dreieck $= \pi \quad\Longrightarrow\quad \sphericalangle(ASB) = \pi - 2\alpha \approx 1.2310$

offensichtlich: $\sphericalangle(ABC) = \pi/2 \approx 1.5708$.

Winkel β zwischen der Grund- und einer Seitenfläche

$$\tan\beta = |\overrightarrow{MS}|/|\overrightarrow{MP}| = 1/1 = 1 \quad\Longrightarrow\quad \beta = \arctan(1) = \pi/4 \approx 0.7854$$

Winkel γ zwischen den Dreiecken $D_1 = \Delta(ABS)$ und $D_2 = \Delta(BCS)$

Normalen der Dreiecke

$$\begin{aligned}\vec{n}_1 &= \overrightarrow{AB}\times\overrightarrow{BS} = (2,0,0)^{\mathrm{t}}\times(-1,1,1)^{\mathrm{t}} = (0,-2,2)^{\mathrm{t}}\\ \vec{n}_2 &= \overrightarrow{BC}\times\overrightarrow{BS} = (0,2,0)^{\mathrm{t}}\times(-1,1,1)^{\mathrm{t}} = (2,0,2)^{\mathrm{t}}\end{aligned}$$

$\sphericalangle(D_1,D_2)$: kleinerer der beiden Winkel, den Normalen der Dreiecke bilden $\rightarrow$ Absolutbetrag im Zähler bei der Berechnung des Kosinus) $\quad\rightsquigarrow$

$$\cos\gamma = \frac{|\vec{n}_1\cdot\vec{n}_2|}{|\vec{n}_1|\,|\vec{n}_2|} = \frac{4}{\sqrt{(-2)^2+2^2}\,\sqrt{8}} = \frac{1}{2},\quad \gamma = \arccos(1/2) = \pi/3 \approx 1.0472$$

6.19 Schnittpunkt dreier Ebenen

Bestimmen Sie den Schnittpunkt der durch

$$-2x_1 + 2x_2 + x_3 = 2, \quad -x_1 + 3x_2 + 3x_3 = 2, \quad 2x_1 + x_2 + 3x_3 = -1$$

definierten Ebenen.

Gehen Sie davon aus, dass ein eindeutiger Schnittpunkt existiert, d.h., dass die drei Normalenvektoren der Ebenen linear unabhängig sind, ihr Spatprodukt also nicht null ist.

Verweise: Ebene, Vektorprodukt, Basis-Darstellung

Varianten

- $x_1 - 2x_2 - x_3 = -3, \quad 2x_1 - x_2 - 3x_3 = -2, \quad -x_1 - x_2 + x_3 = 0$
- $-x_1 - 3x_2 - x_3 = 3, \quad x_1 + 3x_2 + 2x_3 = -1, \quad -2x_1 + x_2 + 3x_3 = 2$
- $-2_1 + x_2 - x_3 = -2, \quad -3x_1 + 2x_2 - 3x_3 = -3, \quad 3x_1 - x_2 - x_3 = 2$

Lösungsskizze

Es gibt eine Reihe von Methoden, das durch die drei Ebenen gegebene lineare Gleichungssystem für den Schnittpunkt $X = (x_1, x_2, x_3)$ zu lösen:

- Gauß-Elimination (Transformation auf Dreiecksform durch Addition von Vielfachen von Ebenengleichungen);
- Cramer-Regel (Berechnung von x_k als Quotient von Determinanten bzw. Spatprodukten);
- Sukzessive Elimination von Unbekannten (Auflösen einer Gleichung nach einer Unbekannten und Substitution in die anderen Gleichungen).

Die folgende geometrisch motivierte Methode ist etwas weniger bekannt, aber auch recht effizient. Man bestimmt zunächst die Schnittgerade von zwei der Ebenen und schneidet diese dann mit der dritten Ebene.

<u>Schnittgerade von $E_1 : -2x_1 + 2x_2 + x_3 = 2$ und $E_2 : -x_1 + 3x_2 + 3x_3 = 2$</u>

Punkt-Richtungsform:

$$E_1 \cap E_2 \ni g : \vec{x} = \vec{p} + t\vec{d}$$

- Einen Punkt $P \in E_1 \cap E_2$ bestimmt man am einfachsten durch Nullsetzen einer Komponente.
  $p_3 = 0,\ p \in E_1 \quad \Longrightarrow \quad -2p_1 + 2p_2 = 2$ bzw. $p_2 = 1 + p_1$
  Einsetzen in die Gleichung von $E_2 \quad \Longrightarrow \quad -p_1 + 3(1+p_1) = 2$, d.h., $p_1 = -1/2$ und $p_2 = 1/2$

- Der Richtungsvektor $\vec{d}$ der Schnittgeraden ist orthogonal zu beiden Normalenvektoren der Ebenen (Koeffizientenvektoren der Ebenengleichungen), also parallel zu deren Vektorprodukt:

$$\vec{d} \parallel \begin{pmatrix} -2 \\ 2 \\ 1 \end{pmatrix} \times \begin{pmatrix} -1 \\ 3 \\ 3 \end{pmatrix} = \begin{pmatrix} 3 \\ 5 \\ -4 \end{pmatrix}.$$

<u>Schnitt mit $E_3 : 2x_1 + x_2 + 3x_3 = -1$</u>

Einsetzen von

$$\vec{x} = \underbrace{\begin{pmatrix} -1/2 \\ 1/2 \\ 0 \end{pmatrix}}_{\vec{p}} + t \underbrace{\begin{pmatrix} 3 \\ 5 \\ -4 \end{pmatrix}}_{\vec{d}} = \begin{pmatrix} -1/2 + 3t \\ 1/2 + 5t \\ -4t \end{pmatrix}$$

in die Gleichung von E_3 $\rightsquigarrow$

$$2(-1/2 + 3t) + (1/2 + 5t) + 3(-4t) = -1 \quad \Longleftrightarrow \quad -1/2 - t = -1,$$

d.h., $t = 1/2$ und

$$\vec{x} = \begin{pmatrix} -1/2 \\ 1/2 \\ 0 \end{pmatrix} + \frac{1}{2} \begin{pmatrix} 3 \\ 5 \\ -4 \end{pmatrix} = \begin{pmatrix} 1 \\ 3 \\ -2 \end{pmatrix}$$

$\rightsquigarrow$ Schnittpunkt $X = (1, 3, -2)$ der Ebenen E_k

Kontrolle mit MATLAB®

```
% Matrix und rechte Seite des Gleichungssystems fuer den Schnittpunkt
A = [-2 2 1; -1 3 3; 2 1 3]; b = [2; 2; -1];
% Loesung
x = A\b
```

6.20 GPS mit Matlab® ⋆

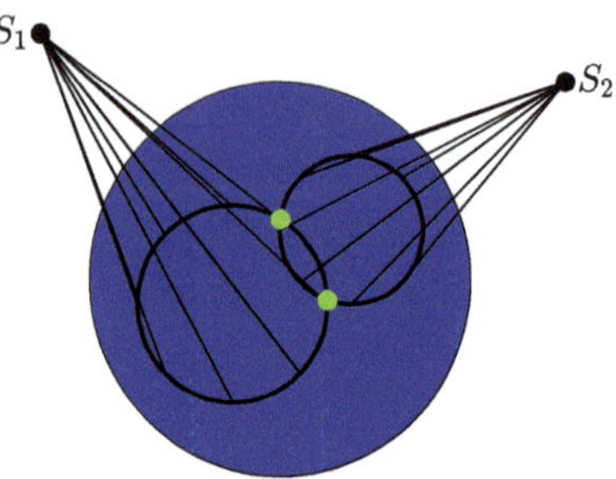

Schreiben Sie ein MATLAB® -Programm, das eine Position auf der Erdoberfläche aus den Entfernungen $d_1 = 21631\,\text{km}$ und $d_2 = 20658\,\text{km}$ zu zwei stationären Satelliten bestimmt, die in einer Höhe von 20000 km über New York (dezimale GPS-Koordinaten $(\Theta, \Phi) = (40.72, -74.02)$) und Paris ($(\Theta, \Phi) = (48.86, 2.34)$) positioniert sind.
Verwenden Sie $R = 6367\,\text{km}$ als mittleren Erdradius[2].

Verweise: Vektor-Operationen mit MATLAB®

Lösungsskizze

Beschreibung der Berechnungen

- Umrechnung in kartesische Koordinaten:
  GPS-Koordinaten
  $$(\Theta, \Phi) \in [-90, 90] \times [-180, 180]$$
  $\rightsquigarrow$ Kugel-Koordinaten
  $$\vartheta = \Theta \cdot (\pi/2)/90, \quad \varphi = \Phi \cdot \pi/180$$
  und kartesische Koordinaten (bezogen auf den Erdmittelpunkt)
  $$x = r\cos\vartheta\cos\varphi, \quad y = r\cos\vartheta\sin\varphi, \quad z = r\sin\vartheta\,,$$
  mit r dem Abstand zum Erdmittelpunkt
  Für die beiden Satelliten ist $r = 20000 + R$ mit 20000 der Höhe der Orbits und $R = 6367$ dem Erdradius.
  ⚠ Beachten Sie, dass ϑ in MATLAB® der Höhenwinkel ist, d.h., der Winkel zwischen dem Ortsvektor und der xy-Ebene und nicht der mit der z-Achse gebildete Winkel.

[2]Dieses Problem illustriert die grundlegende Idee von „Global Positioning Systems“: Bestimmung von Koordinaten aus Entfernungen zu Satelliten. Unter anderem aufgrund von Ungenauigkeiten in Zeitmessungen, die für die Entfernungsbestimmung benötigt werden, sind GPS-Algorithmen wesentlich komplizierter, und es werden Daten von mindestens vier Satelliten benötigt.

Koordinaten der beiden Satelliten

	Θ	Φ	θ	ϕ	x	y	z
New York	40.72	−74.02	0.7107	−1.292	5502	−19212	17201
Paris	48.86	2.34	0.8528	0.0408	17332	708	19857

- Schnitt der Sphären der Satelliten mit der Erdoberfläche:
Die Punkte $P = (p_1, p_2, p_3)$ mit Abstand d_j, $j = 1, 2$, von den beiden Satelliten mit Positionen $S_j = (x_j, y_j, z_j)$ erfüllen

$$(p_1 - x_j)^2 + (p_2 - y_j)^2 + (p_3 - z_j)^2 = d_j^2, \quad j = 1, 2$$

(Gleichungen von Sphären mit Radius d_j und Mittelpunkten S_j)
Abziehen der Gleichung für die Erdoberfläche,

$$p_1^2 + p_2^2 + p_3^2 = R^2\,, \tag{1}$$

und Umformen $\rightsquigarrow$

$$x_j p_1 + y_j p_2 + z_j p_3 = \underbrace{\left(x_j^2 + y_j^2 + z_j^2 + R^2 - d_j^2\right)/2}_{b_j}, \quad j = 1, 2 \tag{2}$$

Die Lösungsmenge dieser zwei linearen Gleichungen für drei Unbekannte p_k, die als Schnitt von zwei Ebenen interpretiert werden kann, ist eine Gerade:

$$p_k = q_k + t u_k \tag{3}$$

mit q einer speziellen Lösung und u senkrecht zu $(x_1, y_1, z_1)^{\mathrm{t}}$, $(x_2, y_2, z_2)^{\mathrm{t}}$ d.h., u ist parallel zum Vektorprodukt dieser Vektoren.
Einsetzen von (3) in Gleichung (1) $\rightsquigarrow$ quadratische Gleichung für den Geradenparameter t:

$$\left(\sum_k u_k^2\right) t^2 + \left(2 \sum_k q_k u_k\right) t + \left(\sum_k q_k^2 - R^2\right) = 0 \tag{4}$$

Lösungen t_1, t_2 $\rightsquigarrow$ kartesische Koordinaten der zwei Schnittpunkte P_1, P_2
Die kartesischen Koordinaten werden abschließend in GPS-Koordinaten umgewandelt.

MATLAB® -Programm

```
% Daten
R = 6367;    % Erdradius
% GPS-Koordinaten von New York und Paris
THETA = [40.72; 48.86]; PHI = [-74.02; 2.34];
d = [21631; 20658];    % Entfernungen zu den Satelliten

% Umwandlung in sphaerische Koordinaten
theta = THETA*pi/180; phi = PHI*pi/180;

% Umwandlung in kartesische Koordinaten
[x,y,z] = sph2cart(phi,theta,20000+[R;R]),

% Loesung der linearen Gleichungen (2)
b = (x.^2+y.^2+z.^2+R^2-d.^2)/2;  % rechte Seiten
A = [x y z];   % Matrix
q = A\b;   % spezielle Loesung
u = cross(A(1,:)',A(2,:)');   % Loesung des homogenen Systems

% Loesung der quadratischen Gleichung (4)
t = roots([u'*u, 2*q'*u, q'*q-R^2]);

% Schnittpunkte der Sphaeren (p_j,1, p_j,2, p_j,3), j=1,2
P = [q+t(1)*u, q+t(2)*u]';

% sphaerische und GPS-Koordinaten der berechneten Positionen
[phi,theta,r] = cart2sph(P(:,1),P(:,2),P(:,3));
THETA = theta*180/pi, PHI = phi*180/pi
```

GPS-Koordinaten von den zwei aus den Abstandsmessungen berechneten Positionen

$$(\Theta_1, \Phi_1) = (37.75, -25.68), \quad (\Theta_2, \Phi_2) = (66.93, -25.73)$$

Wenn Sie die Wahl haben, werden Sie *Ponta Delgada* auf den Azoren (Position 1) einer unwirtlichen Position im *Nordatlantik* vorziehen.

7 Formelsammlung

Die Formelsammlung enthält Beschreibungen von Methoden und Formeln, die bei der Lösung der Aufgaben benötigt werden. Der stichwortartige Stil der Inhalte entspricht dem Stil, den Studierende für Notizen verwenden würden, die sie mit in eine Prüfung nehmen[1]. Eine detaillierte Herleitung der Methoden und Formeln ist nicht beabsichtigt. Viele ausgezeichnete Lehrbücher bieten dafür eine gute Ergänzung zu der Aufgabensammlung.

Die Formelsammlung ist nicht nur ein Hilfsmittel für das Lösen der Aufgaben. Sie kann auch zur Prüfungsvorbereitung genutzt werden. Studierende können die für eine anstehende Prüfung relevanten Themen wiederholen und entscheiden, mit welcher Lösungsmethode sie sich noch detaillierter befassen sollten.

[1] wenn von ihrem Professor erlaubt …

K. Höllig und J. Hörner, *Aufgaben und Lösungen zur Höheren Mathematik: Vektorrechnung und Analytische Geometrie*,
https://doi.org/10.1007/978-3-662-73122-2_8

7.1 Koordinaten

Koordinatensysteme

- **Kartesische Koordinaten** (x, y, z)
  Darstellung eines Punktes durch seine Projektionen auf drei paarweise orthogonale Achsen, die gemäß der *Rechten-Hand-Regel* orientiert sind (Drehung der positiven x-Achse in Richtung der positiven y-Achse bei gleichzeitiger Verschiebung in positiver z-Richtung entspricht einer Rechtsschraube)
- **Zylinderkoordinaten** $(x, y, z) \sim (\varrho, \varphi, z), \quad \varrho \geq 0$

$$x = \varrho \cos \varphi,\ y = \varrho \sin \varphi, \quad \varrho = \sqrt{x^2 + y^2},\ \varphi = \arctan(x/y) + \sigma\pi$$

- **Kugelkoordinaten** $(x, y, z) \sim (r, \vartheta, \varphi), \quad r \geq 0,\ 0 \leq \vartheta \leq \pi$

$$x = r \sin \vartheta \cos \varphi,\ y = r \sin \vartheta \sin \varphi,\ z = r \cos \vartheta$$
$$r = \sqrt{x^2 + y^2 + z^2},\ \vartheta = \arccos(z/r),\ \varphi = \arctan(x/y) + \sigma\pi$$

$\arctan : [-\infty, \infty] \to [-\pi/2, \pi/2]$, richtiger Winkel nur für $x \geq 0$ (keine Korrektur: $\sigma = 0$)
$\sigma = 1$ für $x < 0 \wedge y \geq 0$ (zweiter Quadrant)
$\sigma = -1$ für $x < 0 \wedge y < 0$ (dritter Quadrant)
$\rightsquigarrow \quad \varphi \in (-\pi, \pi]$ (Standardintervall)
Addition von 2π für $\varphi \in (-\pi, 0)$, falls das alternative Standardintervall $[0, 2\pi)$ benutzt wird

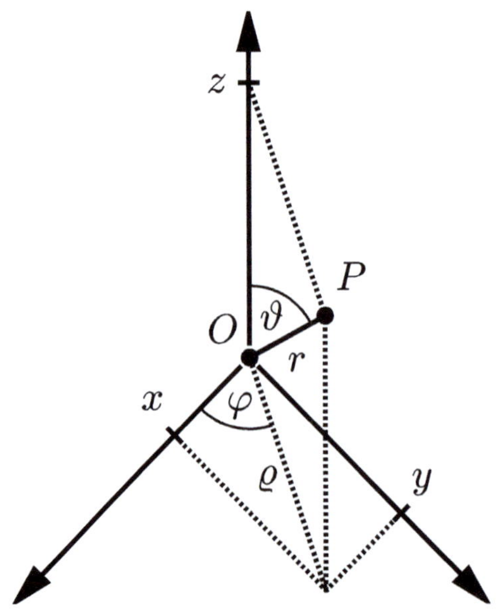

Polarkoordinaten $(x, y) \sim (r, \varphi)$, $r \geq 0$
$\widehat{=}$ Zylinder- oder Kugelkoordinaten mit $z = 0 \widehat{=} \vartheta = \pi/2$ und $\varrho = r$:

$$x = r\cos\varphi, \quad y = r\sin\varphi$$

Baryzentrische Koordinaten

$$P = \sum_{k=0}^{n} c_k P_k, \quad c_0 + \cdots + c_n = 1$$

mit P_k den Eckpunkten eines Dreiecks Δ $(n = 2)$ bzw. eines Tetraeders $(n = 3)$

$P \in \Delta \quad \Longleftrightarrow \quad c_k \geq 0$ und

$$c_k = \frac{\text{area}\,\Delta_k}{\text{area}\,\Delta}$$

für ein Dreieck (Volumen statt Fläche für einen Tetraeder)

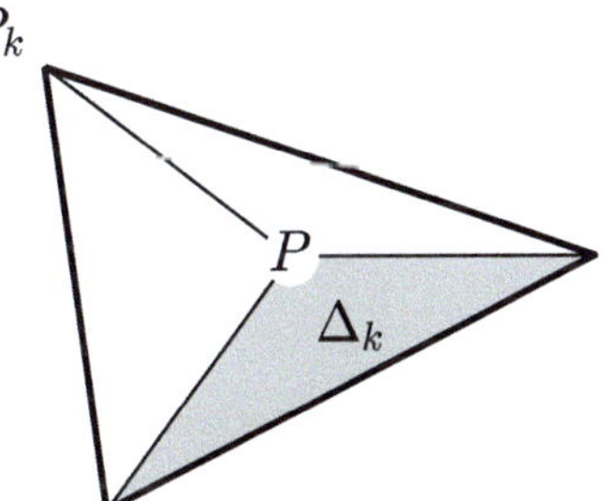

$P \notin \Delta$, falls mindestens eine baryzentrische Koordinate c_k negativ ist

Umrechnung von Koordinaten mit MATLAB®

- **Polarkoordinaten**

```
[phi,r] = cart2pol(x,y)
[x,y] = pol2cart(phi,r)
```

Die Befehle können auch zur Umrechnung in Zylinderkoordinaten benutzt werden, wobei die z-Koordinate unverändert bleibt.

- **Kugelkoordinaten**

```
[phi,theta,r] = cart2sph(x,y,z)
[x,y,z] = sph2cart2(phi,theta,r)
```

⚠ MATLAB® definiert ϑ als den Winkel zur xy-Ebene (Steigwinkel), d.h., der Nordpol (Südpol) entspricht in MATLAB® $\vartheta = \pi/2$ $(\vartheta = -\pi/2)$.

Koordinatentransformation

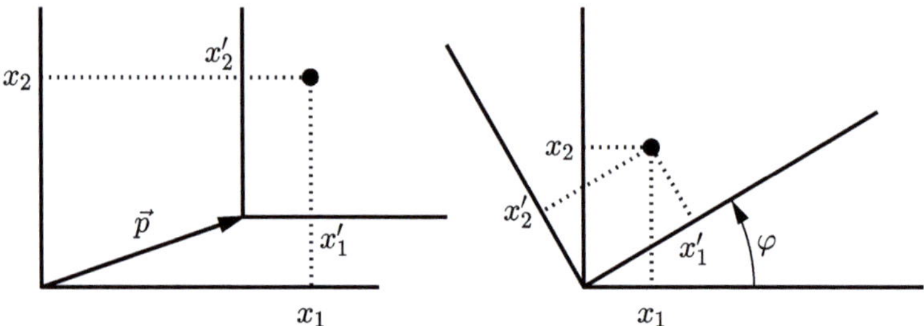

- **Verschiebung** um (p_1, p_2): $x_1' = x_1 - p_1,\ x_2' = x_2 - p_2$
- **Drehung** um φ: $x_1' = \cos\varphi\, x_1 + \sin\varphi\, x_2,\ x_2' = -\sin\varphi\, x_1 + \cos\varphi\, x_2$

7.2 Vektoren

Punkte und Vektoren

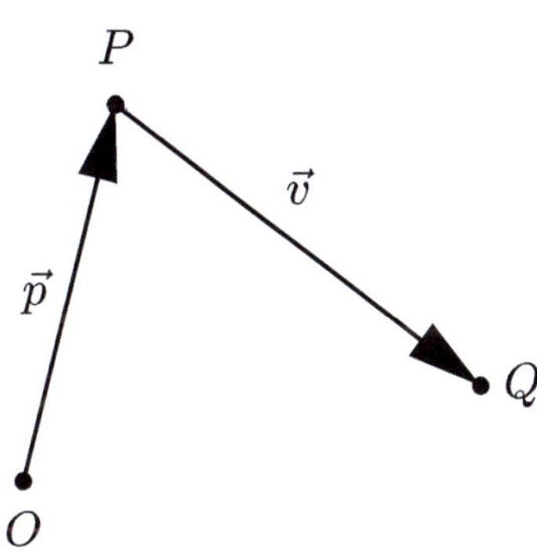

$P = (p_1, p_2, p_3)$

$$\vec{v} = \begin{pmatrix} v_1 \\ v_2 \\ v_3 \end{pmatrix} = \overrightarrow{PQ} = \begin{pmatrix} q_1 - p_1 \\ q_2 - p_2 \\ q_3 - p_3 \end{pmatrix}$$

Ortsvektor von P: $\vec{p} = \overrightarrow{OP}$

Transposition von Vektoren[a]:

$$\vec{v}^{\,\mathrm{t}} = (v_1, v_2, v_3), \quad \vec{v} = (v_1, v_2, v_3)^{\mathrm{t}}$$

[a] **wesentlich** für Matrix/Vektor-Operationen in der *Linearen Algebra* und geeignet, um bei Textpassagen die normale Zeilenhöhe einzuhalten

Addition und skalare Multiplikation von Vektoren

$$\vec{a} + \vec{b} = \begin{pmatrix} a_1 + b_1 \\ a_2 + b_2 \\ a_3 + b_3 \end{pmatrix}, \ \overrightarrow{PR} = \overrightarrow{PQ} + \overrightarrow{QR}$$

$$s\vec{a} = \begin{pmatrix} sa_1 \\ sa_2 \\ sa_3 \end{pmatrix}$$

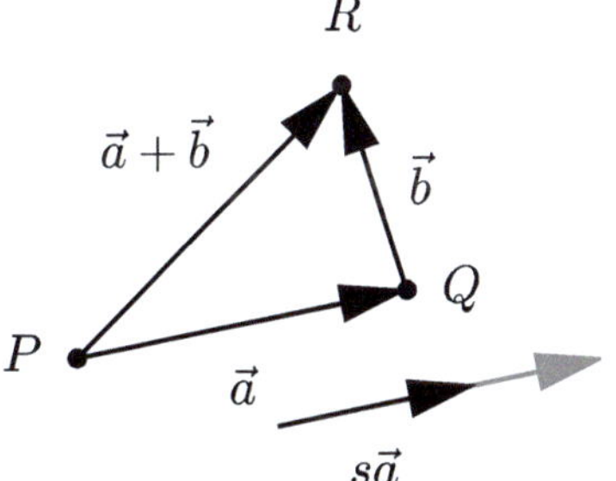

Norm

Länge eines Vektors

$$|\vec{a}| = \sqrt{a_1^2 + a_2^2 + a_3^2} = \sqrt{\vec{a} \cdot \vec{a}}$$

Dreiecksungleichungen $|\vec{a} + \vec{b}| \le |\vec{a}| + |\vec{b}|, \quad ||\vec{a}| - |\vec{b}|| \le |\vec{a} - \vec{b}|$

Einheitsvektor $\vec{a}^{\circ} = \vec{a}/|\vec{a}|$

Vektor-Operationen mit MATLAB®

```
v = [1; 2; 3]   % Definition
% Transposition
v_t = v', v_t = [1, 2, 3]
Addition, Subtraktion und skalare Multiplikation
v_p = v1+v2, v_m = v1-v2, v_s = s*v
% Norm
v_norm = norm(v)
```

```
% spezielle Vektoren
[1:3]   % -> [1, 2, 3]
ones(3,1), zeros(3,1)   % -> [1; 1; 1], [0; 0; 0]
v([3, 3, 1])   % -> [3; 3; 1]
```

Vektor-Operationen mit Maple™

```
with(LinearAlgebra)   # Laden relevanter Befehle
# verschiedene Definitionsmoeglichkeiten
v := <1,2,3>; v := Vector([1,2,3]); v := Vector(3,k->k);
# Vektor mit symbolischen Elementen v_1,v_2,v_3
v_s := Vector(3,symbol=v)
# Transposition (verschiedene Alternativen)
v_t := Transpose(v); v_t := <1|2|3>; v_t := Vector[row]([1,2,3]);
# Addition und skalare Multiplikation
v_p := v1+v2; v_m := v1-v2; v_s := s*v
# Norm
v_norm := norm(v,2)
```

7.3 Skalarprodukt

Skalarprodukt

$\vec{a} \cdot \vec{b} = a_1 b_1 + a_2 b_2 + a_3 b_3 = |\vec{a}|\,|\vec{b}| \cos \underbrace{\sphericalangle(\vec{a}, \vec{b})}_{\varphi}$

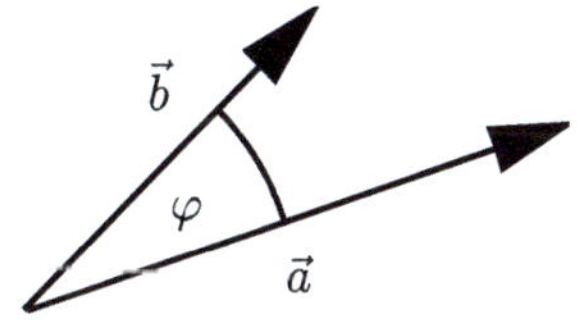

linear: $\vec{a} \cdot (\vec{b} + \vec{c}) = \vec{a} \cdot \vec{b} + \vec{a} \cdot \vec{c}$, $\vec{a} \cdot (s\vec{b}) = s\vec{a} \cdot \vec{b}$
symmetrisch: $\vec{a} \cdot \vec{b} = \vec{b} \cdot \vec{a}$,
$\vec{a} \cdot \vec{b} = 0 \Longleftrightarrow \vec{a} \perp \vec{b}$
spezielle Werte von $\cos\varphi$

φ	0	$\pi/6$	$\pi/4$	$\pi/3$	$\pi/2$
$\cos\varphi$	1	$\sqrt{3}/2$	$\sqrt{2}/2$	$1/2$	0

$\cos\varphi = \cos(-\varphi) = -\cos(\pi - \varphi)$

MATLAB® :

```
a_dot_b = a'*b, a_dot_b = dot(a,b)    % Alternativen
phi = acos(a_dot_b/(norm(a)*norm(b)))
```

Maple™ :

```
with(LinearAlgebra)
a_dot_b := DotProduct(a,b)
phi := arccos(a_dot_b/(norm(a,2)*norm(b,2)))
```

Trigonometrische Theoreme

- **Sinussatz**

$$\sin\alpha : \sin\beta = a : b$$

Insbesondere sind für ähnliche Dreiecke, d.h., Dreiecke mit den gleichen Winkeln, die Verhältnisse entsprechender Seiten gleich.

- **Kosinussatz**

$$c^2 = a^2 + b^2 - 2ab\cos\gamma$$

$\gamma = \pi/2$ ($\cos\gamma = 0$) $\rightsquigarrow$ **Satz des Pythagoras**

Satz des Pythagoras

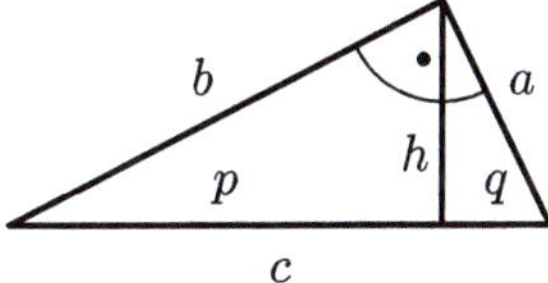

$a^2 + b^2 = c^2$
Varianten:

- Kathetensatz: $a^2 = pc$, $b^2 = qc$
- Höhensatz: $h^2 = pq$

Orthogonale Basis

$\vec{u} \perp \vec{v} \perp \vec{w} \perp \vec{u}$

$$\begin{aligned}\vec{a} &= \frac{\vec{a}\cdot\vec{u}}{\vec{u}\cdot\vec{u}}\vec{u} + \frac{\vec{a}\cdot\vec{v}}{\vec{v}\cdot\vec{v}}\vec{v} + \frac{\vec{a}\cdot\vec{w}}{\vec{w}\cdot\vec{w}}\vec{w} \\ |\vec{a}|^2 &= \frac{|\vec{a}\cdot\vec{u}|^2}{|\vec{u}|^2} + \frac{|\vec{a}\cdot\vec{v}|^2}{|\vec{v}|^2} + \frac{|\vec{a}\cdot\vec{w}|^2}{|\vec{w}|^2}\end{aligned}$$

Orthonormale Basis $|\vec{u}| = |\vec{v}| = |\vec{w}| = 1$

$\rightsquigarrow$ keine Nenner in den Formeln

7.4 Vektor- und Spatprodukt

Vektorprodukt

$$\vec{c} = \vec{a} \times \vec{b} = \begin{pmatrix} a_2b_3 - a_3b_2 \\ a_3b_1 - a_1b_3 \\ a_1b_2 - a_2b_1 \end{pmatrix}$$

Geometrische Interpretation

$\vec{c} \perp \vec{a}, \vec{b}$
gemäß der *Rechten-Hand-Regel* orientiert
$|\vec{c}|$: Fläche des durch $\vec{a}$ und $\vec{b}$ aufgespannten Parallelogramms, d.h.,

$$|\vec{c}| = |\vec{a}||\vec{b}| \sin \sphericalangle(\vec{a}, \vec{b})$$

$(|\vec{c}| = |\vec{a}||\vec{b}|$, falls $\vec{a} \perp \vec{b})$

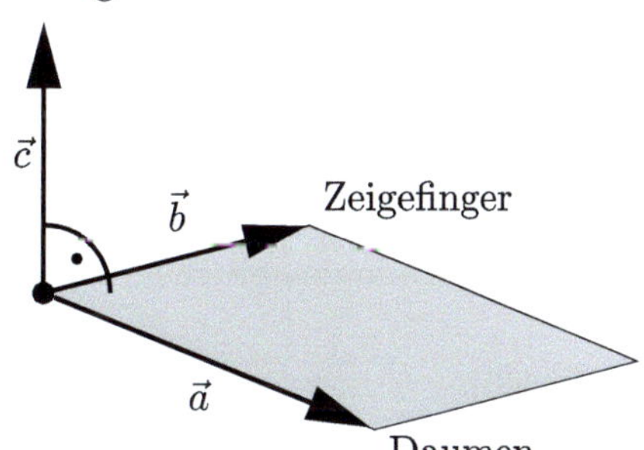

linear in $\vec{a}$ und $\vec{b}$, antisymmetrisch: $\vec{a} \times \vec{b} = -\vec{b} \times \vec{a}$ und insbesondere $\vec{a} \times \vec{a} = \vec{o} = (0,0,0)^{\mathrm{t}}$, $\quad \vec{a} \times \vec{b} = \vec{o} \iff \vec{a} \parallel \vec{b}$

Für zweidimensionale Vektoren definiert man $\vec{u} \times \vec{v} = u_1v_2 - u_2v_1 = \det(\vec{u}, \vec{v})$.

MATLAB® `a_cross_b = cross(a,b)`

Maple™ `a_cross_b := CrossProduct(a,b)`

Grassmann-Identität

$$(\vec{a} \times \vec{b}) \times \vec{c} = (\vec{a} \cdot \vec{c})\,\vec{b} - (\vec{b} \cdot \vec{c})\,\vec{a}$$

Lagrange-Identität

$$(\vec{a} \times \vec{b}) \cdot (\vec{c} \times \vec{d}) = (\vec{a} \cdot \vec{c})(\vec{b} \cdot \vec{d}) - (\vec{a} \cdot \vec{d})(\vec{b} \cdot \vec{c})$$

Epsilon-Tensor

$$\varepsilon_{1,2,3} = \varepsilon_{2,3,1} = \varepsilon_{3,1,2} = 1, \quad \varepsilon_{1,3,2} = \varepsilon_{2,1,3} = \varepsilon_{3,2,1} = -1, \quad = 0, \text{ sonst}$$

invariant unter zyklischer Indexverschiebung, Vorzeichenänderung bei Vertauschung (Transposition) von Indizes

Darstellung des Vektorprodukts $\vec{c} = \vec{a} \times \vec{b}$: $c_j = \sum_{k,\ell} \varepsilon_{j,k,\ell} a_k b_\ell$

Spatprodukt

$$[\vec{a},\vec{b},\vec{c}] = \vec{a}\cdot(\vec{b}\times\vec{c})] = \underbrace{\begin{vmatrix} a_1 & b_1 & c_1 \\ a_2 & b_2 & c_2 \\ a_3 & b_3 & c_3 \end{vmatrix}}_{\text{Determinante}} = \sum_{j,k,\ell} \varepsilon_{j,k,\ell} a_j b_k c_\ell$$
$$= a_1b_2c_3 + b_1c_2a_3 + c_1a_2b_3 - a_1c_2b_3 - b_1a_2c_3 - c_1b_2a_3$$

- multilinear (linear bzgl. $\vec{a}$, $\vec{b}$ und $\vec{c}$)
- zyklisch: $\vec{a}\to\vec{b}\to\vec{c}\to\vec{a}$
- Vorzeichenänderung bei Permutation
- $[\vec{a},\vec{b},\vec{c}]=0 \quad\Longleftrightarrow\quad \vec{a},\vec{b},\vec{c}$ linear abhängig
- Absolutbetrag: Volumen des durch $\vec{a}$, $\vec{b}$ und $\vec{c}$ aufgespannten Spats (sechsfaches Volumen des von den gleichen Vektoren aufgespannten Tetraeders)

MATLAB®

```
s = a'*cross(b,c)
s = det([a, b, c])    % Alternative
```

Maple™

```
with(LineareAlgebra)
s := DotProduct(a,CrossProduct(b,c))
s := Determinant(<a|b|c>)    # Alternative
```

Basisdarstellung

Für eine Basis $\{\vec{u},\ \vec{v},\ \vec{w}\}$ lässt sich jeder Vektor $\vec{a}$ als Linearkombination $\vec{a} = r\vec{u} + s\vec{v} + t\vec{w}$ darstellen mit

$$r = \frac{[\vec{a},\vec{v},\vec{w}]}{[\vec{u},\vec{v},\vec{w}]},\quad s = \frac{[\vec{u},\vec{a},\vec{w}]}{[\vec{u},\vec{v},\vec{w}]},\quad t = \frac{[\vec{u},\vec{v},\vec{a}]}{[\vec{u},\vec{v},\vec{w}]}\,.$$

7.5 Geraden

Gerade

verschiedene Darstellungen von Punkten X auf einer Geraden g

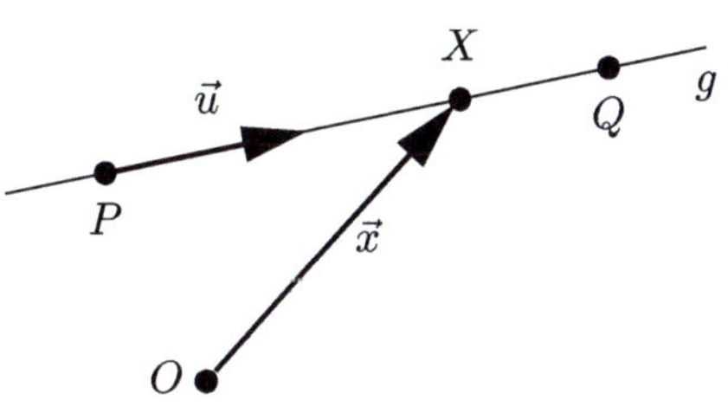

- **Punkt-Richtungs-Form** $\vec{x} = \vec{p} + t\vec{u}$
- **Zwei-Punkte-Form** $\vec{x} = \vec{p} + t(\vec{q} - \vec{p})$
- **Momenten-Form** $\vec{x} \times \vec{u} = \vec{p} \times \vec{u}$

Hesse-Normalform einer Geraden in der xy-Ebene

$$n_x x + n_y y = d \geq 0, \quad n_x^2 + n_y^2 = 1,\ d: \text{ Abstand zum Ursprung}$$

Abstand Punkt-Gerade

$g: \vec{p} + t\vec{u}$, $\quad X$: Projektion eines Punktes Q auf g, d.h., $(\vec{x} - \vec{q}) \perp \vec{u}$

$$\underbrace{\operatorname{dist}(Q, g)}_{d} = |\overrightarrow{QX}| = \frac{|\overbrace{(\vec{q} - \vec{p})}^{\vec{v}} \times \vec{u}|}{|\vec{u}|}$$

$$= |\vec{v}| \sin \sphericalangle(\vec{v}, \vec{u}) = \sqrt{|\vec{v}|^2 - (\vec{v} \cdot \vec{u}^\circ)^2}$$

$$\vec{x} = \vec{p} + \frac{\vec{v} \cdot \vec{u}}{|\vec{u}|^2} \vec{u}$$

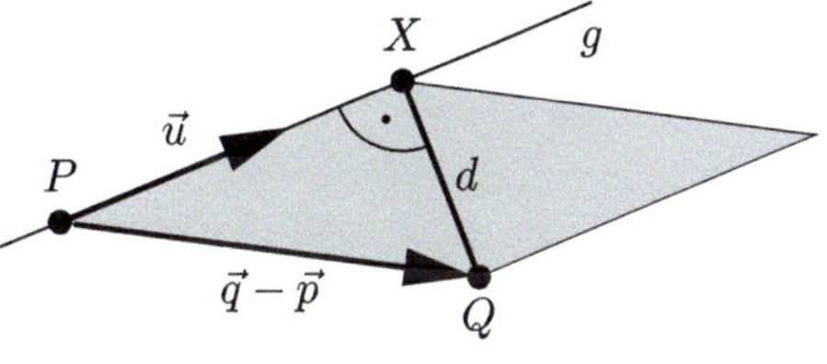

Fläche des grauen Parallelogramms: Norm des Vektorprodukts

Abstand zweier Geraden

$g: \vec{x} = \vec{p} + s\vec{u}, \quad h: \vec{y} = \vec{q} + t\vec{v}$

$$\operatorname{dist}(g, h) = \frac{|[\vec{q} - \vec{p}, \vec{u}, \vec{v}]|}{|\vec{u} \times \vec{v}|}, \quad = |(\vec{q} - \vec{p}) \times \vec{u}| / |\vec{u}| \quad \text{für parallele Geraden}$$

Punkte X, Y minimalen Abstands: Bestimmung durch Lösen des linearen Gleichungssystems

$$(\vec{y} - \vec{x}) \cdot \vec{u} = 0, \quad (\vec{y} - \vec{x}) \cdot \vec{v} = 0$$

für s und t, $\quad \vec{y} - \vec{x} \parallel \vec{u} \times \vec{v}$

7.6 Ebenen

Ebene

verschiedene Darstellungen von Punkten X auf einer Ebene E

- **parametrische Form**

$$\vec{x} = \vec{p} + s\vec{u} + t\vec{v}$$

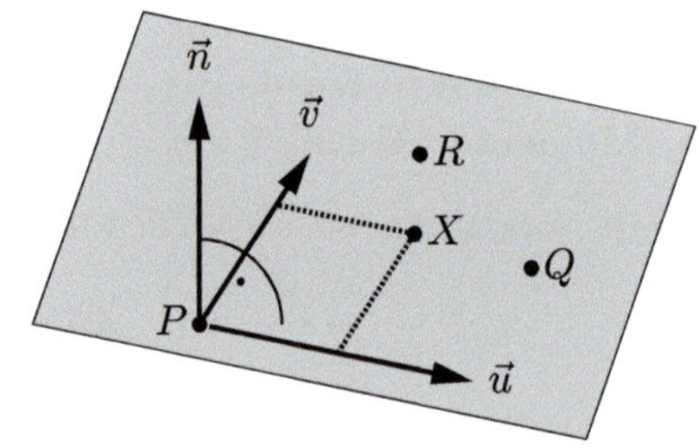

- **implizite Form**

$$\vec{x} \cdot \vec{n} = d, \quad d = \vec{p} \cdot \vec{n}$$

Normale $\vec{n} \perp E$
Hesse-Normalform $|\vec{n}| = 1$, $d \geq 0$
(d : Abstand zum Ursprung)

- **Drei-Punkte-Form**

$$[\vec{q} - \vec{p}, \vec{r} - \vec{p}, \vec{x} - \vec{p}] = 0 \quad \Longleftrightarrow \quad \begin{vmatrix} p_1 & q_1 & r_1 & x_1 \\ p_2 & q_2 & r_2 & x_2 \\ p_3 & q_3 & r_3 & x_3 \\ 1 & 1 & 1 & 1 \end{vmatrix} = 0$$

Abstand Punkt-Ebene

P: Projektion eines Punktes Q auf die Ebene
$E: \vec{x} \cdot \vec{n} = d$, d.h., $(\vec{q} - \vec{p}) \parallel \vec{n}$

$$\begin{aligned} \operatorname{dist}(Q, E) &= |\overrightarrow{QP}| = \frac{|\vec{q} \cdot \vec{n} - d|}{|\vec{n}|} \\ \vec{p} &= \vec{q} - \frac{\vec{q} \cdot \vec{n} - d}{|\vec{n}|^2} \vec{n} \end{aligned}$$

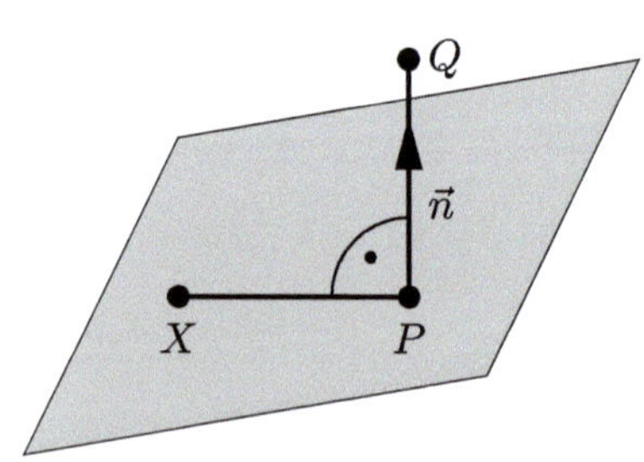

Schnittpunkt Gerade-Ebene

$g: \vec{x} = \vec{p} + t\vec{u}$, $E: \vec{x} \cdot \vec{n} = d$
eindeutiger Schnittpunkt $Q \in g \cap E$ if $\vec{u} \not\perp \vec{n}$

$$\vec{q} = \vec{p} + \frac{d - \vec{p} \cdot \vec{n}}{\vec{u} \cdot \vec{n}} \vec{u}$$

$\vec{u} \perp \vec{n}$ (Gerade parallel zur Ebene):
$g \cap E = g$, falls $P \in E$, $g \cap E = \emptyset$, falls $P \notin E$

Schnitt zweier Ebenen

$E_k : \vec{x} \cdot \vec{n}_k = d_k$

- Schnittwinkel:

$$\varphi = \arccos\left(\frac{|\vec{n}_1 \cdot \vec{n}_2|}{|\vec{n}_1||\vec{n}_2|}\right) \in [0, \pi/2]$$

⚠ Bei dem Skalarprodukt $\vec{n}_1 \cdot \vec{n}_2$ ist der Absolutbetrag notwendig, damit unabhängig von der Orientierung der Normalenvektoren ein Winkel in $[0, \pi/2]$ berechnet wird.

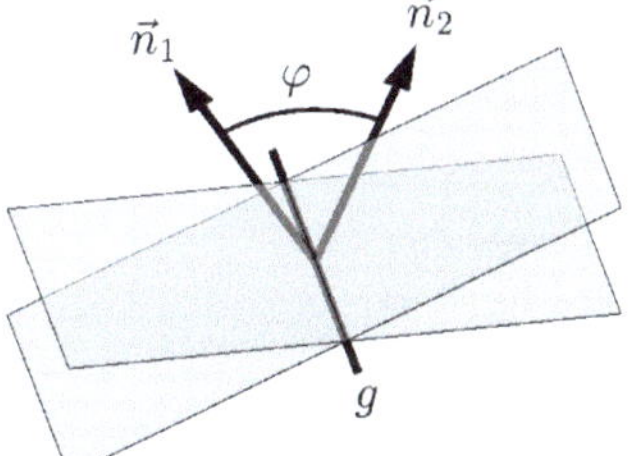

- Richtung der Schnittgeraden g:

$$\vec{u} = \vec{n}_1 \times \vec{n}_2$$

- Punkt P auf g: Lösung (nicht eindeutig) der Ebenengleichungen

$$\vec{p} \cdot \vec{n}_k = d_k,\ k = 1, 2$$

8 Lösungen der Varianten

Mit den Ergebnissen zu den Varianten können Sie überprüfen, ob Ihre Lösung korrekt ist. Stimmt Ihr Resultat nicht überein, ist es oft nicht leicht zu entscheiden, wo der Fehler liegt. Bei den einzelnen Lösungsschritten können Sie sich zwar eng an der vorangehenden Musterlösung orientieren; Rechenfehler sind jedoch immer möglich, **auch für die Autoren**. Bitte, schreiben Sie uns (`Klaus.Hoellig@gmail.com`, `Joerg.Hoerner@gmail.com`), wenn Sie einen Fehler in den Ergebnissen finden.

- Koordinaten
- Vektoren
- Skalarprodukt
- Vektor- und Spatprodukt
- Geraden
- Ebenen

K. Höllig und J. Hörner, *Aufgaben und Lösungen zur Höheren Mathematik: Vektorrechnung und Analytische Geometrie*,
https://doi.org/10.1007/978-3-662-73122-2_9

Koordinaten

1.1
Schrägbildkoordinaten: $P' = (3,5)/2$, $Q' = (4,2)$, $R' = (1,7)/2$ ■ $A' = (-0.1, 4.8)$, $B' = (1.8, -0.1)$, $C' = (-2.4, -2.4)$ ■ $A' = (-11,1)/2$, $B' = (5,4)$, $C' = (3,-3)/2$

1.2

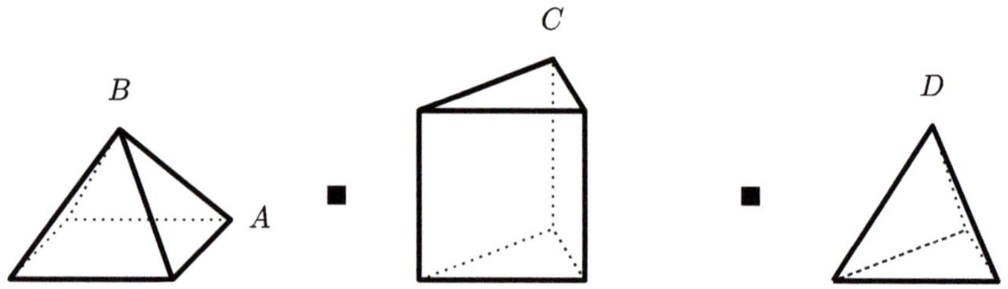

$A = (1+\sqrt{2}, \sqrt{2})/8$, $B = (4+\sqrt{2}, 5\sqrt{2})/8$, $C = (4+\sqrt{6}, 8+\sqrt{6})/8)$, $D = (12+\sqrt{6}, 9\sqrt{6})/24$

1.3
1707 km ■ 15714 km ■ 6299 km

1.4
$P = (-5+\sqrt{65}, -15+3\sqrt{65})/10$ ■ $P = (5+2\sqrt{155}, 1+\sqrt{155})/10$ ■ $P(5, \sqrt{6})$

1.5
$x = 3\sqrt{2}/2$, $y = 3\sqrt{2}/2$ ■ $y = -2$, $r = 4$ ■ $x = -\sqrt{3}$, $\varphi = -2\pi/3$

1.6
$\varrho = 3\sqrt{2}$, $\varphi = \pi/4$, $r = 2\sqrt{6}$, $\vartheta = \pi/3$ ■ $\varrho = 2\sqrt{2}$, $\varphi = -2\pi/3$, $r = 4$, $\vartheta = 3\pi/4$ ■ $\varrho = \sqrt{2}$, $\varphi = -\pi/4$, $r = \sqrt{8}$, $\vartheta = \pi/6$

1.7
$y = -\sqrt{3}$, $\varrho = 2$, $r = 2\sqrt{2}$, $\vartheta = \pi/4$ ■ $x = -3/2$, $y = -\sqrt{3}/2$, $\varrho = \sqrt{3}$, $\vartheta = 2\pi/3$ ■ $x = \pm\sqrt{3}$, $z = -2$, $\varrho = 2$, $\varphi = \pi/2 \mp \pi/3$

1.8
$c_X = (-6,-8,19)/5$, $c_Y = (1,3,1)/5$ ■ $c_X = (1,2,3)/6$, $c_Y = (-13,22,-3)/6$ ■ $c_X = (-1,-1,5)/3$, $c_Y = (1,1,1)/3$

1.9
131.36 km/h ■ 231.76 km/h ■ 185.40 km/h

1.10
Parameter der Epizykloide: $T_{\text{Planet}} : T_{\text{Mond}} = d_{\text{Planet}} : d_{\text{Mond}} = 4$

1.11

$X \to (1 - 7\sqrt{3}, -7 - \sqrt{3})/2$ ■ $X \to (0, -\sqrt{2})$ ■ $X \to (3\sqrt{2}, -\sqrt{2})$

Vektoren

2.1
(10/3, 8/3) ■ (2, 14/5) ■ (11/5, 3)

2.2
$6\vec{u} - 7\vec{v}$ ■ $-3\vec{u} + 7\vec{v}$ ■ $2\vec{u} + 3\vec{v}$

2.3
$f = 69.3672$, $T = 19.1565$ ■ $f = 49.0500$, $T = 20.1928$ ■ $f = 19.2390$, $T = 20.3917$

2.4
$(-3, -\sqrt{3})^t$ ■ $(3/2, 3\sqrt{3}/2)^t$ ■ $(5/2, 5\sqrt{3}/2)^t$

2.5
2.37 km ■ 1.29 km ■ 2.88 km

2.6
$\vec{v} = (497.4, 50.00)^t$, $T = 10.05$ ■ $\vec{v} = (398.9, 28.28)^t$, $T = 2.340$ ■ $\vec{v} = (599.6, -21.21)^t$, $T = 5.186$

2.7
$\vec{v}_\perp = (6, -3, 0)^t$, $\vec{v}_\| = (1, 2, 3)^t$ ■ $\vec{v}_\perp = (-2, 4, -2)^t$, $\vec{v}_\| = (1, 1, 1)^t$ ■ $\vec{v}_\perp = (3, -3, 6)^t$, $\vec{v}_\| = (2, 4, 1)^t$

2.9
$L = 7.07$, $\alpha = 1.05$, $F = 24.2$ ■ $L = 4.12$, $F = 20.5$ ■ $L = 6.55$, $\alpha = 1.64$, $F = 28$

2.10
1/2 ■ 2 ■ 3.23

2.11
2/5 ■ 1/3 ■ 1/12

2.12
$\vec{a} = 4\vec{u} + \vec{v} + 3\vec{w}$ ■ $\vec{a} = -2\vec{u} + \vec{v} + t(-2, 1, 1)^t$ ■ nicht darstellbar

2.13
$\vec{x} = \vec{u} + \vec{v} + 2\vec{w}$ ■ $\vec{x} = -3\vec{u} + \vec{v} + 2\vec{w}$ ■ $\vec{x} = -\vec{u} + \vec{v} + 4\vec{w}$

2.15
$(4\overrightarrow{CA} + \overrightarrow{CB})/7$ ■ $(8\overrightarrow{CA} + 10\overrightarrow{CB})/21$ ■ $(4\overrightarrow{CA} + 3\overrightarrow{CB})/9$

2.18
$C = (1, 3, 4)$, $D = (2, 4, 4)$, $F = (3, 3, 4)$, $H = (3, 4, 5)$ ■ $A = (-2, 0, 3)$, $D = (0, -1, 5)$, $E = (1, -1, 3)$, $F = (2, 1, 3)$ ■ $A = (0, 1, 0)$, $C = (1, 4, -1)$, $D = (4, 2, 2)$, $H = (6, 1, 4)$

Skalarprodukt

3.1
$s = -50$ ■ $s = 109$ ■ $s = 0$

3.2
$\pi/3$ ■ $\pi/4$ ■ $5\pi/6$

3.3
$a = 3\sqrt{2}$, $b = 3\sqrt{2}$, $c = 3\sqrt{2}$, $\alpha = \pi/3$, $\beta = \pi/3$, $\gamma = \pi/3$ ■ $a = 3\sqrt{2}$, $b = 3\sqrt{2}$, $c = 3\sqrt{6}$, $\alpha = \pi/6$, $\beta = \pi/6$, $\gamma = 2\pi/3$ ■ $a = 9\sqrt{2}$, $b = 9$, $c = 9$, $\alpha = \pi/2$, $\beta = \pi/4$, $\gamma = \pi/4$

3.4
$C \approx (75, 43)$ ■ $C \approx (63, 36)$ ■ $C \approx (-136, 236)$

3.5
$\alpha = 0.6435$, $\beta = 0.9273$, $\gamma = \pi/2$ ■ $a = 1.4736$, $\beta = 0.5005$, $\gamma = 1.8557$ ■ $a = 3.4641$, $b = 3.4641$, $\alpha = \pi/6$

3.6
$\alpha = \beta = 0.84$, $\gamma = 1.45$ ■ $c = 1.41$, $\gamma = 1.57$ ■ $a = b = 1.15$, $\alpha = \beta = 0.52$

3.7
$a = 2\sqrt{3}$, $\alpha = \pi/6$, $h = 3$ ■ $b = \sqrt{3}$, $c = 2$, $h = \sqrt{3}/2$ ■ $b = 15/4$, $c = 25/4$, $\alpha = 0.9273$

3.8
$M = (2, 2)$, $r = 3.16$ ■ $M = (-4, 7)$, $r = 7.07$ ■ $M = (2, -1)$, $r = 6.32$

3.9
$P = (-2, -5)$ ■ $P = (2, 2)$ ■ $P = (-1, 2)$

3.10
$P = (241, 341)$ ■ $P = (0, 300)$ ■ $P = (-317, 314)$

3.11
$Q_- = (-2, 0)$, $Q_+ = (5, 1)$ ■ $Q_- = (-1.2, 2.4)$, $Q_+ = (3, 3)$ ■ $Q_- = (2.6, -1.8)$, $Q_+ = (5, -1)$

3.12
$r = \frac{\sqrt{3}-1}{3}$, $h = \frac{\sqrt{3}}{6}$ ■ $r = \frac{3+5\sqrt{3}}{11}$, $h = \frac{40-3\sqrt{3}}{66}$ ■ $r = \frac{1+\sqrt{3}}{3}$, $h = \frac{\sqrt{3}}{6}$

3.13
0.1613 ■ 6.2832 ■ 7.3138

3.14
$c_u = 10$, $c_v = 2$ ■ $c_u = 4$, $c_v = 1$ ■ $c_u = 7$, $c_v = 1$

3.15

$\vec{a} = 3\vec{u} + 8\vec{v} - 2\vec{w}$ ■ $\vec{a} = 7\vec{u} + 2\vec{v} + 3\vec{w}$ ■ $\vec{a} = 5\vec{u} - 4\vec{v} - 3\vec{w}$

3.16

$U = 11.3137,\ \alpha = 1.0472,\ \beta = 2.0944,\ F = 5.1962$ ■ $U = 24.1421,\ \alpha = 0.7854,\ \beta = 2.3562,\ F = 25$ ■ $U = 36,\ \alpha = 1.8195,\ \beta = 1.3221,\ F = 63$

3.18

$p_{j,m}$: $\begin{pmatrix} 0 & -2 & 3 \\ 1 & 0 & -3 \\ -1 & 2 & 0 \end{pmatrix}$ ■ $p_{j,m}$: $\begin{pmatrix} 1 & 2 & 3 \\ 2 & 4 & 6 \\ 3 & 6 & 9 \end{pmatrix}$ ■ $p_{j,m}$: $\begin{pmatrix} -5 & 0 & 0 \\ 0 & -4 & 0 \\ 0 & 0 & -3 \end{pmatrix}$

Vektor- und Spatprodukt

4.1
$\vec{c} = (1,1,1)^{\mathrm{t}}$, $\vec{d} = (3,3,3)^{\mathrm{t}}$, $s = 3$ ■ $\vec{c} = (-1,1,1)^{\mathrm{t}}$, $\vec{d} = (1,-4,5)^{\mathrm{t}}$, $s = 78$ ■ $\vec{c} = (-1,-1,1)^{\mathrm{t}}$, $\vec{d} = (-1,2,1)^{\mathrm{t}}$, $s = 36$

4.2
$\vec{a} = 2\vec{u} + 3\vec{v} - \vec{w}$ ■ $\vec{a} - 3\vec{u} + \vec{v} - \vec{w}$ ■ $\vec{a} = -3\vec{u} + \vec{v} + \vec{w}$

4.3
$\vec{d} = (6,-2,-8)^{\mathrm{t}}$ ■ $\vec{d} = (9,-3,-3)^{\mathrm{t}}$ ■ $\vec{d} = (9,-5,-1)^{\mathrm{t}}$

4.4
$s = 21$ ■ $s = 8$ ■ $s = 50$

4.5
$M = (1,1)$, $r = 1$ ■ $M = (2.5,-1.5)$, $r = \sqrt{5}$ ■ $M = (-2,2)$, $r = \sqrt{20}$

4.6
2000 ■ 4 ■ 108

4.7
$\vec{v} = (2,-1,3)^{\mathrm{t}}$ ■ $\vec{v} = (0,3,6)^{\mathrm{t}}$ ■ $\vec{v} = (1/2,-1,1/2)$

4.8
$10\sqrt{3}$ ■ 6 ■ $25\sqrt{3}$

4.9
$V = 4$, $A = 20$ ■ $V = 2$, $A \approx 10.3923$ ■ $V = 3$, $A \approx 26.9443$

4.10
$V = 10/3$, $A = 25$ ■ $V = 8/3$, $A = 13.8564$ ■ $V = 1/3$, $A = 3.4641$

4.11
$\operatorname{vol} T_1 = 3$, $\operatorname{vol} T_2 = 9$ ■ $\operatorname{vol} T_1 = 9$, $\operatorname{vol} T_2 = 7$ ■ $\operatorname{vol} T_1 = 8$, $\operatorname{vol} T_2 = 27$

4.12
$\vec{a} = 5\vec{u} + \vec{v} + 4\vec{w}$ ■ $\vec{a} = -7\vec{u} - 4\vec{v} + 5\vec{w}$ ■ $\vec{a} = 7\vec{u} - 8\vec{v} - 3\vec{w}$ 783

Geraden

5.1
$g: (3x+4y)/5 = 1$ ■ $g: (0,3)^t + t(1,-2)^t$ (nicht eindeutig) ■ $g: y = 4x-5$

5.2
$g \cap h = (-1,4)$ ■ $g \cap h = (6,7)$ ■ $g \cap h = (4,5)$

5.3
$(x,y) = (-3,2)$ ■ $(x,y) = (2,1)$ ■ $(x,y) = (3,4)$

5.4
$d = \sqrt{20}$, $X = (-1,0)$ ■ $d = \sqrt{20}$, $X = (-1,2)$ ■ $d = \sqrt{2}$, $X = (2,1)$

5.5
$d = 6$, $X = (-2,1,0)$ ■ $d = 7$, $X = (-2,-3,1)$ ■ $d = 11$, $X = (2,3,8)$

5.6
$(1,4)$, $(4,3)$, $(5,6)$ ■ $(-5,3)$, $(-4,10)$, $(3,9)$ ■ $(1,-6)$, $(-9,-4)$, $(-8,1)$

5.7
eindeutiger Schnittpunkt ■ identisch ■ windschief

5.8
$(1,-3,2)$ ■ kein Schnittpunkt ■ $(0,1,0)$

5.9
$a = 5$, $X = (7,-6,-8)$ ■ $a = 5$, $X = (9,9,-2)$ ■ $a = 2$, $X = (5,-7,-2)$

5.10
$F = 5650$, $Q = (30.18, 104.01)$ ■ $F = 5100$, $Q = (58.11, 104.71)$ ■ $F = 5625$, $Q = (39.83, 105.84)$

5.11
$d = 3$, $X = (-1,7,6)$, $Y = (-3,6,4)$ ■ $d = 3$, $X = (7,9,-5)$, $Y = (5,8,-7)$ ■ $d = 6$, $X = (-4,-1,-1)$, $Y = (-8,1,3)$

5.12
P: $\pm(9,-3)$, $\pm(1,3)$ ■ P: $\pm(7,17)$, $\pm(17,-7)$ ■ P: $\pm(35,35)$, $\pm(5,-5)$

5.15
$T = 2.48$ Minuten, $h = 8.95$ km ■ $T = 3.31$ Minuten, $h = 12.16$ km ■ $T = 4.34$ Minuten, $h = 12.96$ km

Ebenen

6.1
$E:(2x_1-x_2+2x_3)/3=2$ ■ $E:(6x_1-3x_2-2x_3)/7=4$ ■ $E:(7x_1+4x_2-4x_3)/9=2$

6.2
$Z\in E$ ■ $Y\in E$ ■ $Z\in E$

6.3
$P_y=(0,-1.5,0)$ ■ $P_x=(4,0,0)$, $P_y=(0,-0.8,0)$, $P_z=(0,0,-4)$ ■ $P_x=(1,0,0)$, $P_z=(0,0,-1)$

6.4
$E:(2x-2y+z)/3=3$ ■ $E:(7x+6y-6z)/11=2$ ■ $E:(9x+6y+2z)/11=1$

6.5
$E:(2x_1-6x_2+3x_3)/7=2$ ■ $E:(4x_1-7x_2+4x_3)/9=3$ ■ $E:(6x_1+7x_2+6x_3)/11=1$

6.6
$E: x_1+2x_2+3x_3=4$ ■ $E: x_1-x_2+x_3=0$ ■ $E: 4x_1-2x_2+3x_3=5$

6.7
$E:(4x-y+8z)/9=2$ ■ $E:(4x+7y+4z)/9=4$ ■ $E:(9x-6y-2z)/11=1$

6.8
$\operatorname{dist}(Q,E)=14$, $P=(2,3,3)$ ■ $\operatorname{dist}(Q,E)=11$, $P=(-2,3,1)$ ■ $\operatorname{dist}(Q,E)=9$, $P=(1,0,-1)$

6.10
$Q=(4,2,3)$ ■ $Q=(7,-5,-9)$ ■ $Q=(-2,-3,-8)$

6.11
$g\to h:\ (-2,3,-2)^{\mathrm{t}}+(-1,3,1)^{\mathrm{t}}$ ■ $g\to h:\ (-1,-1,-3)^{\mathrm{t}}+(0,-3,0)^{\mathrm{t}}$ ■ $g\to h:\ (-3,1,3)^{\mathrm{t}}+(-5,1,0)^{\mathrm{t}}$

6.12
$\vec a=-\vec u+2\underbrace{(0,-1,1)^{\mathrm{t}}}_{\vec w}$ ■ $\vec a=2\vec u+\underbrace{(3,-1,0)^{\mathrm{t}}}_{\vec w}$ ■ $\vec a=-2\vec u-\underbrace{(2,5,3)^{\mathrm{t}}}_{\vec w}$

6.13
$Q=(-3,6,0)$ ■ $Q=(-1,-3,0)$ ■ $Q=(4,-3,0)$

6.14
$Q=(0,8,9)$ ■ $Q=(-3,-6,1)$ ■ $Q=(0,2,-1)$

6.15

(10, 10), (2.5, −5), (−5, 2.5) ■ (0, 0) ■ (−5, 5), (−2.5, 2.5)

6.16

$0 \le t \le 1$: $\frac{\sqrt{3}}{2}t^2$, $1 \le t \le 2$: $\frac{3\sqrt{3}}{4} - \sqrt{3}\,(t-1/2)^2$, $2 \le t \le 3$: $\frac{\sqrt{3}}{2}\,(3-t)^2$

6.17

$\varphi = \pi/4$, $g : (1, 1/3, 0)^t + t(3, -2, 6)^t$ ■ $\varphi = \pi/3$, $g : (2, -8, 0)^t + t(-1, 5, 1)^t$ ■ $\varphi = \pi/2$, $g : (-2/3, 1/6, 0)^t + t(2, -1, 2)^t$

6.18

Winkel zwischen Kanten: $\pi/3$, $\pi/2$, Winkel zwischen Flächen: 0.8411, 0.9553 ■ Winkel zwischen Kanten: $\pi/3$, Winkel zwischen Flächen: 1.2310 ■ Winkel zwischen Kanten: 0.8957, $\pi/3$, 1.1230, Winkel zwischen Flächen: 1.1760, 1.2898

6.19

$X = (-2, 1, -1)$ ■ $X = (1, -2, 2)$ ■ $X = (2, 3, 1)$

Literaturverzeichnis

R. Ansorge, H. J. Oberle, K. Rothe, T. Sonar: *Mathematik für Ingenieure 1*, Wiley-VCH, 4. Auflage, 2010.

R. Ansorge, H.J. Oberle, K. Rothe, T. Sonar: *Mathematik für Ingenieure 2*, Wiley-VCH, 4. Auflage, 2011.

T. Arens, F. Hettlich, C. Karpfinger, U. Kockelkorn, K. Lichtenegger, H. Stachel: *Mathematik*, Springer Spektrum, 4. Auflage, 2018.

V. Arnold: *Gewöhnliche Differentialgleichungen*, Springer, 2. Auflage, 2001.

M. Barner, F. Flohr: *Analysis I*, Walter de Gruyter, 5. Auflage, 2000.

M. Barner, F. Flohr: *Analysis II*, Walter de Gruyter, 3. Auflage, 1995.

H.-J. Bartsch: *Taschenbuch mathematischer Formeln für Ingenieure und Naturwissenschaftler*, Hanser, 23. Auflage, 2014.

G. Bärwolff: *Höhere Mathematik*, Springer Spektrum, 2. Auflage, 2006.

A. Beutelspacher: *Lineare Algebra*, Springer Spektrum, 8. Auflage, 2014.

S. Bosch: *Lineare Algebra*, Springer Spektrum, 5. Auflage, 2014.

W.E. Boyce, R. DiPrima: *Gewöhnliche Differentialgleichungen*, Spektrum Akademischer Verlag, 1995.

W.E. Boyce and R.C. DiPrima: *Elementary Differential Equations and Boundary Value Problems*, 10th Edition, John Wiley & Sons, 2012.

J.R. Brannan and W.E. Boyce: *Differential Equations: An Introduction to Modern Methods and Applications*, 3rd Edition, John Wiley & Sons, 2015.

W. Brauch, H.-J. Dreyer, W. Haacke: *Mathematik für Ingenieure*, Vieweg und Teubner, 11. Auflage, 2006.

I. Bronstein, K. A. Semendjajew, G. Musiol, H. Mühlig: *Taschenbuch der Mathematik*, Europa-Lehrmittel, 9. Auflage, 2013.

K. Burg, H. Haf, A. Meister, F. Wille: *Höhere Mathematik für Ingenieure Bd. I*, Springer-Vieweg, 10. Auflage, 2013.

K. Burg, H. Haf, A. Meister, F. Wille: *Höhere Mathematik für Ingenieure Bd. II*, Springer-Vieweg, 7. Auflage, 2012.

R. Bronson and G.B. Costa: *Schaum's Outline of Differential Equations*, 5th Edition, McGraw Hill, 2021.

K. Burg, H. Haf, A. Meister, F. Wille: *Höhere Mathematik für Ingenieure Bd. III*, Springer-Vieweg, 6. Auflage, 2013.

K. Burg, H. Haf, A. Meister, F. Wille: *Vektoranalysis* , Springer-Vieweg, 2. Auflage, 2012.

R. Courant, D. Hilbert: *Methoden der mathematischen Physik*, Springer, 4. Auflage, 1993.

T.A. Driscoll: *Learning* MATLAB® , SIAM, 2009.

C.H. Edwards and D.E. Penney: *Elementary Differential Equations with Boundary Value Problems*, 6th Edition, Pearson, 2007.

A. Fetzer, H. Fränkel: *Mathematik 2*, Springer, 7. Auflage, 2012.

K. Höllig und J. Hörner, *Aufgaben und Lösungen zur Höheren Mathematik: Vektorrechnung und Analytische Geometrie*,
https://doi.org/10.1007/978-3-662-73122-2

A. Fetzer, H. Fränkel: *Mathematik 1*, Springer, 11. Auflage, 2012.

K. Graf Finck von Finckenstein, J. Lehn, H. Schellhaas, H. Wegmann: *Arbeitsbuch Mathematik für Ingenieure Band I*, Vieweg und Teubner, 4. Auflage, 2006.

K. Graf Finck von Finckenstein, J. Lehn, H. Schellhaas, H. Wegmann: *Arbeitsbuch Mathematik für Ingenieure Band II*, Vieweg und Teubner, 3. Auflage, 2006.

G. Fischer: *Lineare Algebra*, Springer Spektrum, 18. Auflage, 2014.

G. Fischer: *Analytische Geometrie*, Vieweg und Teubner, 7. Auflage, 2001.

H. Fischer, H. Kaul: *Mathematik für Physiker, Band 1*, Vieweg und Teubner, 7. Auflage, 2011.

H. Fischer, H. Kaul: *Mathematik für Physiker, Band 2*, Springer Spektrum, 4. Auflage, 2014.

H. Fischer, H. Kaul: *Mathematik für Physiker, Band 3*, Springer Spektrum, 3. Auflage, 2013.

O. Forster: *Analysis 1*, Vieweg und Teubner, 10. Auflage, 2011.

O. Forster: *Analysis 2*, Vieweg und Teubner, 9. Auflage, 2011.

O. Forster: *Analysis 3*, Vieweg und Teubner, 7. Auflage, 2012.

W. Göhler, B. Ralle: *Formelsammlung Höhere Mathematik*, Harri Deutsch, 17. Auflage, 2011.

N.M. Günter, R.O. Kusmin: *Aufgabensammlung zur Höheren Mathematik 1*, Harri Deutsch, 13. Auflage, 1993.

N.M. Günter, R.O. Kusmin: *Aufgabensammlung zur Höheren Mathematik 2*, Harri Deutsch, 9. Auflage, 1993.

N. Henze, G. Last: *Mathematik für Wirtschaftsingenieure und für naturwissenschaftlich-technische Studiengänge Band 1*, Vieweg und Teubner, 2. Auflage, 2005.

N. Henze, G. Last: *Mathematik für Wirtschaftsingenieure und für naturwissenschaftlich-technische Studiengänge Band 2*, Vieweg und Teubner, 2. Auflage, 2010.

H. Heuser: *Lehrbuch der Analysis Teil 1*, Vieweg und Teubner, 17. Auflage, 2009.

H. Heuser: *Lehrbuch der Analysis Teil 2*, Vieweg und Teubner, 14. Auflage, 2008.

G. Hoever: *Höhere Mathematik Kompakt*, Springer Spektrum, 2. Auflage, 2014.

D.J. Higham and N.J. Higham: MATLAB® *Guide*, SIAM, OT 150, 2017.

G. Hoever: *Arbeitsbuch Höhere Mathematik*, Springer Spektrum, 2. Auflage, 2015.

K. Höllig, J. Hörner: *Approximation and Modeling with B-Splines*, SIAM, Other Titles in Applied Mathematics 132, 2013.

K. Jänich: *Analysis für Physiker und Ingenieure*, Springer, 1995.

K. Jänich: *Funktionentheorie - Eine Einführung*, Springer, 6. Auflage, 2004.

K. Jänich: *Vektoranalysis*, Springer, 5. Auflage, 2005.

K. Königsberger: *Analysis 1*, Springer, 6. Auflage, 2004.

K. Königsberger: *Analysis 2*, Springer, 5. Auflage, 2004.

H. von Mangoldt, K. Knopp: *Einführung in die Höhere Mathematik 1*, S. Hirzel, 17. Auflage, 1990.

H. von Mangoldt, K. Knopp: *Einführung in die Höhere Mathematik 2*, S. Hirzel, 16. Auflage, 1990.

H. von Mangoldt, K. Knopp: *Einführung in die Höhere Mathematik 3*, S. Hirzel, 15. Auflage, 1990.

H. von Mangoldt, K. Knopp: *Einführung in die Höhere Mathematik 4*, S. Hirzel, 4. Auflage, 1990.

Maplesoft: Maple™ *Documentation*, https://www.maplesoft.com, 2024.

MathWorks: MATLAB® *Documentation*, https://www.mathworks.com, 2025.

D.B. Meade, S.J. M. May, C-K. Cheung, and G.E. Keough: *Getting Started with* Maple™ , John Wiley & Sons, 2009.

G. Merziger, G. Mühlbach, D. Wille: *Formeln und Hilfen zur Höheren Mathematik*, Binomi, 7. Auflage, 2013.

G. Merziger, T. Wirth: *Repetitorium der Höheren Mathematik*, Binomi, 6. Auflage, 2010.

K. Meyberg, P. Vachenauer: *Höhere Mathematik 1*, Springer, 6. Auflage, 2001.

K. Meyberg, P. Vachenauer: *Höhere Mathematik 2*, Springer, 4. Auflage, 2001.

C. Moler: *Numerical Computing with* MATLAB® , SIAM, OT87, 2004.

R. Nagle, R.K. Nagle, E.B. Saff, and A.D. Snider: *Fundamentals of Differential Equations*, 9th Edition, Pearson, 2018.

L. Papula: *Mathematik für Ingenieure und Naturwissenschaftler Band 1*, Springer-Vieweg, 14. Auflage, 2014.

L. Papula: *Mathematik für Ingenieure und Naturwissenschaftler Band 2*, Springer-Vieweg, 14. Auflage, 2015.

L. Papula: *Mathematik für Ingenieure und Naturwissenschaftler Band 3*, Vieweg und Teubner, 6. Auflage, 2011.

L. Papula: *Mathematik für Ingenieure und Naturwissenschaftler: Klausur- und Übungsaufgaben*, Vieweg und Teubner, 4. Auflage, 2010.

L. Papula: *Mathematische Formelsammlung*, Springer-Vieweg, 11. Auflage, 2014.

L. Rade, B. Westergren: *Springers Mathematische Formeln*, Springer, 3. Auflage, 2000.

W.I. Smirnow: *Lehrbuch der Höheren Mathematik - 5 Bände in 7 Teilbänden*, Europa-Lehrmittel, 1994.

G. Strang: *Lineare Algebra*, Springer, 2003.

G. Strang: *Differential Equations and Linear Algebra*, SIAM, 2014.

A. Struthers and M. Potter: *Differential Equations*, Springer, 2019.

H. Trinkaus: *Probleme? Höhere Mathematik!*, Springer, 2. Auflage, 1993.

W. Walter: *Analysis 1*, Springer, 7. Auflage, 2004.

W. Walter: *Analysis 2*, Springer, 3. Auflage, 1991.

Waterloo Maple Incorporated: *Maple™ V Learning Guide*, Springer, 1998.

Waterloo Maple Incorporated: *Maple™ V Programming Guide*, Springer, 1998.

MIX
Papier aus verantwortungsvollen Quellen
Paper from responsible sources
FSC® C105338

If you have any concerns about our products,
you can contact us on
ProductSafety@springernature.com

In case Publisher is established outside the EU,
the EU authorized representative is:
Springer Nature Customer Service Center GmbH
Europaplatz 3, 69115 Heidelberg, Germany

Printed by Libri Plureos GmbH
in Hamburg, Germany